肉羊
标准化高效养殖及其环境
控制技术

马 东 刘小东◎主编

中国农业科学技术出版社

图书在版编目（CIP）数据

肉羊标准化高效养殖及其环境控制技术／马东，刘小东主编．——北京：中国农业科学技术出版社，2023.12
ISBN 978-7-5116-6589-8

Ⅰ.①肉…　Ⅱ.①马…②刘…　Ⅲ.①肉用羊–饲养管理–标准化②肉用羊–饲养管理–环境控制　Ⅳ.①S826.9-65

中国国家版本馆 CIP 数据核字（2023）第 249900 号

责任编辑	闫庆健	张诗瑶
责任校对	贾若妍	李向荣
责任印制	姜义伟	王思文

出 版 者	中国农业科学技术出版社
	北京市中关村南大街 12 号　邮编：100081
电　　话	（010）82106625（编辑室）　（010）82109702（发行部）
	（010）82109709（读者服务部）
网　　址	https：//castp.caas.cn
经 销 者	各地新华书店
印 刷 者	北京建宏印刷有限公司
开　　本	170 mm×240 mm　1/16
印　　张	17
字　　数	333 千字
版　　次	2023 年 12 月第 1 版　2023 年 12 月第 1 次印刷
定　　价	50.00 元

《肉羊标准化高效养殖及其环境控制技术》
编 委 会

主　　编：马　东　刘小东

参编人员：马　东　刘小东　刘　芳
　　　　　马辽伟　冯　波　高瀚洋
　　　　　李　伟　胡　姗　苗晓茸

前　言

我国人口多、消耗大，随着人口的不断增加，人畜争粮矛盾日益突出，这就在一定程度上限制了以粮食为主要饲料的畜禽发展。因此，大力发展节粮型畜牧业，在我国势在必行。2011 年农业部办公厅印发《全国节粮型畜牧业发展规划（2011—2020 年）》，文件指出，随着我国工业化、城镇化的快速推进，人口数量增加和城乡居民生活水平的提高，粮食需求将呈刚性增长，受耕地减少、资源短缺等因素制约，我国粮食的供求将长期处于紧平衡状态，保障粮食安全任务艰巨。为贯彻《关于实施重要农产品保障战略的指导意见》《国务院办公厅关于促进畜牧业高质量发展的意见》，落实 2021 年中央一号文件关于积极发展牛羊生产的要求，促进肉牛、肉羊生产高质高效发展，增强牛、羊肉供给保障能力，2021 年 4 月 20 日，农业农村部印发了《推进肉牛肉羊生产发展五年行动方案》，方案中提出，到 2025 年，牛羊肉自给率保持在 85% 左右；牛羊肉产量分别稳定在 680 万吨、500 万吨左右；牛羊规模养殖比重分别达到 30%、50%。为了进一步发挥肉羊标准化规模养殖及其环境控制技术在规范肉羊产业生产、保障羊肉产品有效供给、提升羊肉产品质量安全水平中的重要作用，推进羊产业生产方式尽快由粗放型向集约型转变，促进现代羊产业持续、健康、平稳发展，加强肉羊标准化规模养殖及其环境控制技术的宣传和指导，我们组织编写了《肉羊标准化高效养殖及其环境控制技术》。由于作者水平有限，疏漏之处在所难免，欢迎广大读者批评指正。

编者
2023 年 10 月

目　　录

第一章 肉羊标准化高效养殖的意义

第一节 我国肉羊产业发展情况

一、生产能力不断提升

2015—2020 年，我国羊存栏量从 31 174.3 万只减少至 30 655.0 万只，降幅达 1.7%，年均降低 0.3%，而"十二五"时期年均增长 1.6%；羊出栏量从 29 472.7 万只增长到 31 941.0 万只，提高了 8.4%，年均增速 1.6%，增速与"十二五"时期相近。2022 年我国肉羊出栏量 33 624.0 万只，较上年增加 579.0 万只，增幅为 1.8%；2022 年末我国羊存栏量 32 627.0 万只，较上年增加 658.0 万只，增幅为 2.1%。

2015—2020 年我国羊肉产量从 439.9 万 t 增长到 492.3 万 t，提高了 11.9%，年均增长率达到 2.3%。此外，羊肉在肉类总产量中的比例从 5.0% 上升至 6.4%，表明肉羊产业在畜牧业发展中的地位有所提升。2022 年羊肉产量达 525.0 万 t，比上年增加 11.0 万 t，增幅为 2.1%。

二、羊肉总体消费增长明显

随着收入水平的快速提高，我国城乡居民肉类消费结构进入升级阶段，羊肉消费量及其占比增加。国家统计局数据显示，近 30 年来，不论是城镇居民，还是农村居民，羊肉人均消费量呈现快速增长，1995—2021 年，人均羊肉消费量（户内）从 0.4kg 上升到 1.2kg。2011—2022 年，羊肉产量的增幅为 31.9%，羊肉消费总量的增幅为 38.3%。随着收入水平的提高，我国居民肉类消费量将继续增加，羊肉类消费结构将进一步优化，羊肉占比将继续提高。

三、羊肉市场前景广阔

1. 羊肉的营养价值较高

羊肉肉质细嫩、易消化，每 100g 羊肉含蛋白质 12～20g、脂肪 25～35g，其消化利用率较猪肉、牛肉高，铁含量比牛肉、猪肉都高，其瘦肉的血红素铁含量是 3.9mg，胆固醇含量较猪肉、牛肉分别低 10mg 和 40mg 以上。

2. 肉类消费结构优化

在饮食结构日益多元化背景下，牛羊肉等优质蛋白需求持续增加，消费淡旺季、区域性消费特征不再明显，羊肉消费占整个肉类消费比例的 6.3%。

3. 羊肉消费刚性增长

2020 年羊肉产量 492 万 t，羊肉消费量 529 万 t，人均羊肉消费量 3.77kg，未来 10 年，国内供给持续偏紧，仍然无法满足消费需求增长。

第二节　发展肉羊规模化生产的优势

一是有利于肉羊品种选育和杂交改良。规模化养殖中，羊群谱系清晰，数量大，有利于进行优良品种的选育、扩繁和推广。

二是便于加强饲养管理，提高生产效率。规模化养殖利于实现生产环节的专业化分工，有利于养殖场根据肉羊的品种、年龄、饲养方式、各时期的饲养特点和营养需要，采用合理的饲养管理措施，提高生产效率和经济效益。

三是有利于推广应用最新的肉羊生产技术。肉羊的育种、杂交改良、饲料加工、日粮配合等技术在规模化养殖中才能更快地推广应用。

第三节　推行肉羊标准化养殖的意义

一是有利于增强羊产业综合生产能力，保障羊肉产品供给安全。

二是有利于提高生产效率和生产水平，增加农民收入。

三是有利于从源头对产品质量安全进行控制，提升羊肉产品质量安全水平。

四是有利于有效提升疫病防控能力，降低疫病风险，确保人畜安全。

五是有利于加快生产方式转变，维护国家生态安全。

六是有利于养羊业粪污的集中有效处理和资源化利用，实现羊产业与环境的协调发展。

第四节　肉羊环境卫生控制的重要意义和重要作用

肉羊环境卫生就是研究肉羊与外界环境因素相互作用和影响的基本规律，并依据这些规律制订利用、保护、改善和控制环境的措施，其研究目的在于为肉羊创造良好的生活和生产条件，以保持肉羊健康，提高生产力，充分发挥肉羊的利用价值，降低生产成本，提高肉羊生产的经济效益。在肉羊产业中，肉羊的饲养环境、品种、饲料共同决定了肉羊生产力水平，其中20%~30%取决于环境条件，10%~20%取决于肉羊品种，40%~50%取决于饲料。适宜的环境是提高肉羊生产力水平的必要条件，优良品种、全价饲料、严格的防疫制度，只有在良好的环境条件下才能充分发挥作用。因此，通过科学的设计羊场，采用合理的生产工艺、运用工程手段或设备设施为肉羊创造适宜的环境条件，是非常必要的。随着工厂化、集约化的现代肉羊产业发展，肉羊逐渐失去了自己选择适宜环境的自由，人为地为肉羊提供适宜的环境正日益显示其重要性。目前发展现状表明，肉羊产业集约化程度越高，环境的制约作用越大；生产规模越大，对环境的要求也越高。也就是说，没有肉羊环境科学的发展，就不会有肉羊生产的现代化与集约化。

一、为规模化、集约化肉羊生产提供技术保障

肉羊环境科学技术的进步，推动了规模化、集约化肉羊生产水平的不断提高。随着对羊场建筑的通风、降温、加温及其自动控制、废弃物处理与利用等环境工程技术及配套设备进行的研究与开发，可以为肉羊创造出更适宜的生活与生产环境，使其生产潜力充分发挥出来。比如大流量高效节能轴流风机应用于羊舍的纵向通风系统，不仅节能、降低噪声，还对净化场区环境、减少栋舍间的相互感染、提高卫生防疫等效果显著。

二、为环境保护提供有效的途径

运用环境卫生的理论，分析羊场环境污染产生的原因，有针对性地制订污染减量化措施，并采用生物、物理、化学的方法和设备设施处理并利用羊场废弃物，力争实现污染物的零排放和清洁生产，保护环境，使肉羊生产持续稳定地发展。

三、有利于预防疾病

通过科学的设计羊场，严格的环境管理，达到肉羊产业的可控制生产和废弃物的无害化处理，不仅有利于羊体健康，也可控制人兽共患病的发生。

四、可实现肉羊产业的清洁生产

首先合理选择羊场场址并合理规划布局，科学设计羊舍，做到肉羊生产的产前控制。其次通过科学的饲养管理，减少污染物的排放，实现肉羊生产的产中控制。最后合理处理和利用肉羊生产的废弃物，不仅达到治理污染的目的，更重要的是实现废弃物的资源化利用，做到产后控制。这样全方位综合考虑肉羊领域的生产，在提高产量的同时注重对环境的保护，减轻肉羊生产活动对环

境的危害，实现清洁生产。

五、提高资源利用率

肉羊对于营养物质的消化、吸收和转化能力与湿度、温度、气流、光照等环境因子密切相关。根据环境的变化对肉羊日粮进行适当的调整，可以提高饲料的转化率。过去一个新品种的产生，往往适合某一国家或地区，现在由于可以控制肉羊养殖环境，新品种几乎可以全球推广，提高了新品种的育种价值。羊场的粪便等废弃物经过适当处理可以作为肥料、饲料，生产沼气，变废为宝。

第二章 肉羊良种选择

第一节 由国外引进的主要肉羊品种

一、杜泊绵羊

原产地南非，简称杜泊羊，以南非土种绵羊黑头波斯母羊为母本，有角陶赛特羊为父本杂交培育而成，是肉用绵羊品种。于1950年完成品种审定和命名。杜泊羊分为白头杜泊羊（全身被毛为白色）和黑头杜泊羊（黑头、黑前颈、白躯）两个类型，无论是黑头杜泊羊还是白头杜泊羊，除头部颜色和有关的色素沉着不同外，它们都携带相同的基因，具有相同的品种特点，是属于同一品种的两个类型。2001年我国首次从澳大利亚引进。并通过胚胎移植等技术进行扩繁，形成了具有一定饲养规模的杜泊羊群体。

杜泊羊体格较大，体质坚实，肉用体型明显。公羊鼻梁微隆，母羊多平直；公羊头稍宽，母羊头轻显清秀，稍窄而较长，角根发育良好或有小角，耳较小，向前侧下方倾斜；颈长适中，肩宽而结实，胸宽而深，鬐甲稍隆而宽，体躯浑圆、丰满，背腰平宽，臀部长而宽；四肢较短，粗壮端正，蹄质坚实。长瘦尾。

杜泊羊公羊、母羊初情期均为6~8月龄；母羊8~10月龄性成熟；公羊12月龄宜配种，母羊10月龄宜配种；母羊发情周期平均为17d，妊娠期为145~153d。母羊可常年发情，但以春秋两季尤为明显；经产母羊的产羔率为140%~160%。公羔出生重4.5kg以上，母羔出生重4kg以上。杜泊羔羊生长迅速，3.5~4月龄的杜泊羊体重可达36kg，屠宰胴体约为16kg，杜泊羊个体高度中等，体躯丰满，体重较大。

二、萨福克羊

原产于英国英格兰东南部的萨福克、诺福克、剑桥和艾塞克斯等地。该品种羊是以南丘羊为父本，当地体型较大、瘦肉率高的旧型黑头有角诺福克羊为母本进行杂交培育，于1859年育成，现广布世界各地，是世界公认的用于终端杂交的优良父本品种，20世纪70年代开始引入我国。白萨福克是在原有基础上导入白头和多产基因新培育而成的优秀肉用品种。

萨福克羊分为白头萨福克羊和黑头萨福克羊两个类型。白头萨福克羊全身被毛为白色，黑头萨福克羊体躯白色，头和四肢黑色。萨福克羊体格大，体质结实，结构匀称，头短而宽，颈粗短，鬐甲宽平，胸宽深，背、腰、臀宽长而平直，肋骨开张良好，后躯发育良好，四肢健壮，侧视呈长方形，肌肉丰满，具备典型肉用体型。公、母均无角。

萨福克羊的特点是早熟，生长发育快，萨福克羊体格大。公羊、母羊初情期均为6~8月龄；母羊8~10月龄性成熟；公羊12月龄宜配种，母羊10月龄宜配种；母羊发情周期平均为17d，妊娠期为142~149d。母羊可常年发情，但以春秋两季尤为明显；经产母羊的产羔率为160%~180%。公羔出生重5.5kg以上，母羔出生重4.5kg以上。成年公羊体重100~136kg，成年母羊体重70~96kg，屠宰率50%以上。剪毛量成年公羊5~6kg，成年母羊2.5~3.6kg，毛长7~8cm，细度50~58支，净毛率60%左右。产羔率141.7%~157.7%。

三、无角陶赛特羊

无角陶赛特羊，又称为无角道赛特羊，原产于澳大利亚和新西兰，以雷兰羊和陶赛特羊为母本，考利代羊为父本进行杂交，后代再与陶赛特公羊回交，选择无角后代培育而成。无角陶赛特羊性情温顺，食性广，耐粗饲，适应性较强，抗病性强。具有早熟、生长发育快、全年发情和适应干燥气候等特点。被毛为白色同质毛，闭合良好，密度适中；被毛头部至两眼连线，前肢至腕关节，后肢至飞节均有细毛覆盖，匀度较好，弯曲明显，油汗白色或乳白色，且含量适中。头短而宽，面部清秀，无杂色毛；耳中等大，公、母羊均无角。颈粗短，肩宽而结实，肌肉丰满。整个躯体呈圆桶状，前胸凸出，胸宽深，肋骨开张，背腰平直。四肢短粗健壮，腿间距宽，肢势端正。

无角道赛特羊公羊性成熟5~6月龄、母羊5~8月龄，初配时间8~10月龄，发情周期平均为17d，发情持续期为24h，产后45d以后可配种受孕，妊娠期平均为145d，产羔率150%左右。公羊平均初生重3.5kg，3月龄断乳平均重28kg，周岁平均体重78kg，成年平均体重102kg。公母羊平均初生重3.3kg，3月龄断乳平均重26kg，周岁平均体重65kg，成年平均体重75kg。6月龄屠宰率可达52%以上。成年公羊平均剪毛量3.5kg，成年母羊平均剪毛量2.5kg，毛长7.0~9.0cm。

四、德国美利奴羊

德国美利奴羊是肉毛兼用羊品种。原产于德国萨克森州，是以法国泊列考斯羊和英国莱斯特羊为父本，德国地方美利奴羊为母本杂交培育而成。德国肉用美利奴羊公母羊均无角，体格大，体质结实，结构匀称，头颈结合良好，胸宽而深，背腰平直，臀部宽广，肌肉丰满，四肢坚实，体躯长而深，呈良好肉用型。

德国美利奴羊成年公羊平均体重 95kg，成年母羊平均体重 62kg，平均屠宰率大于 50%。公羊性成熟在 8 月龄左右，母羊初情期在 4~5 月龄，平均发情周期为 17d，妊娠期 151d 左右，产羔率 130%。公羊平均剪毛量 4.8kg，羊毛长度 8.0~10.0cm。

五、特克赛尔羊

特克赛尔羊原产于荷兰特克赛尔岛，用林肯羊、莱斯特羊与当地马尔盛夫羊杂交选育而成。特克赛尔羊全身被毛白色，无角，头大小适中、清秀，无长毛。鼻端、眼圈为黑色，头颈肩结合良好，鬐甲宽平，胸宽，背腰平直，肋骨张开良好，肌肉丰满，腹大而紧凑，后躯发育良好，腿长适中，腿部无绒毛，四肢结实，蹄质坚硬，呈褐色。

特克赛尔羊公羊 6 月龄体重 50kg 左右，周岁体重 75kg 以上，成年体重可达 120kg。母羊 6 月龄体重 45kg 左右，周岁体重 65kg 以上，成年体重可达 90kg。6 月龄平均屠宰率 52%。母羊性成熟 6~8 月龄，初配年龄 10~12 月龄，常年发情，以春秋两季尤为明显，发情周期为 16~18d，妊娠期 145~150d，经产母羊产羔率 150%~160%。公羊性成熟 6~8 月龄，初配年龄 12~14 月龄。

六、夏洛莱羊

夏洛莱羊原产于法国中东部摩尔万山脉至夏洛莱山谷和布莱斯平原地区，以英国莱斯特羊和南丘羊为父本与当地的细毛羊（摩尔万戴勒羊）杂交育成，是世界上著名的肉羊品种之一。1963 年被命名为夏洛莱羊，1974 年法国农业部正式承认为肉用羊品种，主要用于肥羔生产的杂交父本。现分布于英国、德国、澳大利亚等地，1988 年引入中国。

夏洛莱羊肉用体型明显，肩宽、胸深、躯长、臀厚、皮薄、骨细、低身、广躯。被毛同质乳白色，细、密、短。公、母羊均无角，头部无毛或少毛，略呈粉红色或灰色，少数个体带有灰黑色斑点；额宽，两眼间距大，耳朵细长竖立，灵活且与头部颜色相同，颈较短。胸宽而深，腰背平直，体长，躯干呈圆桶形。后臀丰满，肌肉发达，肢势端正，两后肢距离大，呈倒"U"形。四肢较短无长毛，蹄质坚实。

夏洛莱羊公羊9月龄性成熟，12月龄后可采精或配种，常年发情。母羊7月龄性成熟，8月龄可配种。季节性发情，在9—10月相对集中，发情周期14~20d，妊娠期147~152d。初产产羔率130%~140%，经产可达172%~200%。母性好，泌乳力强。公羔初生重5.0~7.0kg，母羔初生重4.0~6.5kg，3月龄屠宰率50%~53%，胴体重15.0~17.5kg。6月龄公母羊体重分别为50.0~65.0kg、44.5~53.5kg，12月龄公母羊体重分别为85.0~100.0kg、70.0~82.5kg。成年公羊剪毛量2.0~2.5kg，成年母羊剪毛量1.8~2.5kg，毛长主要为3~5cm。

七、东佛里生羊

东佛里生羊是世界著名的乳肉兼用绵羊品种，原产于荷兰和德国西北部北海沿岸的东佛里生地区。该品种最初是由荷兰几个本地品种和17世纪初从几内亚海湾引进的一个绵羊品种杂交形成。也有学者认为，该品种与荷兰佛里生羊、比利时弗拉芒羊和法国佛兰德羊很相似，这些绵羊品种在人们利用牛奶之前就广泛用于家庭挤奶，现代的东佛里生羊应该是由这些品种培育而成。早在1750年，该品种性状就得以固定并出口到立陶宛地区，因此该品种的培育有近270年历史。

东佛里生羊体格大，体型结构良好。被毛白色，偶有纯黑色个体出现。体躯宽长，腰部结实，肋骨拱圆，臀部略有倾斜，尾瘦长、无毛。该品种的腿长而瘦，臀部狭窄。头、腿和尾巴无毛或毛很少。皮肤薄，呈白色略带粉红色。东佛里生羊的尾巴上没有毛，所以有"鼠尾巴羊"的绰号。东佛里生羊一般无角；有些仅有一点角芽。东佛里生羊乳房结构优良、宽广，乳头良好，乳房大是其泌乳量大的器官基础。该品种的乳房形态个体间存在很大差异，乳头一般位于乳房两侧较高处而不是底部，使机器难以完全挤完乳房中的奶。

该品种每次哺乳期220d以上，平均产量500kg左右，成年母羊260~300d产乳量500~810kg，乳脂率6%~6.5%，蛋白质含量也低，为5%左右。东佛里生羊产羔率200%~230%。在7~8月龄时性成熟，母羊一般10月龄体重达成年体重70%以上时可配种，公羊最好的配种年龄则为18月龄。东佛里生羊的繁殖季节比较短，从一年中最长的一天之后的16周内均可发情配种，最佳繁殖时间为一年的9—11月。成年公羊活重90~120kg，成年母羊70~90kg。成年公羊剪毛量5~6kg，成年母羊4.5kg以上，羊毛同质。成年公羊毛长20cm，成年母羊毛长16~20cm，羊毛细度46~56支，净毛率60%~70%。东佛里生羊的高繁殖率、高泌乳量和高生长速度是进行肉羊杂交母本生产的良好资源。

八、波尔山羊

波尔山羊原产于南非，被称为世界"肉用山羊之王"，是世界上著名的生产高品质瘦肉的山羊，是一个优秀的肉用山羊品种。具有体型大，生长快；繁殖力强，产羔多；屠宰率高，产肉多；肉质细嫩，适口性好；耐粗饲，适应性强；抗病力强和遗传性稳定等特点。波尔山羊是优良公羊的重要品种来源，作为终端父本能显著提高杂交后代的生长速度和产肉性能。

波尔山羊外貌独特，肉用体型明显。体躯为白色，头部为红色或褐色，并有一条白色毛带，颈、胸、腹部有红色或褐色斑点，有的全身为棕红色。被毛短或中等长，光泽好，无绒毛。角突出，耳宽下垂。胸宽深，背平直，肋骨开张良好，体躯呈圆桶状，主要部位肌肉丰满，体躯圆厚而紧凑，四肢短而壮。生长速度快成年公羊体高75~90cm，体长85~95cm，体重95~110kg，成年母羊体高65~75cm，体长70~80cm，体重65~75kg。早期生长速度快。波尔山羊初生羔重为3~4kg，单羔初生重5kg以上，断乳前日增重公羔为192~380g，母羔为192~319g；断乳重（106d）公羔为23.4~41.5kg，母羔22.5~33.0kg；断乳后日增重公羔为74~168g，母羔为46~125g。在集约化育肥条件下，平均日增重可达400g。波尔山羊6月龄即可达到30kg体重出栏上市。

波尔山羊繁殖性能好，利用年限长，母性好，性成熟早，通常公羊在6月龄，母羊在10月龄时达到性成熟。其性周期为20d左右，发情持续时间为1~2d，初次发情时间为6~8月龄，妊娠期约150d。四季发情。每2年产3胎，产羔率为160%~220%，绝大多数为多羔，60%为双羔，15%为三羔，可使用10年。

屠宰率高，泌乳性能较好，板皮优良，波尔山羊的屠宰率超过50%，肉骨比为4.7：1，骨仅占17.5%。良种波尔山羊屠宰率高于绵羊，且随年龄增长而增高，8~10月龄为48%，2岁龄、4岁龄和6岁龄时分别为50%、52%和54%。胴体瘦而不干，厚而不肥，色泽纯正，膻味小，且肉质细嫩多汁，肉味纯正。波尔山羊的泌乳期为120~140d，乳脂率为5.6%，总固体为15.7%，乳糖为6.1%，说明波尔山羊的优良母性。板皮面积大，手感厚实，质地均匀，弹性好。成年羊皮均可达到商业一级裘皮标准。

第二节　国内主要肉羊品种

一、湖羊

湖羊，是哺乳纲偶蹄目牛科绵羊属动物。原产于我国太湖流域，主要分布于浙江省嘉兴市、湖州市、杭州市会杭区，以及江苏省苏州市和上海市部分地区。湖羊具有悠久的历史，史料记载，浙江饲养湖羊始于公元 1126 年。湖羊的形成是早期北方移民携带蒙古羊南下，在南方缺乏天然牧场的条件下，改放牧为圈养。当地主产蚕桑，居民饲养的羊就是利用青草辅以桑叶的办法进行舍饲。在终年舍饲的环境下，经过多年人工选育，羊只逐渐适应了南方高温高湿的气候条件，蒙古羊在太湖周围定居下来，形成今日的湖羊品种。

湖羊属短脂尾绵羊，为白色羔皮羊品种。湖羊体格中等，被毛白色，公、母均无角，头狭长，鼻梁稍隆起，多数耳大下垂，颈细长，体躯偏狭长，背腰平直，腹微下垂，尾扁圆，尾尖向上，四肢偏细而高。公羊体型大，前躯发达，胸宽深、胸毛粗长。

湖羊早期生长发育较快。初生重 2.0kg 以上，45 日龄体重 10kg 以上。公羊 3 月龄、6 月龄、周岁和成年体重分别可达 25kg、38kg、50kg 和 65kg。母羊 3 月龄、6 月龄、周岁和成年体重分别可达 22kg、32kg、40kg 和 43kg。在舍饲条件下，8 月龄屠宰率，公羊 49%，母羊 46%；净肉率 38%。在舍饲条件下，成年羊屠宰率，公羊 55%，母羊 52%；成年羊净肉率，公羊 46%，母羊 44%。湖羊性成熟早，四季发情、排卵，终年可配种产羔，泌乳性能强，可年产二胎或两年三胎。产羔率，初产母羊 180% 以上，经产母羊 250% 以上。

二、小尾寒羊

小尾寒羊原产于山东省西南部的梁山、郓城、嘉祥、东平、汶上、巨野、阳谷等县，河南省东北部和河北省东南部。具有长发育快、早熟、繁殖力强、性能遗传稳定、适应性强的特点，被国家定为名畜良种，被人们誉为中国"国宝"、世界"超级羊"及"高腿羊"，并被列入了《国家畜禽遗传资源保护目录》。

小尾寒羊体格高大，体躯匀称、呈圆筒形。头大小适中，头颈结合良好。眼大有神、鼻大且鼻梁隆起，耳中等大小、下垂。公羊头大颈粗，有螺旋形大角，角形端正；母羊头小颈长，无角或有小角。四肢高，健壮端正。脂尾呈圆扇形，尾尖上翻内扣，尾长不超过飞节。公羊睾丸大小适中，发育良好，附睾明显。母羊乳房发育良好，皮薄毛稀，弹性适中、乳头分布均匀、大小适中，泌乳力好。被毛白色，可分为裘皮型、细毛型和粗毛型，裘皮型毛股清晰、弯曲明显；细毛型毛细密、弯曲小；粗毛型毛粗、弯曲大。

成年公羊体高为 90.4cm，体长为 94.43cm，胸围为 110.2cm，管围 10.40cm；成年母羊体高为 80.00cm，体长为 82.96cm，胸围为 100.35cm，管围为 9.04cm。与体重相比，体尺增加较均匀，且性别差异不显著，但母羊各项体尺的群体一致性明显好于公羊。6 月龄公母羊体高分别为 70.54cm 和 68.66cm；12 月龄公母羊分别为 82.55cm 和 75.80cm，分别达成年公母羊的

91%和94.75%。公羊6月龄屠宰率在47%以上，净肉率在37%以上，6月龄、周岁、成年体重达60kg、104kg、115kg；母羊6月龄、周岁、成年体重32kg、50kg、58kg。6月龄公羊屠宰率在47%以上，净肉率在37%以上。公、母羊初情期5~6月龄。公羊平均每次射精量1.5ml以上，精子密度$2.5×10^9$个以上，精子活力0.7以上。羊发情周期17~18d，妊娠期148d±3d，母羊常年发情，春秋季较为集中。初产母羊产羔率200%以上，经产母羊250%以上。

三、乌珠穆沁羊

乌珠穆沁羊产于中国内蒙古自治区锡林郭勒盟东部的乌珠穆沁草原，主要分布在中国内蒙古自治区的东乌珠穆沁旗、西乌珠穆沁旗、锡林浩特市及乌拉盖农牧场管理局等地区。乌珠穆沁羊体质结实，体格较大。头大小中等，额稍宽，鼻梁微凸，公羊有角或无角，母羊多无角。颈中等长，体躯宽而深，胸围较大，不同性别和年龄羊的体躯指数都在130%以上，背腰宽平，体躯较长，体长指数大于105%，后躯发育良好，肉用体型比较明显。四肢粗壮。尾肥大，尾宽稍大于尾长，尾中部有一纵沟，稍向上弯曲。毛色以黑头羊居多，头或颈部黑色者约占62.0%，全身白色者占10.0%。

乌珠穆沁羊生长发育较快，2.5~3月龄公、母羔羊平均体重为29.5kg和24.9kg；6个月龄的公、母羔平均达40kg和36kg，成年公羊60~70kg，成年母羊56~62kg，平均胴体重17.90kg，屠宰率50%，平均净肉重11.80kg，净肉率为33%；乌珠穆沁羊肉水分含量低，富含钙、铁、磷等矿物质，肌原纤维和肌纤维间脂肪沉淀充分。乌珠穆沁羊成年公羊平均体高、体长、胸围和体重分别为71.1cm±3.52cm，77.4cm±2.93cm，102.9cm±4.29cm，74.43kg±7.15kg，成年母羊分别为65.0cm±3.10cm，69.7cm±3.79cm，93.4cm±5.75cm，58.40kg±7.76kg。乌珠穆沁羊一年剪毛两次，成年公羊平均为1.9kg，成年母羊平均1.4kg。毛被属异质毛，由绒毛、两型毛、粗毛及死毛组成。乌珠穆沁羊的毛皮可用作制裘，以当年羊产的毛皮质佳。其毛皮毛股柔软，具有螺旋形环状卷曲。初生和幼龄羔羊的毛皮相等，也是制裘的好原料。

四、滩羊

滩羊是我国独特的裘皮用绵羊品种，主产于宁夏盐池和陕西定边及其周边毗邻地区。成年滩羊体型中等，体格结实，全身结构协调。鼻梁稍隆起，耳有大、中、小三种，大耳、中耳较薄且半下垂，小耳厚且竖立。成年公羊平均为47kg，母羊平均35kg，体长60~71cm，体高58~68cm。雄性滩羊有螺旋形向外伸展的大角，雌性滩羊一般无角或有小角。滩羊背腰平直，胸较深，体躯较窄长，四肢端正，蹄质坚实。体躯毛色多为白色，头部和四蹄上部有黑色、黄色、褐色斑块，少数滩羊体躯和颈部有杂色。也有的个体为全身纯白或者纯黑色。被毛异质，属于半粗毛，细长且柔软，毛股较为明显，呈辫状。其尾根部宽大，尾尖细圆，有的尾尖呈"S"形，略微下垂。全尾呈长三角形，长度达到或者超过飞节，属于长脂尾。

滩羊一级成年公母羊体重、体高、体斜长、胸围分别为 43kg、69cm、76cm、87cm 和 32kg、63cm、67cm、72cm。滩羊乳羔屠宰后胴体重 3～10kg，屠宰率 48%～50%，滩羊羔羊屠宰后胴体重 8～15kg，屠宰率 43%～48%，滩羊成年羯羊屠宰后胴体重 15～25kg，屠宰率 45%～47%，滩羊成年母羊屠宰后胴体重 13～20kg，屠宰率 40%～41%。滩羊性成熟早，四季发情，双羔率高，繁殖率高。雄性滩羊 6～7 月龄、雌性滩羊 7～8 月龄性成熟，每年的 4—5 月和 9—11 月是发情旺季，发情周期为 18～21d，平均为 20d，发情持续期为 1～2d。配种期以春、秋两季为多，舍饲母羊全年配种。妊娠期 143～148d，产羔率平均为 145%，饲养管理水平高时，可实现一年两产、两年三产、三年五产。滩羊裘皮皮板薄而致密，皮板厚 0.7～0.8mm，鲜皮重 0.66～1.16kg，半干皮面积 1 600～2 900cm^2，具有毛股弯曲明显、花案清晰、毛股根部柔软、轻暖美观的特点，是制作轻裘的上等原料。

五、南江黄羊

南江黄羊，四川省南江县特产，中国国家地理标志产品。被毛黄色，毛短而富有光泽，面部毛色黄黑，鼻梁两侧有一对称的浅色条纹，公羊颈部及前胸着生黑黄色粗长被毛，自枕部沿背脊有一条黑色毛带，十字部后渐浅；头大适中，鼻微拱，有角或无角；体躯略呈圆桶形，颈长度适中，前胸深广、肋骨开张，背腰平直，四肢粗壮。

南江黄羊公羊 6 月龄、周岁、成年时体重分别为 25kg、35kg、60kg 以上，体高分别为 55cm、60cm、72cm 以上，体长分别为 57cm、63cm、77cm 以上，胸围分别为 65cm、75cm、90cm 以上。母羊 6 月龄、周岁、成年时体重分别为 20kg、28kg、40kg 以上，体高分别为 52cm、56cm、65cm 以上，体长分别为 54cm、59cm、68cm 以上，胸围分别为 60cm、70cm、80cm 以上，10 月龄羯羊胴体重达 12kg 以上，屠宰率 44% 以上，净肉率 32% 以上。

南江黄羊母羊初情期 3～5 月龄，公羊性成熟 5～6 月龄。公羊初配年龄 10～12 月龄，母羊初配年龄 8～10 月龄。母羊常年发情，发情周期 19.5d±3d，妊娠期 148d±3d。产羔率，初产羊 140%，经产羊 200%。

六、黄淮山羊

黄淮山羊主要产于河南省周口、商丘市，安徽省和江苏省徐州市。具有性成熟早、生长发育快、板皮品质优良、四季发情及繁殖率高等特点。该品种鼻梁平直，面部微凹，下颌有髯；分有角和无角两个型，有角者公羊角相大，母羊角细小，向上向后伸展呈镰刀状；胸较深，肋骨拱张；背腰平直，体型呈桶形；母羊乳房发育良好，呈半圆形；被毛白色，粗短。体重9月龄公羊平均为22kg，母羊为16kg；成年公羔平均为34kg，母羊为26kg；产区习惯于当年生羔羊当年屠宰，肉质细嫩，膻味小；7～10月龄羯羊宰前体重平均为21.9kg，胴体重平均为10.9kg，屠宰率平均为49.77%；成年羯羊宰前体重为26.32kg，屠宰率45.77%。性成熟早，一般4～5月龄的母羔就能发情配种。母羊常年发情，部分母羊一年两产或两年3产；产羔率为238%。

七、陕北白绒山羊

陕北白绒山羊是以辽宁绒山羊为父本，陕北当地黑山羊为母本，进行杂交育成的绒肉兼用型品种。2003年通过国家畜禽品种遗传资源管理委员会审定，正式被命名为陕北白绒山羊新品种。该品种适应性强，产绒量高，绒长、绒细等方面居国内先进水平。主要分布在陕西省北部榆林延安两市。

陕北白绒山羊体格中等，结实紧凑。头轻小，额顶有长毛。颌下有髯，面部清秀，眼大有神；公、母羊均有角，角形以拧角、撒角为主，公羊角粗大，呈螺旋式向上、向两侧伸展；母羊角细小，从角基开始，向上、向后、向外伸展，角体较扁。颈宽厚，颈肩结合良好。胸深背直，四肢端正，蹄质坚韧。尾瘦而短，尾尖上翘。全身被毛白色，毛绒混生，清晰易辨，具有银白色丝样光泽。

全身被毛有白色和黑色，毛绒混生，清晰易辨。外层着生长而稀的发毛和两型毛，内层着生密集的绒毛。绒细而长，有弯曲，手感光滑细腻。线自然长度平均64mm。毛纤维直径母羊平均14.5μm，公羊15.9pm。净线率平均65.8%。周岁公羊平均产绒量538g，周岁母羊435g，成年公羊796g，成年母羊526g。

陕北白绒山羊周岁公羊平均体重34.6kg，母羊31.0kg；成年公羊平均体重49.5kg，母羊37.2kg。周岁羯羊平均胴体重16.5kg，平均屠宰率17.1%。陕北白绒山羊肉肉质细嫩、肥瘦相间、低脂无膻、香味浓郁，在羊肉中独具特色，被誉为"肉中之人参"。肌肉色泽鲜红或深红，有光泽，脂肪呈乳白色；肌肉结实弹性好，呈大理石花纹；外表微干或有风干膜、不黏手；闻之清香、无膻味。

陕北绒山羊7～8月龄性成熟，母羊1.5岁、公羊2周岁开始配种。母羊发情周期17.5d±2.7d，发情持续期23～49h，一年产一胎，少部分羊两年产三胎，产羔率118%。妊娠期150.8d±3.5d；羔羊初生重公羔2.5kg、母羔2.2kg。

第三章 肉羊养殖环境因素及研究方法

第一节 肉羊养殖环境因素

肉羊环境是存在于肉羊周围可直接或间接与肉羊发生影响的自然与社会因素的总和，没有时间与空间的限制。影响肉羊的环境因素可分为以下四种。

一、物理因素

主要有温热、光照、噪声、地形、地势、海拔、土质、牧场和羊舍等。在物理因素中牧场和肉羊舍一般均为人工因素。

二、化学因素

包括空气中的氧气、二氧化碳、有害气体，水、土壤和饲料中的化学成分。

三、生物学因素

包括饲料与牧草的霉变、有毒有害植物、各种内外寄生虫和病原微生物。

四、社会因素

包括羊群群体和人为的管理措施。肉羊单个饲养和群饲，特别是群饲时的羊群大小、来源，都是重要的环境因素。在人为管理上，羊舍或围栏的大小、地面材料与结构、机械设备的运行，都是重要的社会因素。

肉羊与环境的关系，主要是通过肉羊的生存、生长发育、繁衍后代表现出来的。一方面，肉羊从外界环境中不断获取物质、能量和信息，受到各种环境因素的影响；另一方面，肉羊也影响着周围环境，其影响的性质和深度随着环境条件的不同而发生变化。肉羊环境研究与控制并非研究控制所有环境因素与肉羊的关系，主要是研究外部环境，尤其是羊场及羊舍环境（空气、水、土壤、生物及牧场建筑设备、管理条件等）对肉羊（个体和群体）影响的基本规律，以及利用这些规律改善环境、保护环境以提高肉羊生产水平。

第二节 肉羊养殖环境的研究方法

肉羊养殖环境的研究方法主要有三种：一是调查研究法，即通过调查，了解各种环境因素的性质、数量和运动规律，分析它对肉羊健康和生产力的影响，掌握其规律。二是试验研究法，在实验室模拟各种环境条件，观察其对肉羊生活、生产和健康的影响过程和程度。例如，人工气候室法是试验研究法的一种，就是运用人工气候室模拟各种气候因子的变化，研究气候因子对肉羊的影响。三是监测法，即以实验室手段对环境的物理特性、化学特性和生物学特性进行系统监测，掌握其变化规律，以及时采取防治措施，确保肉羊外界环境的安全。

第四章 肉羊的应激

第一节 肉羊应激的类型及应激原

肉羊应激是肉羊机体对外界或内部各种刺激所产生的非特异性应答反应的总和。任何刺激，只要达到一定程度，除引起与刺激因素直接有关的特异性变化外，还可以引起一组与刺激因素的性质无关的全身性非特异性应答反应。这些非特异性应答反应表现为肾上腺皮质增厚，分泌活性提高；胸腺、脾脏、淋巴系统萎缩，血液中嗜酸性粒细胞和淋巴细胞减少，嗜中性粒细胞增多；胃和十二指肠溃疡、出血。应激反应是肉羊生存所必需的，它是机体适应、保护机制的重要组成部分。应激反应可以提高机体的准备状态，有利于在变化的环境中维持机体的自稳态，即有利于机体抵抗体内外环境的变化所导致的伤害。

一、应激的类型

（一）按应激的长短划分可分为急性应激和慢性应激

急性应激是指肉羊机体受到突然的刺激发生的应激。慢性应激是肉羊机体处于长久的紧张状态。

（二）按应激的结果划分可分为生理性应激和病理性应激

生理性应激是肉羊机体适应了外界刺激，并且能够维持机体的生理平衡。病理性应激是肉羊机体由于应激而出现一系列机能、代谢紊乱和结构损伤，甚至发病。即应激反应过于强烈或持久，超过了肉羊机体负荷的限度，内环境的稳定性被破坏，这意味着疾病的开始。

二、应激原

应激原指能引起动物机体产生应激反应的各种因素。几乎在肉羊生产的所有过程中都会出现应激，许多生产环节都可能成为肉羊的应激源。

（一）机体内在因素

肉羊机体自稳态的失调是一类重要的应激原，如剧痛、饥饿、大失血、血液成分改变、心脏功能下降、高热、缺氧、器官功能紊乱等。

（二）外界环境因素

1. 机械性因素

由强大的钝性外力或锐性外力导致的机体损伤。

2. 化学性因素

浓度较高的氨气、二氧化碳、硫化氢等有害公体，水和饲料中的重金属离子、农药，饲料贮存霉变所产生的毒素、天然有毒植物及其他有毒有害的化学物质。

3. 物理性因素

环境温度高低、气压过低、电离辐射等。

4. 生物性因素

细菌、病毒、寄生虫侵袭，植物中的变应原物质等。

5. 饲养管理因素

舍内通风不良、日粮的改变、分群、断奶、驱赶、运输、剪毛、采血、去势、修蹄、检疫、预防接种等。

6. 精神性因素

各种强烈的精神刺激，如恐惧、过度兴奋等。

第二节　应激对羊的健康和生产性能的影响

一、应激对肉羊机体健康的影响

应激作为非特异性致病因子，与多种疾病有关，应激本身也可以直接引起动物疾病，如胃溃疡；应激原作用破坏了机体的生理或心理平衡，从而降低其抗病能力，表现某些亚临床症状，或使机体对某些疾病的抵抗力减弱。由应激直接引起的疾病有临床暴毙综合征（猝死）、以诱发感染为主的应激综合征、以肌肉病损为主的应激综合征。临床暴毙综合征（猝死）由于强烈应激，导致动物突然死亡。临床表现为尾巴快速震颤，全身僵硬，张口呼吸，体温升高。死亡后剖检，可见内脏充血，心包液增加。以诱发感染为主的应激综合征，因天气突变、饲养管理不善、长途运输等因素作用，引起肉羊呼吸道和消化道为主要症状的感染性疾病。以肌肉病损为主的应激综合征，主要表现为宰后肌肉切面干燥、肉质较硬、肉色深暗，有白肌肉、黑干肉等。恶性高温综合征，机体主要表现体温极度升高，最后甚至可造成肉羊虚脱濒死。

二、应激对羊的免疫机能的影响

肉羊机体在应激反应过程中，腺垂体分泌和释放的促肾上腺皮质激素以及将上腺皮质分泌和释放的糖皮质激素，都可以引起胸腺和淋巴组织萎缩，抑制胸腺和淋巴组织的蛋白质合成，羊体液免疫和细胞免疫机能下降，对疾病的抵抗力减弱，易感性增强。生长激素和甲状腺素有加强细胞免疫和体液免疫的作用，在严重应激状态下，生长激素和甲状腺素分泌不足，可降低肉羊机体的免疫机能。

三、应激对羊的生产性能的影响

在一般情况下，低强度短期应激原的作用，可使肉羊进入适应阶段，能锻炼机体的调节机能，增强机体抵抗力，提高饲料转化率和生产力。集约化肉羊生产使肉羊经常处在多种应激原造成的应激状态中。在此情况下，为保障应激所需能量和营养供给，肉羊机体需要动员全部防御力量来抵御应激原作用，从而给生长、增重、繁殖、泌乳等生产过程造成不良影响，降低肉羊生产力。特别是尚未获得适应或应激失败时，会降低机体抵抗力和免疫力，直接或间接地引起疾病或提高对疫病的易感性，甚至引起死亡。

1. 影响生长和增重

在较为严重的应激状态下，羊的生长发育速度降低。肉羊发生应激反应后，增重变慢甚至出现负值，料肉比增大，成本升高，养羊业生产水平降低。由温度、湿度、光照等的不适和营养不良等引起的应激可导致动物生长发育受阻、增重降低、繁殖性能下降等。

2. 影响繁殖性能

应激状态下促肾上腺皮质激素分泌增强，干扰了促卵泡素（FSH）、促黄体素（LH）的分泌，使未成年羊性腺发育不全，成年羊则出现性腺萎缩，性欲减退，精子和卵子的生成、发育及成熟受阻，会出现胚胎早期吸收、流产和难产等现象。应激对母畜妊娠的影响，除与应激原强度、作用时间有关外，也与妊娠的阶段有关。一般母羊在妊娠初期对应激较敏感，易造成流产和胚胎早期吸收。

3. 影响泌乳性能

母羊乳腺泡和乳导管的形成与发育，受雌激素和孕酮的调节，这两种激素的生成会因应激时垂体前叶的促卵泡素（FSH）和促黄体素（LH）分泌减少而受到抑制，因而应激可导致青年母羊乳腺形成和成年母羊乳腺再生受阻。

应激也可使产乳量下降，并使乳汁成分发生改变。乳汁的形成受催乳激素的调节，催产素则刺激乳汁由乳腺泡排出，以促进乳腺泡继续分泌乳汁，应激时催乳素和催产素分泌减少直接影响了产乳量。

4. 影响羊肉品质

将肉羊往屠宰场运输以及宰前饲养管理不当，都会导致较强的应激，从而造成羊肉品质下降。

第三节 应激的预防

（一） 选育抗应激品种

有研究表明，对应激原的敏感性是受一个单一的隐性基因控制的。用氟烷测定的方法从群中剔除应激敏感个体（隐性纯合体），可在较少的世代中大大降低应激敏感羊的数量。氟烷测验并不能挑出隐性基因的携带者，因此，要完全排除隐性基因，必须以拟被选作亲本的、已知的纯合型肉羊进行测交，根据其后代对氟烷测定的反应，淘汰隐性基因的携带者，选出抗应激的纯合个体作亲本。

（二） 加强饲养管理，降低环境负荷

为了减轻应激对动物的危害，促进动物采食和生长，充分发挥动物的生产性能，必须针对不同的应激原，采取必要可行的措施，避免各种应激因子对动物所产生的影响。要合理设计羊舍，最大限度地减少强烈的太阳辐射，保证舍顶隔热性能良好。舍内保持适宜的空气湿度，注意通风换气，又要防贼风。严禁高密度饲养，避免有毒有害气体对动物产生应激。满足羊的营养需要，饲喂全价日粮，避免产生营养应激。不要让动物过饱或饥饿，在夏季高温环境条件下，应该增加饲喂次数，给羊提供充足、洁净的饮水。注意场区的植树绿化，有效保护好舍内小环境，夏季降温，冬季防寒。做好防疫、免疫工作，提高动物自身抗应激能力。

有些应激因子无法避免，就应尽可能将其分散，如羔羊的断奶、去势和疫苗接种等，以避免多个应激因子的联合作用；而有些应激是由现代生产工艺引起的，改变此工艺往往会降低肉羊生产的现代化程度和生产效率；另外，饲养管理的改善有时需要增加资金、设备和劳力投入，提高生产成本。因此，采取这些措施时应全面考量，以能获得最大经济效益为准。

（三） 加强运输管理

尽量减少运输中各种应激原的刺激，主要是选择适当的运输季节（春秋季节），最好不要在炎热的夏季运输。装卸时尽量避免追赶、捕捉；编组时把来自同一舍或养羊场的羊编到一起，避免任意混群，以减少羊间争斗；运输途中要创造条件保证羊的饮水供应；炎热的夏季运输时，应改善运输工具的通风条件，加强防暑降温措施，妥善安排塞入脱脂棉塞；对运输司机和押运人员加强管理，提高业务素质，尽量减少对羊的不良刺激。

（四） 使用抗应激添加剂或药物

为了防治应激，可通过饮水、饲料或其他途径给羔羊以抗应激药物。这些药物般分为三类，包括应激预防剂、促适应剂、对症治疗药物或应激缓解剂。应激预防剂能减轻应激对机体的作用，常用的预防剂有安静止痛剂（氧丙嗪三氟拉嗪、氟哌啶醇）、安定剂（氯二氢等）和镇静剂（苯纳嗪、溴化钠、盐酸地巴唑）。促适应剂能调节身体机能，提高非特异性抵抗力，常用的药物有：①参与糖类代谢的物质，如琥珀酸、柠檬酸、延胡索酸等。②维持体液平衡的物质，如碳酸氢钠、氯化钾等。③微量元素，如锌、硒、铬。④维生素制剂，主要有维生素 C、维生素 E。⑤微生物制剂，如杆菌肽锌、酵母培养物。⑥中草药制剂，它从全方位协调机体应激中的生理机能，多方位调节，通过提高机体非特异性免疫力，提高抗应激能力，同时缓解表证，中和毒素，达到阴阳平衡、标本兼治的效果。常用的有金银花、板蓝根、藿香、苍术、茯苓、黄芪、五加皮、淫羊藿、山楂、六曲、枣仁、远志等。

第五章 肉羊养殖的温热环境

温热环境是指与机体散热相关的所有物理因素。主要包括太阳辐射、气温、空气湿度、气流等，是肉羊机体极为重要的外界环境因素，直接影响机体的热调节，从而影响肉羊的健康和生产力。其中气温最为重要。

空气的温热环境与气象、天气、气候和小气候密切相关。在地球外层虽然存在有大约1 000km厚的大气层，但最靠近地球表面的一层密度最大，集中了空气总量的95%，称为对流层。在此层发生的一切冷、热、干、湿、风云、雨、雪、霜、雾、雷、电等现象称为"气象"。气象因素在一定时间和空间内的变化，决定了某一区域的阴、晴、风、雨状态，则称为"天气"。"气候"则是指某一地区多年所特有的天气情况。而"小气候"则是由于地表性质不同或人类和生物的活动所造成的小范围内的特殊气候。羊舍中小气候的形成除受舍外气象因素的影响外，与舍内的羊群密度、垫草使用、外围结构的保温隔热性能、通风换气、排水防潮以及日常的饲养管理措施等因素有关。羊场的小气候除与所处的地势、地形、场区规划、建筑物布局等有关外，羊场绿化程度亦起很大的作用。

第一节 肉羊的体温调节

肉羊体温调节机能就是使体温保持相对稳定的能力。体温调节机能包括产热和散热两个方面。

一、体温、皮温

由于肉羊机体与环境之间不断产生热交换，不仅机体各部温度不一，而且从内向外逐渐降低。但正常情况下肉羊机体深部温度则始终保持恒定。由于直肠温度能代表体温且易于测量，故兽医临床以直肠温度表示体温。测量时将温度表的感应部分伸入羊的直肠10cm。伸入过浅，温度较低，不能代表机体深部的温度。

皮温是指皮肤表面的温度。外界温度一般较体温低，且体温主要由皮肤发散，所以越向机体外部，温度越低。皮肤和被毛介于身体和外界之间，它受身体和外界温热条件的双重影响，因此常随外界条件的变化而变化。外界温度高时，皮温较高；外界温度低时，皮温也较低。同时，身体各部位的皮温也不相同。凡距离身体中心较远、被毛保温性能较差、散热面积较大、血管分布较少和皮下脂肪较厚的部位，皮温较低，受外界的影响也较大，所以四肢下部、耳部和尾部在低温时皮温显著下降。

二、机体产热

肉羊机体的产热来自体内营养物质的氧化。机体不断地进行能量代谢，则不断地产生热量。通常用产热量来衡量动物体内能量代谢强度。体温来自产热，肉羊在适宜环境中的产热量基本取决于基础代谢、体增热、活动量和生产力等因素。

（1）基础代谢产热。肉羊在饥饿、休息、气温适宜和消化道中无养分可吸收状态下维持生命活动的产热量。在基础代谢状态时，体内所有器官组织和细胞的代谢均处于最低水平，这是维持生命活动所需的最低产热量。大量研究表明，羊的基础代谢产热量虽然随体型增大，绝对值增加，但若按每千克体重计算，体型越小的动物反而越高。产热量是与单位体表面积成比例的。即每千克体重对应的体表面积越大产热量越多。此外，羊的品种、年龄、个体、营养水平、神经和内分泌状态等的差异，对基础代谢也有一定影响。

（2）热增耗。也称增生热，处于饥饿状态的羊采食饲料后，还没有消化、吸收，但体内已经产生一定的热量，称为热增耗或特种动力作用。热增耗的大小不仅与采食量成正比，也与饲草料类型有关（粗饲料大于精饲料）。另外，羊的瘤胃微生物的发酵产热，也是热增耗的来源。体增热在冬季可以用于维持体温，在夏季却增加动物的散热负担。

（3）肌肉活动产热。羊的起卧、站立、步行、运动、觅食、争斗等肌肉活动，都可增加热量。站立时的能量消耗较躺卧时增加。

（4）生产过程产热。羊的生殖、生长、产乳、产绒毛等，都在维持产热的基础上增加一定的产热量，这主要是营养成分转化为上述产品过程中产生的。所以生产性能越高的羊其产热量也越大，对其热应激的预防越重要。其次，由于生产增加了养分需要和采食量，因此热增耗也相应上升。例如，妊娠后期的母羊产热量较空怀母羊增加20%~30%。

三、机体散热

体内无论产热多少，必须及时排出体外，才能维持体温恒定。它主要是通过皮肤进行的，其次，还通过呼吸道、消化道、排泄器官等散热。

1. 蒸发散热

通过皮肤和呼吸道表面水分蒸发的散热过程为蒸发散热。蒸发散热是皮肤和呼吸道表面的水分由液态变为气态过程中，吸收汽化热而使机体发生散热。蒸发散热是机体非常有效的散热方式，特别是在高温条件下。

（1）皮肤蒸发，皮肤的水分蒸发形式有两种，一种是皮肤组织内水分通过上皮细胞向外渗透，在皮肤表面蒸发，称为渗透蒸发，因不见有汗滴所以又叫隐汗蒸发。另一种是通过汗腺分泌汗液，汗液在皮肤表面进行蒸发，因出汗多时皮肤表面有水滴出现，故称显汗蒸发。因羊的全身覆有被毛。当高温汗液分泌多时，汗液需沿毛纤维渗透到被毛表面再蒸发，此时所吸收的汽化热大多来自周围的空气，故对机体的散热作用不大。高温时，羊主要以呼吸道蒸发散热为主。

（2）呼吸道蒸发，在呼吸过程中，羊吸入的是低温干燥的气体，呼出的是高温潮湿的气体，呼出水分同时，带走体内的热量，蒸发散热发生在上呼吸道，而不是肺部。

2. 辐射散热

在外界环境温度低于羊体皮肤温度时，皮肤可以放射出不可见的长波红外线，随着红外线的射出，散失了大量的热量，称为辐射散热。皮肤辐射出的热量，主要为周围的低温物体所接受，物体的温度越低，吸收辐射热的能力就越强。干燥空气吸收辐射热的能力很低，潮湿空气却能大量吸收辐射热。肉羊的大密度养殖，羊体的卷曲，太阳光照射或机体具有较厚皮下脂肪层时，热辐射发散量都会受影响而减少。

羊体皮肤以长波辐射方式向周围环境散失热量，同时也可以吸收周围环境发射的辐射，发射的辐射热与吸收的辐射热之差为净辐射散热。

3. 传导散热

传导散热是指羊的体表将热量传递给与其直接接触的低温物体的过程。传导散热量与两种接触物体的温差成正比，也与接触面积、热传导系数成正比。

4. 对流散热

气温低于羊体体表温度时，通过空气运动而带走体表热量的过程，称为对流散热。对流是受热物质本身的实际运动，将热量自一处移至另一处。这里主要是指空气，它不仅发生于羊的体表，也可发生于羊的呼吸道表面。空气温度越低，气流速度越大，羊体的对流散热越多。

辐射散热、对流散热和传导散热合称为"非蒸发散热"或"可感散热"。这部分热能使羊舍温度升高，在寒冷时，羊和羊之间亦有互相温暖作用。蒸发散热只能使羊舍的湿度升高。

四、热平衡及其控制

1. 物理性调节

在炎热或寒冷的环境中，产热和散热不平衡时，机体首先增加或减少散热来维持体温，这称为"散热调节"或"物理调节"，其通过两种方式进行：第一种是外周血液循环的改变。当气温升高时，将引起皮肤血管扩张，大量的血液流向皮肤，把较多的热从机体深部带到体表，导致皮肤温度升高，增加了皮温与环境温度之差，从而增加了非蒸发散热量。同时，由于皮肤血管扩张，血液循环总量增加，血液含水量升高，血液水分很容易渗透到组织和汗腺中，以供皮肤和呼吸道蒸发所需。在低温下，皮肤血管收缩，外周血流量减少，使皮温下降，缩小了皮温与气温之差，汗腺也停止活动，非蒸发与蒸发散热量都显著减少。第二种是羊的姿态的改变。羊的姿态的改变可使体表与空气相接触的面积发生一定程度的改变。高温时，羊体舒展、分散，体表面积较大，散热量也较多；低温时，羊体蜷缩、群集，体表面积缩小，散热量也减小。羊的身体在热或冷的环境中伸展或蜷缩，是调节体热的本能表现。

2. 化学性调节

化学性调节也称"产热调节"。在较严重的热或冷的应激下，散热调节已不足以维持体温恒定时，则必须减少或增加体内营养物质的氧化，以减少或增加热的产生。在高温的刺激下，机体一方面增加热的散发，同时减少热的产生，表现为采食量减少或拒食，生产力下降；当气温过低时，采食量增加，以增加产热量。高温时，肌肉松弛，嗜睡懒动，活动量减少。低温时，肌肉紧张度提高，颤抖，活动量增加。在高温的应激下，甲状腺分泌减少，受到寒冷刺激时，甲状腺分泌增加。

第二节 太阳辐射的作用

太阳辐射对羊的生理机能、健康和生产力产生很大的直接和间接影响。到达地面的太阳辐射强度除受大气状况的影响，还与纬度、季节有关，高纬度地区太阳辐射强度较弱，低纬度地区较强，夏季太阳辐射强度较冬季强。太阳辐射强度的最高值均出现在当地时间的正午。

一、太阳辐射的一般作用

太阳辐射作用于机体时，只有被机体吸收的部分，才能对机体起作用。生物组织对紫外线的吸收最为强烈，对可见光的吸收很差，对短波红外线的吸收更差。因此紫外线引起的光生物学效应是明显的。

1. 光热效应

光的长波部分，如红光或红外线，由于单个光子的能量较低，被组织吸收后，光能主要是转变为热运动的能量，即产生光热效应，可使组织温度升高，加速组织内的各种物理化学过程，提高组织和全身的代谢。

2. 光化学效应和光电效应

光的短波部分，特别是紫外线，由于单个光子的能量较大，被组织吸收后，除一部分转变为热运动的能量外，还可以发生光化学反应和光电效应，这是由于吸收光子的分子被激活或电离所致。

3. 光敏反应

当羊采食某些含光敏物质的植物如荞麦、三叶草、苜蓿、灰菜等或在羊体内存在异常代谢产物，或有感染病灶吸收的毒素等，当受到日光照射能积聚辐射能，使毛细血管壁破坏，通透性加强，引起皮肤炎症或坏死的现象，有时可发生眼、口腔黏膜发炎或中枢神经系统紊乱和消化机能障碍。

二、紫外线的作用

1. 有益作用

（1）杀菌作用。紫外线的杀菌作用，是由于紫外线的化学效应使细菌核蛋白变性、凝固而死亡。紫外线的杀菌效果，决定于波长、辐射强度及微生物对紫外线的抵抗能力。杀菌力最强的紫外线波长是294nm，波长过短或过长，其杀菌力均减弱。增加紫外线的照射时间或照射强度，可增强杀菌作用。不同微生物对紫外线具有不同的敏感性。在空气中白色葡萄球菌对紫外线最敏感。真菌对紫外线的耐受能力要比细菌强。实验证明，紫外线亦能杀死病毒。但处在灰尘颗粒中的微生物，对紫外线的耐受程度大大加强。由于紫外线的穿透能力较弱，其杀菌作用主要用于空气、物体表面的消毒以及表面创伤感染的治疗。

在生产中，常用紫外线灯进行灭菌。羊舍使用低压汞灯，辐射出254nm紫外线，具有较好的灭菌效果。据报道，生产实践证明，用20W的低压汞灯悬于羊舍2.5m的高处，每20m^{2}悬挂1盏，即1W/m^2，每天照射3次，每次50min左右，可降低羊的感染率和死亡率，羊群生产力明显提高。另外，在羊场场地的入口处以及羊舍入口处安装低压汞灯，灭菌效果也很好。

（2）抗佝偻病作用。紫外线照射皮肤，能使皮肤中的7-脱氢胆固醇形成维生素D$_3$，从而起调节钙、磷代谢的作用。在冬季要对羊进行人工紫外线照射，应选用波长为283~295nm的紫外线，不可用一般杀菌灯代替。另外，在密闭羊舍中，常年见不到阳光，极易发生维生素D缺乏症，应注意日粮中维生素D的供给。在生产中，可用人工保健紫外线（280~340nm）照射羊体，来提高其生产性能，采用 15～20W 的保健紫外线灯，按 0.7W/m² 安装，距被照射羊 1.5～2.0m 高，每日照射 4～5 次，每次 30min。

（3）色素沉着作用。皮肤的基底有一种黑色素细胞，细胞内存在含有酪氨酶的黑色素小体，能够产生和贮存黑色素。在紫外线等辐射作用下，酪氨酸酶的活性大大增强，使酪氨酸生成的衍生物共聚而成黑色素蛋白，皮肤颜色变深。皮肤的黑色素含量增多，能增强皮肤对光线的吸收能力，防止大量的光辐射透入组织深部造成损害，同时还使汗腺加速排汗散热，避免机体过热。因此，黑色素对动物体内有重要的保护作用。

（4）增强机体的免疫力和抗病力。长波紫外线的适量照射，能提高血液凝集素的滴定效价，增加白细胞数量，因而增强血液的杀菌和吞噬作用，提高机体对疫病的抵抗力。长期缺乏紫外线的照射，可导致机体免疫功能下降，对各种病原体的抵抗力减弱，易引起各种感染和传染病。因此，为保证机体正常的免疫功能，接收适量的紫外线是不可少的。

2. 有害作用

过度的紫外线照射，可引起不良反应。

（1）红斑现象。在紫外线照射下，被照射部位的皮肤会出现红斑，这是皮肤对紫外线照射的特异反应，称为红斑作用。紫外线的红斑反应有两个最敏感的波长区，即 254 nm 和 297 nm，由于产生红斑作用的这一波段紫外线也具有抗佝偻病作用，故生产中可用红斑出现作为确定紫外线适宜照射时间的依据。

（2）光敏性皮炎。光敏性皮炎是当羊采食光敏性物质，饲料中的光敏性物质吸收了光子而处于激发态，该物质又作用于皮肤中某种物质，使之发生反应出现红斑、痛痒、水肿和水泡等症状。光敏性皮炎多发生于白色皮肤，特别是羊的无毛或少毛部位。

（3）光照性眼炎。紫外线过度照射眼睛时，可引起结膜和角膜发炎，称为光照性眼炎。其临床表现为角膜损伤、眼红、灼痛感、流泪和羞明等症状，经数天后消失。最易引起光照性眼炎的波长为 295～360nm。长期接触小剂量的紫外线，可发生慢性结膜炎。

（4）皮肤癌。过度紫外线照射易发生皮肤癌。

紫外线照射对羊有利也有弊，在生产中尽可能地利用其有利的一面，避免过度照射造成的弊病。

三、红外线的作用

红外线的作用主要为光热效应，故称为热射线。红外线灯分发光的和不发光的两种。前者工作时能同时发出短波红外线和可见光，后者工作时不发光或仅呈暗红色，现多用发光的红外线灯。

（1）有益作用。①消肿镇痛。适量的红外线照射，可使局部温度升高，微血管扩张，血流量增加，促进血液循环，从而加速组织内各种物理和化学过程，组织营养和代谢得到改善，使炎症迅速消退。在临床上可利用红外线来治疗冻伤、风湿性肌肉炎、关节炎及神经痛等疾病。②御寒。在生产中，常用红外线灯作为热源对羔羊和病、弱羊进行照射，不仅可以御寒，而且还可以改善机体的血液循环，促进生长发育。

（2）有害作用。①过度的红外线照射，使表层血液循环增加，内脏血液循环减少，使胃肠道的消化力及对特异性传染病的抵抗力下降。②当过强的红外线照射皮肤时，皮肤温度可升高到40℃以上，皮肤表面发生变性，甚至形成严重烧伤。③波长 600~1 000nm红外线能穿透颅骨，使脑内温度升高，引起日射病。为了防止日射病，在运动场设遮阳棚或植树。④波长 1 000~1 900nm红外线长时间照射眼睛，可使水晶体及眼内液体温度升高，水晶体浑浊，引起白内障。⑤影响机体的热调节，引起全身反应，体温升高。

四、可见光作用

可见光是太阳辐射中能使肉羊产生光觉和色觉的部分，并通过羊眼睛的视网膜，作用于中枢神经系统，影响机体代谢。可见光对羊既可引起光热效应，也可引起光化效应，但远不如红外线和紫外线那么强烈。可见光的生物学效应，与光周期有关。光周期是光的波长、光的强度以及每天光照与黑暗时间交替循环的变动规律。

1. 光的波长

可见光的波长对羊的影响不大。

2. 光照强度

不同的光照强度对羊所产生的生物学效应有一定的差异。在肥育期内的羊，过强的光照会引起精神兴奋，减少休息时间，增加甲状腺的分泌，提高代谢率，从而影响增重和饲料利用率。因此，在肥育期，应减弱光照强度。肥育期光照强度的大小和作用时间，以便于饲养管理工作的进行和使羊能保持其基本活动（采食和饮水）即可。生长期的羔羊和繁殖用的种母羊光照强度应较高。

3. 光周期

随着春夏秋冬的交替，光照时数呈周期性变化，称为光周期。这种规律主要表现为光照时数的年周期和昼夜周期。

羊的体内的许多生理现象也具有周期性，例如，心跳、呼吸、体温、发情、产羔、换毛等，有的表现为昼夜节律，有的表现为周年节律。许多环境因素都可以影响动物的生理节律,其中最主要的是光照。光照时数的周期性变化,在其他环境因素的协同作用下,对羊的生理节律产生强烈的影响。羊对光的周期性变化产生适应性,表现为交替出现周期性的生物现象,这种生命活动的内在节律,称为生物周期或生物节律。

(1)光周期对繁殖性能的影响。在自然环境中,光周期对动物最明显的影响表现在生殖机能上。肉羊在秋季日照逐渐缩短的情况下发情交配,称为"短日照动物"。

(2)光周期对生长、肥育的影响。光照时数对羊的生长、肥育的影响,还不很清楚。一般认为,种用羊的光照时数应适当长一些,以利于活动,增强体质。育肥羊的光照时数则应适当短一些,以减少活动,加速肥育。

(3)光周期对产乳有一定的影响。

(4)光周期对产毛的影响。羊毛的生长也有明显的季节性,一般都是夏季生长快,冬季慢。羊被毛的成熟,也与光照有密切关系,这在皮毛中十分明显。秋季光照时数日渐缩短,羊的皮毛随之逐渐成熟。到了冬季,皮子和被毛的质量都达到了优质。羊的被毛在每年的一定季节内要脱落更换。这一现象不仅同温度有关系,更主要的因素是光周期的变化。

第三节　温度对羊的影响

气温来源于太阳辐射。经过大气减弱后到达地面的太阳辐射,一部分被地面反射掉,其余的被地面吸收,使地面增热,地面再通过辐射、传导和对流将热传给空气,这就是空气热量的主要来源。太阳辐射被大气吸收对空气增热作用很小。太阳辐射强度因纬度、季节和每天不同时间而异,因此某一地区的气温也随时间的变化发生周期性的变化、气温的日变化规律在一天中,日出之前气温最低,日出后气温逐渐回升,14:00左右最高,以后气温逐渐下降到次日日出前为止。一天中的气温最高值与最低值之差称为"气温日较差"。气温日较差的大小与纬度、季节、地势、下垫面、天气和植被等有关。一年中,一般是1月气温最低,7月最高。最热月份与最冷月份的平均温度之差,称为"气温年较差"。气温年较差的大小受纬度、距海的远近、海拔的高低、云量和降水量等诸因素的影响。

除上述的气温周期性变化外,还有非周期性变化,是由大规模的空气水平运动引起的。例如,当春季气温回升后,常因北方冷空气的入侵,又使气温突然下降。在秋末冬初气温下降后,一旦从南方流来暖空气,又会出现气温陡增的现象。

一、羊的等热区和临界温度

等热区是指羊主要依靠物理调节维持体温正常的环境温度范围。在这个范围内，羊不需动用化学调节机能，因而产热量处于最低水平。等热区的下限温度称临界温度，低于这个温度，机体散热量增多，通过物理调节无法使动物保持体温正常，必须提高代谢率（化学调节）以增加产热量。等热区上限叫"过高温度"，高于这个温度机体散热受阻，物理调节不能维持体温恒定体内蓄热，体温升高，按范特荷甫定律，温度每升高10℃，化学反应增强1~2倍，亦即体温每升高1℃，代谢率可提高10%~20%。由此可见临界温度和过高温度之间的环境温度范围，也就是等热区。

等热区中间有一舒适区，在此区内者体代谢产热刚好等于散热，不需要物理调节而维持体温正常，最为舒适。舒适区以上开始受热应激，表现为皮肤血管扩张，皮肤温度升高，呼吸加快和出汗等热调节过程；舒适区以下开始受冷应激，表现为皮肤血管收缩，被毛竖立和肢体蜷缩等。在一般饲养管理条件下，要将环境温度精确控制在等热区范围内，绝非容易。因此，应当提出个比等热区稍宽一些，即在一般饲养管理条件下对羊的生活与生产不致产生明显不良影响的环境温度范围，通常称为生产环境界限，这样不仅在生产技术上比较切实可行，而且符合经济要求。生产中，母羊的较为舒适的温度范围7~24℃，初生羔羊的较为舒适的温度范围24~27℃，哺乳羔羊的较为舒适的温度范围5~21℃。

二、影响等热区和临界温度的主要因素

1. 羊的品种

羊的品种不同，体型大小不同，每单位体重的体表面积不同，散热也不同。凡体型较大、每单位体重表面积较小的羊，均较耐低温而不耐热，其等热区较宽，临界温度较低。山羊在完全饥饿状态下等热区为20~28℃。

2. 年龄和体重

临界温度随年龄和体重的增大而下降，等热区随年龄和体重的增大而增宽。羔羊的等热区较窄，临界温度较高。

3. 皮毛状态

被毛浓密或皮下脂肪发达的羊，保温性能好，等热区较宽，临界温度较低。例如，饲喂维持日粮的绵羊，被毛长1~2mm（刚剪毛后）的临界温度为32℃，被毛长18mm的为20℃，120mm的为-4℃。

4. 饲养水平

饲养水平越高，机体增热越多，临界温度越低。例如，刚剪毛摄食高营养

水平日粮的绵羊为24.5℃，使用维持日粮的为32℃。

5. 生产力水平

羊的生产包括泌乳、妊娠、生长、肥育等方面。凡生产力高的羊其代谢强度大，体内分泌合成的营养物质多，因此产热多，故临界温度较低。

6. 管理制度

饲养群体密度较大时，由于相互拥挤，减少了体热的散失，临界温度较低；而单个饲养的羊，体热散失就较多，临界温度较高。此外，较厚的垫草或保温良好的地面，可使临界温度下降。

7. 对气候的适应性

生活在寒冷地区的羊，由于长期处于低温环境，其代谢率高，等热区较宽，临界温度较低。而炎热地区的羊舍恰好相反。

8. 其他气象条件

由于临界温度是在无风、无太阳辐射、湿度适宜的条件下测定的，因此，所得的结果不一定适用于自然条件。在田野中，风速大或湿度高，羊的散热量增加，可使临界温度上升。

等热区和临界温度，在肉羊生产中具有重要的实践意义。各类羊在等热区内，代谢率最低，产热量最少，饲料利用率、生产性能、抗病力均较高，养成本最低，经营肉羊产业最为有利。由于影响等热区和临界温度的因素很复杂，对于不同品种、年龄、体重、生产力、被毛状态的羊应分别采用不同饲养管理措施。因此，确定各类羊的等热区和临界温度是制定饲养管理方案和设计羊舍的重要依据。

肉羊生产是一个很严肃的商品生产过程，人们应该在这一过程中获取商业利润。但是，在某些地区，如果单纯追求羊舍温度达到等热区，可能会引起较高的投资或运营成本。有时略微放宽这一范围，可能对生产性能影响并不太大，而投资和生产成本下降较多。因此，生产中常常选用略宽于等热区的生产适宜温度范围。

三、气温对羊的影响

气温高于过高温度或低于临界温度，对羊的生理功能和生产性能都有不良影响，其影响程度取决于温度的高低和持续时间的长短。温度越高或越低，持续时间越长，影响越大。

1. 气温与机体的热调节

当气温高时，皮肤血管扩张，大量的血液流向皮肤，使皮温升高，以增加皮温与气温之差，提高非蒸发散热量。同时，汗腺分泌加强，呼吸频率加快，以增加机体的蒸发散热量。随气温的升高，非蒸发散热逐渐减少，而以蒸发散热代之；当气温等于皮温时，非蒸发散热完全失效，全部代谢产热需由蒸发发散；如果气温高于皮温，机体还以辐射、传导和对流的方式从环境获热，这时蒸发作用需排除体内的产热和从环境的得热，才能维持体温正常。只有汗腺机能高度发达的人和其他灵长类动物才有这种能力。羊很难维持体温的恒定，在高温条件下，羊一方面增加散热，另一方面还需要减少产热。首先表现为采食量减少或拒食，生产力下降，肌肉松弛，嗜睡懒动，继而内分泌机能开始活动，最明显的是甲状腺分泌减少。当上述热调节失效时，则热平衡破坏，引起体温的升高。与高温相反，随着气温的卜降，皮肤血管收缩，减少皮肤的血液流量，皮温下降，使皮温与气温之差减少，汗腺停止活动，呼吸变深，频率下降，非蒸发和蒸发散热量都显著减少。同时，肢体蜷缩、群集，以减少散热面积，竖毛肌收缩，被毛逆立，以增加被毛内空气缓冲层的厚度。当气温下降到临界温度以下，表现为肌肉紧张度提高，颤抖，活动量和采食量增大。

2. 气温对肉羊生产力的影响

（1）气温对繁殖力的影响。羊的繁殖活动，除了受光照影响外，气温也是影响繁殖的一个重要因素。气温过高对羊的繁殖有不良影响。①对种公羊的影响。正常条件下，公羊的阴囊有很强的热调节能力，使得阴囊的温度低于体温 $3\sim5℃$。在持续高温环境中，引起精液品质下降。一般在高温影响后 $7\sim9$ 周才能使精液品质恢复正常水平。高温还会抑制羊的性欲。正因如此，盛夏之后，配种效果常常较差。适度低温可促进新陈代谢，一般有益无害。②对种母羊的影响。首先，高温能使母羊的发情受到抑制，表现为不发情或发情不明显。其次，高温还会影响受精卵和胚胎的存活率。高温对母羊生殖的不良作用主要在配种前后一段时间内，特别是在配种后胚胎附植于子宫前的若干天内，是引起胚胎死亡的关键时期。受精卵在输卵管内对高温很敏感，且在附植前容易受高温刺激而死亡。绵羊在配种后 3d 内是高温对母羊受胎率和胚胎死亡率影响的关键时期。

妊娠期处于高温期内的母羊，一般羔羊初生重较轻、体型略小，生活力较低，死亡率高。引起这一现象的原因是在高温条件下，母体外周血液循环增加，以利于散热，而使子宫供血不足，胎儿发育受阻；同时，高温时母羊采食量减少，本身营养不良，也会使胎儿初生重和生活力下降，

（2）气温对生长肥育的影响。气温对羊生长肥育的影响主要在于改变能量转化率。在最佳的生长、肥育环境温度时，饲料利用率较高，生产成本较低，该温度一般在其等热区内，所以凡可影响羊等热区的因素，均可影响其最佳生长肥育温度。羊处于不利的温热环境（炎热或寒冷）下，其生产率均下降。当温度低于临界温度时，羊的进食量会随气温的下降而迅速增加，但维持能量需要的增加常比自由进食能量增加的速度更快，因此，增重速度逐渐下

降，如果自由采食，下降较慢。温度过高，羊的进食量迅速减少，增重速度和饲料转化率也随之降低，虽然有时饲料转化率会因采食量的减少而有所提高，但得不偿失。

（3）气温对产乳量和乳脂的影响。气温的过高过低都对母羊的产乳量有不利影响，尤其是气温过高时。高产乳羊品种，由于产热量大，过热带来的影响更大。育种技术、饲养水平等的提高及产乳量的提高亦对环境的控制及其对策不断提出新的要求。气温对乳脂也有较大影响，气温升高，乳脂率下降，如果温度继续上升，产乳量将急剧下降，乳脂率却又异常上升。一年中的不同季节，乳脂率的变化也较大，夏季最低，冬季最高。

3. 气温对羊体的不良作用

（1）高温的不良影响。在高温的环境下，羊通过增加散热和减少产热来维持体温的恒定，以适应高温环境。但这种适应能力是有一定限度的。在外界温度过高，或作用时间过长，就会降低体温调节中枢的机能，破坏机体的热平衡，可引起一系列生理机能失常。①体温。在高温条件下，体温升高是体温调节障碍、机体内蓄热的主要标志。通常可根据在炎热环境中机体体温升高的幅度，作为评定羊耐热性的指标。绵羊的耐热能力较强。②呼吸系统和循环系统。在高温情况下，羊的呼吸深度变浅，频率增加，进而出现热性喘息。由于从体表和呼吸道蒸发了大量水分，血液浓缩；高温使皮肤血管扩张，末梢循环血量增大，从而血液发生重新分布，内脏贫血而周围血管充血，心跳加快而每搏输出量减少，均使心脏负担加重。③消化系统。由于大量出汗造成氯化物的损失，致使胃酸必需的氯离子储备量减少，再加上大量地饮水使胃酸稀释，导致胃液酸度降低，胃蠕动减弱，往往成为高温时期产乳量下降和饲料利用率、增重率降低的主要原因。④泌尿系统和神经系统。在高温的情况下，机体大量的水分通过体表及呼吸道排出，经肾脏排出的水分大大减少，同时脑垂体受高温作用后，增加了抗利尿激素的分泌，使肾脏对水分的重吸收能力加强，造成尿液浓缩，甚至在尿中出现蛋白、红细胞等现象。高温作用，还可抑制中枢神经系统的运动区，使机体动作的准确性、协调性和反应速度降低。

（2）低温的不良影响。相对而言，羊对低温的适应能力要比高温强得多。只要有充分的饲料供应，羊舍有自由活动的机会，在一定的低温条件下，仍能保持热平衡，维持恒定的体温。①导致体温下降。羊长时间地处于过低的温度环境中，超过羊的代偿产热的能力时，将会引起体温下降。体温下降使中枢神经系统的活动受到抑制，导致神经传导发生障碍，使机体对各种刺激的反应性降低。同时还会伴有血压下降，呼吸变慢、减弱，心跳减弱，脉搏迟缓，嗜睡等现象。严重的会因呼吸及心血管中枢麻痹而死亡（冻死）。②引起冻伤。冻伤是机体在低温条件下发生的冻害现象。冻伤的发生与发展，除与温度降低的程度和作用时间的长短有关外，还与其他气象因素（湿度、风速）、局部组织的血液循环状况及机体的机能状态有关。例如，在低温有风且湿度较大的环境下，羊的体表被毛稀少的部位（如尾部、耳壳、乳房、阴囊等）和下肢均易发生冻伤。③促发感冒性疾病。机体受冷后，常对一些感冒性疾病（如支气管炎、肺炎、关节炎、风湿病等）的发生和发展起着条件性促进作用。如羊突然遭受风雨侵袭、运动大汗后受寒、冬季药浴方法不当等，都会引起感冒和感冒性疾患。④降低饲料的消化率。实践证明，低温会导致羊对饲料的消化率降低，并提高代谢率，增加产热量。因此，在严寒的冬季，饲料消耗显著增加，饲料利用率下降，造成饲料的浪费。

因此，使用饲养标准时，应特别注意气象因素，同时还要注意羊舍保温，以减少饲料能量的浪费。

第四节　湿度对羊的影响

空气在任何状态下都含有水汽。表示空气中含有水汽多少的物理量称为"空气湿度"。空气中的水汽主要来源于水面以及植物、潮湿地面的蒸发。

一、空气湿度常用指标

1. 水汽压

空气中每种气体都有一定的分压，大气压是由各种气体分压的综合作用形成的，由水汽所产生的那部分压强称为水汽压。它不容易测得，一般都是通过间接计算得出来的。水汽压的单位用 Pa 来表示。

在一定温度条件下，一定体积空气中能容纳水汽分子的数量有一个最大值，超过这个最大值，多余的水汽就会凝结为液体或固体。该值随空气温度的升高而增大。当大气中水汽达到最大值时，称为饱和空气，这时的水汽压，称为饱和水汽压。饱和水汽压随着气温升高而增加。

2. 绝对湿度

绝对湿度指单位体积的空气中所含的水汽质量，用 g/m³ 表示。它直接表示空气中水汽的绝对含量。

3. 相对湿度

相对湿度即空气中实际水汽压与同温度下饱和水汽压之比，以百分率来表示。相对湿度说明水汽在空气中的饱和程度，是一个常用的指标。相对湿度（%）=空气中实际水汽压/同温度下的饱和水汽压×100。

4. 饱和差

饱和差指一定的温度下饱和水汽压与同温度下的实际水汽压之差。饱和差越大，表示空气越干燥，饱和差越小，则表示空气越潮湿。

5. 露点

空气中水汽含量不变，且气压一定时，因气温下降，使空气达到饱和，这时的温度称"露点"。空气中水汽含量越多，则露点越高，否则反之，空气中的水汽来自海洋、江湖等水面和植物、潮湿土壤等的蒸发。由于影响湿度变化的因素（气温、蒸发等）有周期性的日变化和年变化，所以，空气湿度也有日变化和年变化现象。绝对湿度基本上受气温的支配，在一日和一年中，温度最高值的时候，绝对湿度最高。相对湿度的日变化与气温相反，在一天中温度最低时，相对湿度最高，在早晨日出之前往往达到饱和而凝结为露水、霜和雾。

二、空气湿度的来源与分布

1. 来源

开放式羊舍中的水汽含量接近于大气中的水汽含量。密闭式羊舍中空气的湿度则是多变的，通常大大超过外界空气的湿度。密闭式羊舍中的水汽含量常比大气中高出很多。在夏季，舍内外空气交换较充分，湿度相差不大。舍内水汽的来源通常为机体蒸发、潮湿的地板、垫料和墙壁所蒸发，以及进入舍内的大气本身含有的水汽。

2. 分布

在标准状态下，干燥空气与水汽的密度比为 $1:0.623$，水汽的密度较空气小。在封闭式羊舍的上部和下部的湿度均较高。因为下部由羊的机体和地面水分的不断蒸发，较轻暖的水汽很快上升，而聚集在羊舍上部。舍内温度低于露点时，空气中的水汽会在墙壁、地面等物体上凝结，并渗入进去，使建筑物和用具变潮；温度升高后，这些水分又从物体中蒸发出来，使空气湿度升高。羊舍温度低时，易使舍内潮湿，舍内潮湿也会影响羊舍保温。

三、空气湿度对羊的影响

1. 空气湿度对热调节的影响

空气湿度对羊的影响与环境温度有着密切的关系。在舒适区内，空气湿度对羊的热调节没有影响，但也应控制空气湿度。例如，湿度过低会在舍内形成过多的灰尘，易引起呼吸道疾病；湿度过高会使病原体易于繁殖，使易于患疥癣、湿疹等皮肤病，也会降低羊舍和舍内机械设备的寿命。所以一般要求羊舍内的相对湿度以60%上下为宜。但在高温或低温时，空气湿度对热调节有密切关系，主要影响机体的散热过程。

（1）空气湿度对蒸发散热的影响。在高温时，机体主要依靠蒸发散热，而蒸发散热量和机体蒸发面（皮肤和呼吸道）的水汽压与空气水汽压之差成正比。机体体蒸发面的水汽压决定于蒸发面的温度和潮湿程度，皮温越高，越潮湿（如出汗），则水汽压越大，越有利于蒸发散热。如果空气的水汽压升高，机体蒸发面水汽压与空气水汽压之差减小，则蒸发散热量亦减少，因而在高温、高湿的环境中，机体的散热更为困难，从而加剧了羊的热应激。

（2）空气湿度对非蒸发散热的影响。羊在低温环境中，主要通过辐射、传导和对流等方式散热，并力图减少热量散失，以保持热平衡。由于潮湿空气的导热性和热容量比干燥空气大，潮湿空气又善于吸收机体的长波辐射热，此外，在高湿环境中，羊的被毛和皮肤都能吸收空气中水分，提高了被毛和皮肤的导热系数，降低了体表的阻热作用，所以在低温高湿的环境中较在低温低湿环境中，非蒸发散热量显著增加，使机体感到更冷。对于这一点，幼龄羔羊更为敏感。高湿是影响动物体散热的主要因素之一，寒冷时散热增强，炎热时散热受抑制，这就破坏了羊的体热代谢。而相对湿度较低则可缓和羊的应激。

（3）空气湿度与热平衡。在低温环境中，羊的机体可提高代谢率以维持热平衡。一般湿度高低对体温没有影响，但在高湿且高温时抑制蒸发散热，可引起体温更进一步上升，易使羊患热射病。在35℃的高温中，相对湿度自57%升高到78%，公羊的体温升高0.6℃，睾丸温度升高1.2℃。可见湿度升高，显著抑制了阴囊皮肤的蒸发散热。

2. 空气湿度对羊的生产力的影响

（1）对生殖的影响。据试验，在7—8月平均最高气温超过35℃时，羊的繁殖率与相对湿度为明显的负相关，到9月和10月，气温下降至35℃以下时，高湿对繁殖率的影响很小。

（2）对生长和肥育的影响。适宜温度下，相对湿度上升对羊的增重和饲料消耗影响很小。但在高温时，气湿的这一变化，可能导致平均日增重下降。

（3）对产乳量和乳的组成的影响。若气温在适宜温度以上，相对湿度升高，母羊的产乳量和采食量都下降，当温度下降到适宜温度时，采食量又迅速恢复，产乳量下降的同时，乳脂率也降低。

3. 空气湿度对羊的健康的影响

（1）高湿对羊的健康的影响。在高湿的环境下，机体的抵抗力减弱，发病率增加，易引起传染病的蔓延。空气湿度高适合病原性真菌、细菌和寄生虫的生长繁殖，从而使羊易患螨虫病、湿疹等病。高温、高湿还易造成饲料、垫料的霉变。在低温高湿的条件下，羊易感各种呼吸道疾病、感冒性疾病、神经炎、风湿病、关节炎等也多在低温高湿的条件下发生。

（2）低湿对羊的健康的影响。干热的空气能加快羊皮肤和裸露黏膜（眼、口、唇、鼻黏膜等）的水分蒸发，造成局部干裂，从而减弱皮肤和黏膜对微生物的防卫能力。相对湿度在40%以下时，也易发生呼吸道疾病。根据动物的生理机能，相对湿度为50%~70%是比较适宜的。

第五节　气流、气压与羊生产力的关系

一、气流、气压的产生和变动

1. 气流

空气经常处于流动状态。空气流动主要是由两个相邻地区的温度差异而产生的。温度的差异造成了气压差。气温高的地区，气压较低；气温低的地区，气压较高。高压地区的空气向低压地区流动，这种空气的水平移动称为风。气流的状态通常用"风速"和"风向"来表示。风速是指单位时间内，空气水平移动的距离，一般用m/s表示。风速的大小与两地气压差成正比，而与两地的距离成反比。风向是指风吹来的方向。

2. 羊舍中的气流

羊舍内外，由于温度高低和风力大小的不同，使舍内外的空气通过门窗、通气口和一切缝隙进行自然交换，发生空气的内外流动。在羊舍内因羊的散热和蒸发，使温暖而潮湿的空气上升，周围较冷的空气来补充而形成舍内的对流。舍内外的通风换气、羊群密度、舍内围栏的材料和结构等对气流的速度和方向均有一定影响。

3. 气压

包围在地球表面的大气层，以其本身的质量对地球表面产生一定的压力，这种压力称为气压。通常将纬度45°的海平面上，温度为0℃时的大气压力作为标准气压，1个标准气压具有 $1.01 \times 10^5 Pa$ 的压力。气压的大小决定于空气密度和地势的高低。由于空气的密度和大气层的厚度随地势升高而降低，一般每上升10.5m，气压下降133.32Pa。气压的变化亦受地面温度改变的影响。当地面温度增高时，引起附近的空气膨胀，密度减少，因而气压下降。

二、气流对羊的影响

1. 气流对热调节的影响

（1）对散热的影响。气流主要影响羊的对流散热和蒸发散热，其影响程度因气流速度、温度和湿度而不同。在高温时，只要气流温度低于皮温，增加流速有利于对流散热。高速热气流有利于散热。无论怎样，流速的增加总是有利于体表水分的蒸发，所以一般风速与蒸发散热量成正比。但空气湿度的增加不利于其提高蒸发散热量。在适温和低温时，如果机体产热量不变，风速增大，对流散热增加，降低了皮温和皮表水汽压，皮肤蒸发散热量反而减少，但与呼吸道蒸发无关。在低温时提高风速会因对流散热的增加而使冷应激加剧。

（2）对产热量的影响。在适温和高温环境中，提高风速，一般对产热量没有影响，但低温环境中可以显著增加产热量。有时甚至因高风速刺激，使羊增加的产热量超过散热量，出现短期的体温升高，而破坏了热平衡。例如，-3℃低温中，被毛 39mm 厚的绵羊，当风速从 0.3m/s 增加到 4.3m/s 时，体温可升高 0.8℃。但长时间处于低温高风速中的羊，可引起体温下降，与风速呈负相关。

2. 气流对羊生产力的影响

在夏季高温条件下，提高风速，一般有利于羊的生长，对羊的健康和生产力具有良好的作用，但不应超过 2.5m/s。冬季，气流会增强羊的散热量，使能量消耗增多，降低羊的生产力水平。冬季应尽量降低舍内气流速度，但不可使气流速度降为零，因为冬季的气流能使空气的温度、湿度、化学组成均匀一致，且有利于将污浊气体和水汽排出舍外。

3. 气流对羊健康的影响

气流对羊的健康影响主要出现在寒冷环境中。寒冷时节应注意密闭式羊舍严防"贼风"，贼风是羊的舍保温条件较好、舍内外温差较大时，通过墙体、门、窗的缝隙，侵入的低温、高湿、高风速的气流，可使羊产生应激，并易患关节炎、神经炎、肌肉炎等疾病，甚至引起冻伤。民谚中有"不怕狂风一片，只怕贼风一线"的说法。防止"贼风"的方法，是堵塞屋顶、天棚、门窗上的缝隙，避免在羊卧的部位设漏缝地板，注意入气口的设置，防止冷风直接吹羊体。一般来说，冬季羊体周围的气流速度以 0.1~0.2m/s 为宜，最高不超过 0.25m/s。在密封较好的羊舍，气流速度不难控制在 0.2m/s 以下，但封闭不良的羊舍，有时可达 0.5m/s 以上。值得注意的是，严寒地区为了追求保暖，冬季常将门窗密闭，甚至将通气管也封闭起来，因而舍内空气停滞，污浊，反而带来不良影响。羊舍内的气流速度，能说明舍内的换气程度。例如，气流速度为 0.01~0.05m/s，说明羊舍的通风换气不良；相反，其大于 0.4m/s，则说明舍内有风，对保温不利。在炎热的夏季，应尽量加大气流或用风扇加强通风。

三、气压对羊的影响

引起天气变化的气压改变，对羊没有直接影响，只有在气压垂直分布发生显著差化时，才对羊的健康和生产力有明显的影响。随着海拔的升高，空气的压力及组成空气的每一种气体成分都逐渐降低，其中主要是氧的分压降低，氧的绝对量减少，未经适应的羊就会因组织缺氧和气压的机械作用而产生一系列症状，即为高山病。

第六节　气象因素的综合作用

一、气温、空气湿度和气流之间的关系

在自然条件下，气象诸因素对羊健康和生产力的作用是综合的。各因素之间既相辅相成又相互制约。在诸多气象因素中，气温、空气湿度和气流是三个主要因素，其中任何一个因素的作用都要受到其他两个因素的影响。高温、高湿而无风，是最炎热的天气；低温、高湿、风速大，是最寒冷的天气。如果是高温、低湿而有风或者是低温、低湿而无风，则后面的两个因素对前面的一个因素产生制约作用，使高温或低温的作用显著减弱。所以在评定气象因素对羊的影响时，就应该把气象诸因素综合起来考虑。当某一因素发生变化时，为了保持羊的健康和生产力，就必须调整其他因素。当气温升高时，就加强通风或增加湿度。必要时两者同时进行。在气象诸因素中，气温是核心因素，因为它对当时空气物理环境条件起决定性作用。

至于太阳辐射，低温时，无论湿度和风速如何，太阳辐射都对羊减少辐射散热有利。高温时，无论湿度和风速如何，太阳辐射对羊的辐射散热不利。

二、主要气象因素综合评价指标

为了对气象诸因素进行综合评定，判断它可能对机体发生哪些影响，现已提出了不少评价指标，如有效温度、温湿度指标和风冷却指标等。

1. 有效温度

有效温度即"实感温度"，它是在人类卫生学中根据气温、空气湿度、气流三个主要温热因素对人综合作用时，以人的主观感觉为基础而制定的一个指标。当风速为 0m/s，相对湿度为 100%，温度为 17.8℃，这时的温热感觉与相对湿度 70%，风速 0.5m/s，温度为 22.4℃时的温热感觉相同。有效温度在一定程度上能反应气温、空气湿度、气流三个气象因素的综合作用，便于对不同综合气象条件进行互相比较。当需要对羊舍内气象条件进行改善时，可灵活地运用其中任何一个因素加以调整。

2. 温湿度指标

温湿度指标又称不适指标，是气温和气湿两者相结合来评价炎热程度的一个指标。原为美国气象局推荐用于测定人类在夏季某种天气条件下感到不舒适的一种简易方法。计算公式为：

$$THI = 0.4 \ (Td + Tw) \ +15$$

$$或\ THI=Td-(0.55-0.55RH)(Td-58)$$
$$或\ THI=0.55Td+0.2Tdp+17.5$$

式中，THI：温湿度指标；

Td：干球温度（℉）；

Tw：湿球温度（℉）；

RH：相对湿度（%），式中相对湿度以小数计算；

Tdp：露点（℉）。

华氏度与摄氏度的变换公式为 $T=9/5t+32$；T 表示华氏度（℉），t 表示摄氏度（℃）。

THI 数字越大表示热应激越严重。据美国实验，当 THI 为 70 时，有 10% 的人感到不舒适；到 75 时，有 50% 的人感到不舒服；到 79 时，则所有的人都感到不舒服。

3. 风冷却指标

这是估计寒冷季节气温与风速结合时影响程度的一种指标。主要估计裸露皮肤的对流散热量。即当温度不变，改变风速，空气使皮肤的散热量发生改变，这种散热能力称为风冷却力。风冷却力的计算公式如下：

$$H=(\sqrt{100v}+10.45-6.71)(33-Td)\times1.163$$

式中，H：风冷却力 [kJ/（m²·h）]；

v：风速（m/s）；

Td：气温（℃）；

33：无风时皮温（℃）；

例如，气温为 -15℃，风速为 6.71m/s，则：

$H=(\sqrt{100\times6.71}+10.45-6.71)[33-(-15)]\times1.163=1\ 654.95$ [kJ/（m²·h）]，风冷却力（H）对于评定肉羊业生产中温热环境状况不够直观，但可按下式折算为无风时的冷却温度，即：

$$T=33-H/24.66\ 或\ T=9/5(33-H/24.66)+32$$

例如，在 -15℃，风速为 6.71m/s 时的散热量为 1 654.95 [kJ/（m²·h）]，相当于无风时的冷却温度为 $t=33-1\ 654.95/24.66=-31.5$。

第六章　肉羊养殖的环境控制

羊舍环境控制就是通过人工手段以克服羊舍不利环境因素的影响，建立有利羊健康和生产的环境条件。其主要措施包括：羊舍的防寒避暑、通风换气、采光照明等。

第一节　羊舍朝向

羊舍朝向与接受日照、舍内温度具有重要的关系。如何选择合理的羊舍朝向，应根据当地的地理纬度、地段环境、局部气候特征及建筑用地条件等因素而定。适宜的朝向首先要考虑合理利用太阳辐射能，在冬季最大限度地让太阳辐射能进入舍内，以利于提高舍温，而避免夏季过多的热量进入舍内以利于防暑。其次，要考虑合理利用主导风向，以改善通风条件，而获得良好的羊舍环境。

一、南北朝向

指羊舍纵轴与当地子午线垂直，呈东西延长形式。在我国北方地区，适合修建南北朝向羊舍。由于冬季太阳高度角较低，阳光射入舍内较深，羊可接受较多的太阳辐射热和紫外线，可提高舍温，以改善羊舍小气候状况。而夏季，由于太阳高度角较高，阳光射入舍内不深，舍内接受的太阳辐射热极少，有防热的作用。因此，这种朝向易达到冬暖夏凉的要求。

二、东西朝向

指羊舍纵轴与当地子午线一致，呈南北延长形式。这种朝向，东、西两侧墙面接受日照情况相同，在冬季的正午前后，得不到阳光，当舍内照射到阳光时，由于太阳高度角较低，获得的紫外线相对较少，又不利于提高舍温。在夏季，西向羊舍西晒，会造成舍内温度过高。因此，此种羊舍朝向不宜采用。

选择羊舍朝向时，在考虑日照的同时，还应注意当地的主导风向。因主导风向能影响夏季羊舍的自然通风状况和冬季羊舍热损耗程度。

我国地处亚洲东南季风区，夏季盛行东南风，冬季多东北风或西北风。因此，从长期的生产实践经验来看，南向羊舍较为适宜。一般认为，南偏东或偏西 10°～15°是允许的。

第二节　羊舍光照控制

羊舍采光

光照是影响肉羊健康和生产力的重要环境因素之一，为了满足生产的需要，其光照时间和光照强度可根据生产要求或工作需要加以严格控制。羊舍采光分自然采光和人工照明两种，前者利用自然光线，后者利用人工照明。自然光照的时间和强度有明显的季节性，一天之中也在不断地变化，使舍内照度不均匀。开放舍或半开放羊舍，墙壁有很大的开露部分，主要借助自然光照。有窗羊舍主要依靠自然光照，不足时人工补充。而密闭式羊舍需设置人工照明来控制舍内的光照时间和光照强度，以满足肉羊生产对光照的需要。

（一）自然采光

自然采光取决于太阳直射光或散射光通过羊舍开露部分以及窗户而进入舍内的量。影响自然采光的因素很多，主要有采光系数、入射角和透光角。

1. 采光系数

采光系数是指窗户的有效采光面积（即窗户玻璃的总面积，不包括窗棂）与地面面积之比（以窗户的有效采光面积为1）。羊舍的采光系数因羊舍的种类而不同，羔羊舍采光系数为1∶（15～20）。为使采光均匀，在窗户面积一定时，增加窗户的数量，减小窗间距，以改善舍内光照的均匀度。

2. 入射角

入射角是指羊舍地面中央一点到窗户上缘（或屋檐下端）所引直线与地面水平线的夹角。入射角越大，越有利于采光，一般要求，入射角不小于25°。

从防暑和防寒方面考虑，夏季都不应有直射光线进入舍内，而冬季则希望阳光尽可能多地照射到舍内。为了达到这种要求，可通过合理地设计窗户的大小和高度，即当窗户上缘外侧（或屋檐）与窗户内侧所引直线同地面之间的夹角小于当地夏至日的太阳高度角时，就可防止夏至前后太阳直射光进入舍内；当羊舍后缘与窗户上缘（或屋檐）所引直线同地面之间的夹角大于当地冬至日的太阳高度角时，就可使冬至前后太阳光线进入舍内。

太阳高度角计算公式为 $H = 90°-$ 两点纬度差，即：

$$H = 90° - |\varphi - \delta|$$

H：太阳高度角；

φ：当地的纬度；

δ：赤纬（夏至时为 $23°27'$，冬至时为 $-23°27'$，春分秋分时为 $0°$）。

3. 透光角

透光角又叫开角，即羊舍地面中央一点向窗户上缘（或屋檐）外侧和窗户下缘内侧分别引两条直线所形成的夹角。透光角越大，越有利于羊舍的采光。从采光效果看，立式窗户比卧式窗户为好。但立式窗户散热较多，不利于冬季的保温，所以在寒冷的地区，南墙设立式窗户，北侧墙设卧式窗户为好。为增大透光角，可以增大屋檐和窗户上缘的高度，以及降低窗台的高度等。但是，窗台高度过低，会使阳光直射于羊体，不利于健康，因此，羊舍窗台高度以 1.2m 左右为好。总之，为了保证舍内适宜的照度，羊舍的透光角一般不应小于 $5°$。

（二）人工光照

人工光照是在羊舍内安装光源进行照明，不仅应用于密闭式羊舍，也可用于自然采光的羊舍作为补充。其优点是可以人工控制，受外界因素影响小，但造价大，投资多。

1. 光照时间和光照强度

公羊舍、母羊舍、断奶羔羊舍光照时间 8~10h，荧光灯照度75lx，白炽灯照度30lx；产房和暖圈光照时间 16~18h，荧光灯照度100lx，白炽灯照度50lx；育肥羊舍荧光灯照度50lx，白炽灯照度20lx。

2. 光源

（1）灯具的种类。主要有白炽灯与荧光灯（日光灯）两种。荧光灯比白炽灯节约电能，光线比较柔和，不刺眼睛，在一定温度下（21.0~26.7℃）荧光灯的光照效率最高；但存在设备投资较大，温度低时不易启亮等缺点。1W 荧光灯可提供照度12.0~17.0lx，1W 白炽灯可提供照度3.5~5.0lx，1W 卤钨灯可提供照度5.0~7.0lx，1W 自镇流高压水银灯可提供照度8.0~10.0lx。

（2）灯具的分布。尽量减少灯的功率数而增加灯具的数量；灯距为灯高的 1.5 倍，近墙的灯距为内部灯距的一半；两排以上应左右交错排列。

灯的高度直接影响地面的光照强度，为使地面获得10.76lx的照度，白炽灯的高度设置与灯的功率大小、是否有灯罩有关。有灯罩时，15W、25W、40W、60W、75W、100W 的白炽灯安装高度应分别为 1.0m、1.4m、2.0m、3.1m、3.2m、4.1m；无灯罩时，15W、25W、40W、60W、75W、100W 的白炽灯安装高度应分别为 0.7m、0.9m、1.4m、2.1m、2.3m、2.9m，灯高常为2m，灯距 3.0m 左右。

3. 卫生要求

（1）照度足够。应满足羊最低照度的要求，为便于人的工作考虑，地面照度以 10lx 为宜。

（2）保持灯泡清洁。脏灯泡发出的光比干净灯泡减少约 1/3，因此，要定期对灯泡进行擦拭。同时，设置灯罩不仅保持灯泡表面的清洁，还可提高光照强度，使光照强度增加 50%。一般采用平形或伞形灯罩，避免使用上部敞开的圆锥形灯罩。

（3）其他要求。设置可调变压器，使电灯在开、关时有渐亮、渐暗的过程。

第三节　羊舍温度控制

一、羊舍防暑降温措施

环境温度影响羊的健康和生产力。从生理上看，羊一般耐寒怕热，在生产中应避免高温，因高温对羊的健康和生产力的发挥会产生负面影响，而且危害比低温还大。所以，应采取有效措施，做好防暑降温工作，缓和高温对羊的影响，以减少经济损失。羊舍的防暑降温主要采取加强羊舍外围结构的隔热设计、羊舍的防暑和降温等措施来实现。

（一）加强羊舍的顶棚和墙体结构隔热设计

夏季造成舍内温度过高，原因在于过高的大气温度、强烈的日光照射、羊体自身产生的热。因此，加强羊舍外围护结构的隔热设计，可有效地防止高温与太阳辐射对舍内温度的影响。

1. 屋顶隔热的设计

在炎热地区，特别是夏季，由于强烈的太阳辐射和高温，可使屋面温度高达 60~70℃，甚至更高。由此可见，屋顶隔热性能的好坏，对舍内温度影响很大。常用屋顶隔热设计的措施如下。

（1）选用隔热性能好的材料，即选用导热系数小的材料。在综合考虑其他建筑学要求与取材方便的情况下，尽量选用导热系数小的材料；以加强隔热。

（2）确定合理的结构。选用一种材料往往不能保证最有效的隔热，因此，从结构上综合几种材料的特点而形成较大的热阻而达到良好的隔热效果。充分利用几种材料合理确定多层结构屋顶，其原则是在屋顶的最下层铺设导热系数小的材料；其上为蓄热系数比较大的材料；最上层为导热系数大的材料。

采用此种结构，当屋顶受太阳辐射变热后，热量传到蓄热系数大的材料层而蓄积起来，再向下传导时，受到阻抑，从而缓和热量向舍内进一步传播。当夜晚来临，被蓄积的热又可通过上层导热系数大的材料层迅速得以散失。这样白天可避免羊舍内温度升高而导致过热。但这种结构只适宜夏热冬暖地区。而在夏热冬寒地区，则应将上层导热系数大的材料换成导热系数小的材料较为有利。除此之外，无论在何种情况下，要具备良好的隔热作用，必须根据当地气候特点和材料性能保证足够的厚度。

（3）增强屋顶反射。增强屋顶反射，以减少太阳辐射热。舍外表面的颜色深浅和光滑程度，决定其对太阳辐射热的吸收与反射能力。色浅而平滑的表面对辐射热吸收少而反射多；反之则吸收多而反射少。采用浅色、光平屋顶，可减少太阳辐射热向舍内的传递是有效的隔热措施。

（4）采用通风屋顶。通风屋顶是将屋顶设计成双层，靠中间层空气的流动而将顶层传入的热量带走，阻止热量传入舍内。其特点是空气不断从入风口进入，穿过整个间层，再从排风口排出。在空气流动过程中，把屋顶空间由外面传入的热量带走，从而降低了温度，减少了辐射和对流传热，有效地提高了屋顶的隔热效果。为使通风间层隔热性能良好，要注意合理设计间层的高度和通风口的位置。对于夏热冬暖地区，为了通风畅通，可适当扩大间层的高度。一般坡屋顶高度为 120～200mm，平屋顶为 200mm 左右；在夏热冬冷的北方，间层高度不宜太大，常设置在 100mm 左右，并要求间层的基层能满足冬季热阻。为了有效地保证冬季屋顶的保温，冬季可将风口封闭，以利于顶棚保温。

2. 墙壁隔热的设计

炎热地区多采用开放式或半开放式羊舍，在这种情况下，墙壁的隔热没有实际意义。但在夏热冬寒地区，在设计羊舍墙壁时，须兼顾夏季隔热和冬季保温，因此，墙壁必须具备适宜的隔热要求，既有利于保温，又有利于夏季防暑。用新型材料设计的组装式羊舍，冬季为加强防寒，改装成保温型的封闭舍，夏季则拆去部分构件，成为半开放式舍，是冬、夏季两用且比较理想的羊舍，但使用材料要求高，造价亦高。对于炎热地区大型封闭式羊舍的墙壁，则应按屋顶的隔热原则进行合理设计，尽量减少太阳辐射热。

（二）实行绿化与遮阳

1. 绿化防暑

绿化不仅起遮阳作用，对缓和太阳辐射、降低舍外空气温度也具有一定的作用。绿化降温作用主要在于：①植物通过蒸腾作用和光合作用，吸收太阳辐射热，从而降低气温；②通过遮阳以降低太阳辐射；③通过植物根部所保持的水分，可从地面吸收大量热能而降温。由于绿化的上述降温作用，能使羊舍周围的空气"冷却"，降低地面的温度，从而使辐射到外墙、屋顶和门、窗的热量减少，并通过树木的遮阳来阻挡阳光透入舍内而降低舍温。种植树干高、树冠大的乔木可以绿化遮阳，还可搭架种植爬蔓植物，使南墙、窗口和屋顶上方形成绿荫棚。但绿化遮阳要注意合理密植，尤其爬蔓植物，必须注意修剪，以免生长过密，影响羊舍的通风与采光。

2. 遮阳防暑

遮阳是阻挡太阳光线直接进入舍内的措施。羊舍遮阳常采用的方法：①挡板遮阳，指阻挡正射到窗口处阳光的一种方法。②水平遮阳，指阻挡从窗口上方射来的阳光的方法。③综合式遮阳，利用水平挡板、垂直挡板阻挡由窗户上方射来的阳光和由窗户两侧射来的阳光的方法。此外，可通过加长舍檐、搭凉棚、挂草帘等措施达到遮阳的目的。

（三）采取降温措施

在炎热的季节里，通过外围隔热、绿化与遮阳措施均不能满足羊舍舍温要求的情况下，为避免或缓和因热应激而引起羊体健康状况的异常及生产力下降，可采取必要的降温设备和可靠的降温措施。

1. 喷雾降温

利用机械设备向舍内直接喷水或在进风口处将低温的水喷成雾状，借助汽化吸热效应而达到羊体散热和羊舍降温的作用。采取喷雾降温时，水温越低、空气越干燥，则降温效果越好。采用此种降温方法应注意在湿热天气不宜使用。因喷雾使空气湿度提高，对羊体散热不利，同时还有利于病原微生物的滋生与繁衍，加重有害气体的危害程度。

2. 蒸发垫降温

又称湿帘或水帘通风系统。该装置主要部件由湿垫、风机、水循环系统及控制系统组成。由水管不断向蒸发垫淋水，将蒸发垫置于机械通风的进风口，气流通过时，由于水分蒸发吸热，降低进入舍内的气流温度。

3. 冷风设备降温

冷风机是喷洒和冷风相结合的一种设备。冷风机技术参数各生产厂家不同，一般通风量为 $6\,000\sim9\,000m^3/h$，喷雾雾滴可在 $30\mu m$ 以下，喷雾量可达 $0.15\sim0.2m^3/h$。舍内风速为 $1.0m/s$ 以上，降温范围长度为 $15\sim18m$，宽度为 $8\sim12m$。

二、羊舍防寒采暖措施

在我国北方地区，由于冬季气温低，持续期长，对羊的生产影响很大，因此，必须采取有效的防寒保暖措施。主要包括外围护结构的保温设计、羊舍供暖和加强防寒管理等措施。

（一）外围护结构的保温设计

1. 选择有利保温的羊舍形式

设计羊舍形式应考虑当地冬季严寒程度和饲养羊的类别及饲养阶段。严寒地区宜选择设计封闭式或无窗密闭式羊舍，既有利于保温防寒，同时便于实现机械化，提高劳动生产率。冬冷夏热地区，可选择开放式或半开放式羊舍，但在冬季，可搭设塑料薄膜使开露部分封闭或设塑料薄膜窗保温，加强羊舍的保温，以提高防寒能力。

2. 加强墙壁的保温隔热

墙壁是羊舍的主要外围护结构，失热量仅次于屋顶。因此，在寒冷地区，必须加强墙壁的保温设计。墙壁的保温隔热能力取决于所用建筑材料的性质和厚度。如选用空心砖代替普通红砖，墙的热阻值可提高41%。现在一些新型保温材料可以应用于羊舍建筑上，如中间夹聚苯板的双层彩钢复合板、钢板内喷聚乙烯发泡、透明的阳光板等。设计时，应根据有关指标要求，并结合当地的材料和习惯做法而确定，从而提高羊舍墙壁的保温御寒能力。

3. 门、窗的设计

门、窗的热阻值较小，同时门窗开启及缝隙会造成冬季的冷风渗透，失热量较多，对保温防寒不利。因此，在寒冷地区，在门外应加门斗，设双层窗或临时加塑料薄膜、窗帘等。在满足通风采光的条件下，门窗的设置应尽量少些。在受冷风侵袭的北墙、西墙可少设门、窗，这样对加强羊舍冬季保温均有重要意义。

4. 加强地面的保温

地面的保温隔热性能，直接影响羊的体热调节，也关系到舍内热量的散失。因此地面的保温很重要。在生产中，应根据当地的条件尽可能采用有利于保温的地面。如在产房加设木板或塑料垫等，以减缓地面散热。

（二）加强防寒管理

对羊的饲养管理及羊舍的维修保养与越冬准备，直接或间接地对羊舍的防寒保暖起到不可忽视的作用。加强防寒管理的措施主要有以下5点。

1. 适当加大饲养密度

在不影响饲养管理及舍内卫生的前提下，适当加大饲养密度，是一项行之有效的辅助性防寒保温措施。

2. 控制气流，防止贼风

加强羊舍结构的严密性，防止冷风的渗透，控制通风换气量，防止气流过大。

3. 控制湿度，保持空气干燥

在寒冷地区的冬季，应制定防潮措施，尽量避免舍内潮湿和水汽的产生，及时清除粪便和污水。

4. 使用垫料，改进冷地面的温热特性

垫料不仅具有保温吸湿、改善小气候环境，而且可保持羊的清洁、健康，因而是一种简便易行的防寒措施。

5. 加强羊舍入冬前的维修与保养

如封闭部分门窗、设置挡风及堵塞墙壁缝隙等。

上述防寒管理措施，可根据羊场的实际情况加以利用。此外，寒冷时调整日粮营养浓度，尤其是日粮中的能量浓度，对羊抵抗寒冷也具有重要的意义。

（三）羊舍的采暖

在采取各种防寒措施仍不能达到舍温的要求时，需人工供暖。羊舍的采暖主要分为局部采暖和集中采暖。局部采暖是在羊舍内单独安装供热设备，如电热器、保温伞、散热板、红外线灯和火炉等，比如在初生羔羊舍悬挂红外线保温伞。

集中式采暖是指集约化、规模化羊场，可采用一个集中的热源（锅炉房或其他热源），将热水、蒸汽或预热后的空气，通过管道输送到舍内或舍内的散热器。如热风炉、暖风机等推广使用，有效地解决了保温与通风的矛盾。总之，无论采取何种取暖方式，都应根据羊的生理需求，采暖设备投资、能源消耗等情况，综合考虑投入与产出的经济效益而定。

第四节　羊舍湿度控制

羊舍内经常有的大量排泄物及管理所用废水，这与羊舍湿度有极其密切的关系。因此，保证这些污物、脏水及时排除，是控制羊舍湿度的重要措施。

一、羊舍的排水系统

羊舍的排水系统性能不良，往往会给工作带来很大的不便，它不仅影响羊舍本身的清洁卫生，也可能造成舍内空气湿度过高，影响羊的健康和生产力。羊舍设置排水系统能及时而经常地清除舍内污物、脏水，无论在冬季还是夏季舍内排水系统均是控制羊舍湿度的一个主要措施。

羊舍的排水系统，一般可分为传统式和漏缝地板式两种类型。

（一）传统式排水系统

传统式排水系统是依靠手工清理操作并借助粪水自然流动而将粪尿及污水排出的。传统式排水系统常采取固体部分人工清理，液体部分自流的方式。

1. 羊床

是羊在舍内采食、饮水的地方，质地一般为水泥建造。为使尿水顺利排出，羊床向排尿沟方向应有适宜的坡度。

2. 排尿沟

是承接和排出羊床流出来的粪尿和污水的设施。

（1）位置。常将排尿沟设于中央通道的两侧。

（2）建筑要求。排尿沟一般用水泥砌成，要求其内表面光滑不漏水、便于清扫及消毒，形式为方形或半圆形的明沟，且朝降口方向有 1%～1.5% 的坡度，沟的宽度一般为 15～30cm，深度为 8～12cm。为减少肢蹄受伤或使孕羊流产发生的可能，可在排尿沟上设置栅状铁箅。

3. 降口（水漏）、沉淀池和水封

（1）降口。排尿沟与地下排出管的衔接部分，通常位于羊舍的中段。为了防止杂草落入堵塞，上面应有铁箅子，铁箅子应与排尿沟同高。降口数量依排尿沟长度而定，通常以接受两端各 10～12m 的排尿沟为限。

（2）沉淀池。在降口下部，排出管口以下形成的一个深入地下的延伸部。因羊舍弃水及粪尿中多混有固体物，随水冲入降口，如果不设沉淀池，则易堵塞地下排出管。沉淀池为水泥建造的密闭式长方形池，水池深应为 40～50cm。

（3）水封。用一块板子斜向插入降口沉淀池内，让流入降口的粪水顺板流下，先进入沉淀池临时沉淀，再使上清液部分由排出管流入粪水池的设施。同时，在降口内设水封，还因排出管口以下沉淀池内始终有水，可以防止粪水池中的臭气经地下排出管逆流进入舍内。水封的质地有铁质、木质或硬塑料三种。

（4）地下排出管。是与排尿沟呈垂直方向并用于将各降口流出来的尿及污水导入舍外粪水池的管道。要求有 3%～5% 的坡度，直径大于 15cm，伸出到舍外的部分，应埋在冻土层以下。在寒冷地区，对排出管的舍外部分应采取防冻措施，以免管中液体结冰。如果地下排出管自羊舍外墙至粪水池的距离大于 5m 时，应在墙外设一个检查井，以便在管道堵塞时进行疏通，但需注意检查井的保温。

（5）粪水池。粪水池是贮积舍内排出的尿液、污水的密闭式地下贮水池。

一般设在舍外地势较低处，且在运动场及饲料调配室相反的一侧，距离舍外墙5m以上。粪水池的容积和数量可根据舍内羊的品种、数量、舍饲期长短及粪水存放时间而定。一般按贮积20~30d，或容积20~30m³来修建。粪水池一定要离饮水井100m以外。粪水池及检查井均应设水封。对于羊舍的排水系统必须经常进行护理，要随时清除尿沟内的粪草，防止阻塞；定期用水冲洗及清除降口中的沉淀物，防止粪水池过满溢出。

（二）漏缝地板式排水系统

漏缝地板式排水系统由漏缝地板和粪尿沟两部分组成。

1. 漏缝地板

即在地板上留出很多缝隙，粪尿落到地板上，液体部分从缝隙流入地板下的粪沟，固体部分被羊从缝隙踩踏下去，少量残粪用水略加冲洗清理。这与传统式清粪方式相比，可大大节省人工，提高劳动生产效率。分为部分漏缝地板和全部漏缝地板两种形式，它们可用钢筋水泥或金属、硬质塑料制作。羊用漏缝地板缝隙宽18~20mm，板条宽30~50mm。

2. 粪尿沟

位于漏缝地板的下方，用以贮存由漏缝地板落下的粪尿，随时或定期清除。一般宽度为0.8~2m，深度为0.7~0.8m，向粪水池方向具有3%~5%的坡度。

二、羊舍的防潮管理

在生产实践中，防止舍内潮湿，特别在冬季，是一个比较困难而又非常重要的问题，必须从多方面采取综合措施。

（1）科学选择场址。把羊舍修建在高燥地方。羊舍的墙基和地面应设防潮层，天棚和墙体要具有保温隔热能力并设置通风管道。

（2）对已建成的羊舍应待其充分干燥后再开始使用，同时，要加强羊舍保温，勿使舍温降至露点以下。

（3）在饲养管理过程中尽量减少舍内作业用水，并力求及时清除粪便，以减少水分蒸发。

（4）合理使用饮水器。乳头式饮水器比槽式的好，若用槽式饮水器要注意槽的两端高度要相同，保证给水时不溢出。

（5）保持舍内通风良好。在保证温度的情况下尽力加强通风换气，及时将舍内过多的水汽排出。

（6）铺垫草可以吸收大量水分，是防止舍内潮湿的一项重要措施。

第五节　羊舍通风换气控制

羊舍通风换气是羊舍空气环境控制的一个重要方面。适宜的通风换气，在任何季节都是必要的。在羊舍密闭的情况下，引进舍外新鲜空气，排除舍内污浊空气，能防止舍内潮湿和病原微生物的滋生蔓延，保证羊舍空气清新，是改善羊舍小气候不可缺少的重要手段。

一、通风换气的意义

在高温条件下，通过加大气流，排除舍内热量，增加羊的舒适感，缓和高温的影响，这叫通风。因此，常在夏季进行通风，可促进羊体的蒸发散热和对流散热，能缓和高温的不良影响，是有效的防暑降温措施。在低温、羊舍密封的条件下，引进舍外新鲜空气，排出舍内污浊空气，这叫换气。因此，常在冬季进行换气，可将一个空间的污浊空气排出并引进新鲜空气，达到控制该空间环境的空气质量的作用。通风换气的作用有：①可使舍内温度符合在舍羊的要求，并使舍内温度分布均匀及缓和高温对羊的影响；②通过舍内外空气的对流，排除舍内过多的水汽，使相对湿度保持在适宜范围；③排除舍内的灰尘、微生物、二氧化碳、氨气、硫化氢等，改善舍内空气质量；④通过舍内外空气对流，保证羊的体热得失平衡。

冬季的通风换气，特别强调要使舍内能维持稳定的适宜温度和气流。如果气温和气流不稳定，则意味着舍内湿度出现不稳定。当舍温高时所含有的水汽一旦降温，则湿度可达到饱和，并在外围护结构的内侧凝结，舍内出现低温高湿的不良影响。如果舍外空气温度显著低于舍内气温时，换气时必然导致舍温骤然下降。在这种情况下，如无补充热源，就无法组织有效的通风换气。因此，在寒冷季节羊舍通风换气的效果，既取决于羊舍的保温性能，也取决于舍内的防潮措施及卫生状况。

二、通风换气量的计算

（一）根据二氧化碳计算通风量

二氧化碳是羊的营养物质代谢的尾产物，是舍内空气污浊程度的一种间接指标。因此，可以根据羊产生的二氧化碳量计算通风换气量。

用二氧化碳计算通风量的原理是：根据舍内羊产生的二氧化碳总量，求出每小时需由舍外导入多少新鲜空气，可将舍内聚积的二氧化碳冲淡。根据畜禽环境卫生的规定，舍内空气中允许含有二氧化碳的量为 $1.5L/m^3$（C_1），自然状态下大气中二氧化碳含量为 $0.31/m^3$（C_2）。亦即从舍外引入 $1m^3$ 空气然后又排出同样体积的舍内污油空气时，可同时排出的二氧化碳量为 C_1-C_2，当已知舍内含有二氧化碳总量时，即可求得换气量。其公式为：

$$L = \frac{1.2 \times mk}{C_1 - C_2}$$

式中，L：换气量（m^3/h）；

m：舍内羊数；

k：每只羊产生的二氧化碳量（L/h）；

C_1：舍内二氧化碳的允许量（$1.5L/m^3$）；

C_2：舍外空气中二氧化碳含量（$0.31/m^3$）；

1.2：附加系数，考虑舍内微生物的活动及其他来源产生的二氧化碳。

因 C_1-C_2 等于 1.2，属于固定值，故上面计算公式可简化为：

$$L = mk$$

生产应用时，根据二氧化碳算得的通风量，只能将舍内过多的二氧化碳排除舍外，但不能保证排除舍内多余的水汽。故此法只适用于温暖、干燥地区。在潮湿地区，尤其是寒冷地区应根据水汽和热量来计算通风量。

（二）根据水汽计算通风换气量

舍内的羊通过呼吸和皮肤蒸发，时刻都在向舍内空间散发水汽，舍内潮湿物体也蒸发水汽。这些水汽在舍内聚积，导致舍内水汽含量过大，从而导致舍内潮湿。因此，可以根据羊产生的水汽量计算通风换气量。用水汽计算通风换气量的依据，就是通过由舍外导入比较干燥的新鲜空气，将舍内潮湿空气排出舍外。根据舍内外空气中所含水分之差和舍内羊产生的水汽总量，计算排除舍内多余水汽所需的通风换气量。其公式为：

$$L = \frac{Q_1 + Q_2}{q_1 - q_2}$$

式中，L：通风换气量（m^3/h）；

Q_1：羊在舍内产生的水汽总量（g/h）；

Q_2：潮湿物体蒸发的水汽量（g/h）；

q_1：舍内空气温度保持适宜范围时，所含的水汽量（g/m^3）；

q_2：舍外大气中所含的水汽量（g/m^3）。

由潮湿物体表面蒸发的水汽，按羊产生水汽总量的10%计算。

生产应用时，用水汽算得的通风换气量往往大于用二氧化碳算得的量，故在潮湿、寒冷地区用水汽计算通风换气量较为合理。

（三）根据热量计算通风换气量

羊呼出二氧化碳、排出水汽的同时，还在不断地向外放散热能。因此，可根据热平衡法计算通风换气量。其原理为：在夏季为了防止舍温过高，必须通过通风将过多的热量驱散；而在冬季如何有效地利用这些热能温热空气，保持在舍温不变的前提下，经通风使舍内产生的热量、水汽、有害气体、灰尘等排出。其公式为：

$$Q = \Delta t \ (L \times 0.24 + \sum KF) + W$$

由上式导出：

$$L = \frac{Q - \sum KF \times \Delta t - W}{0.24 \times \Delta t}$$

式中，L：通风换气量（m³/h）；

Q：羊产生的可感热（J/h）；

Δt：舍内外空气温差（℃）；

0.24：空气的热容量 [J/（m³·℃）]；

$\sum KF$：通过外围护结构散失的总热量 [J/（m³·℃）]；

K：外围护结构的总传热系数 [J/（m²·h·℃）]；

F：外围护结构的面积（m²）；

$\sum$：各外围护结构失热量相加符号；

W：地面及其他潮湿物体表面蒸发水分所消耗的热能，按羊总热量的10%计算。

根据热量计算通风换气量，实际是根据舍内的余热计算通风换气量。这个通风量只能用于排除多余的热能，不能保证在冬季排除多余的水汽和污浊空气。故生产应用时只能用于清洁干燥的羊舍。

（四）根据通风换气参数计算通风换气量

周大康等编著的《畜禽环境卫生学》给出绵羊、育肥羔羊的通风换气技术参数，冬季分别为 0.6~0.7m³/min、0.3m³/min，夏季分别为 1.1~1.4m³/min、0.65m³/min。具有简便易行、应用广泛的特点。

根据羊在不同生长年龄阶段通风换气参数与饲养规模，可计算出通风换气量。其公式为：

$$L = 1.1 \times km$$

式中，L：羊舍的通风换气量（m³/h）；

k：通风参数 [m³/（h·头）]；

m：羊只数（头或只）；

1.1：按 10%的通风短路估测通风总量损失。

生产中，以夏季通风量为羊舍最大通风量，冬季通风量为羊舍最小通风量。因此，在北方寒冷地区，羊舍采用自然通风时要以最小通风量（冬季通风换气参数）为依据确定通风口面积；采用机械通风时，以最大通风量（夏季通风换气参数）来确定总的风机风量。

三、自然通风

羊舍自然通风分无管道与有管道两种形式。无管道式自然通风是靠门、窗所进行的通风换气，它只适用于温暖地区或寒冷地区的温暖季节。在寒冷地区的封闭舍中，由于门窗紧闭，需靠专门通风管道进行换气。

（一）自然通风原理

1. 风压通风

以风压为动力的自然通风。其原理为：当外界有风时，羊舍的迎风面的气压将大于大气压，形成正压；而背风面的气压将小于大气压而形成负压，空气必从迎风面的开口流入，从背风面的开口流出，即形成风压通风。只要有风就有自然通风现象。风压的通风量大小取决于风和开窗墙面的夹角、风速、进风口和排风口的面积。

2. 热压通风

以热压为动力的自然通风。其原理为舍内空气被羊、采暖设备等热源加热，膨胀变轻，热空气上升聚积于羊舍顶部或天棚附近而形成高压区，使羊舍上部气压大于舍外，这时屋顶如有缝隙或其他通道，空气就会逸出舍外。热压的通风量大小取决于舍内外温差、进风口和排风口的面积、进风口和排风口中心的垂直距离。

（二）自然通风设计

自然通风的类型分无管道式通风和有管道式通风，无管道式通风是利用门窗的开启进行通风的，而门窗的设计同前。有管道式通风通过设置的进气口和排气口进行通风的。因此，自然通风的设计主要指管道式通风。

1. 设计原理

以热压通风来确定进气口、排气口的面积。

2. 面积确定

（1）排气口总面积。根据空气平衡方程 $L = 3\,600FV$，导出：

$$F = L \div 3\,600V$$

式中，F：排气口总面积（m^2）；

L：通风换气量（m^3/h）；

V：排气管中的风速（m/s）。

V 可用下列公式计算：

$$V=0.5\sqrt{\frac{2gh\ (t_n-t_w)}{273+t_w}}$$

式中，0.5：排气管阻力系数；

g：重力加速度（$9.8m/s^2$）；

h：进、排气口中心的垂直距离（m）；

t_n：舍内空气温度（℃）；

t_w：舍外空气温度（℃）（冬季最冷月平均气温）。

故将 g 值代入整理后可得热压通风量：

$$L=7\ 968.94F\sqrt{\frac{h\ (t_n-t_w)}{273+t_w}}$$

每个排气管的断面积一般采用（50cm×50cm）～（70cm×70cm）的正方形。

（2）进气口的面积。理论上讲，排气口面积应与进气口面积相等，但通过门窗缝隙或羊舍孔洞以及门窗启闭时，会有一部分空气进入舍内，所以，进气口面积往往小于排气口面积。一般按排气口面积的70%～75%设计。每个进气管的断面积一般采用（20cm×20cm）～（25cm×25cm）的正方形。掌握进气口的面积在生产上便于计算与设计或评价已建成羊舍的通风量能否满足要求，也可根据所需通风量计算排气口面积。

3. 通风管的构造及安装

（1）进气管。均匀（一侧）或交错（两侧）安装在纵墙上，彼此间的距离为2～4m，墙外进气口向下弯有利于避免形成穿堂风或冬季冷空气直接吹向羊体。进气口设有铁网，墙里侧设有调节板以控制风量大小。在温热地区，进气口设置在窗户的下侧，距墙基10～15cm处，也可用地角窗来代替。在寒冷的地区，进气口常设置在窗户的上侧，距屋檐10～15cm处，也可以将进气口设置成侧壁式，即进气口处为空心墙，墙内外分别上下交销开口，使冷空气流通时有个预热的过程。

（2）排气管。用木板做成，断面为正方形，管壁光滑，不漏气、保温。常设置在屋脊正中或其两侧并交错，下端从天棚开始，紧贴天棚设有调节板以控制风量，上端突出屋脊50～70cm，排气管间的距离为8～12m，在排气管顶部设有风帽，可以防止降水或降雪落入舍内，同时能加强通风换气效果，风帽的形式有屋顶式（无百叶）和百叶风帽。

在北方地区，为防止水汽在排气管壁表面凝结，在总面积不变的情况下，适当扩大每个排气管的面积而减少排气管的个数，能使自然通风投入成本少，但受自然风速影响大，只能用于小型养殖场。

四、机械通风

（一）风机类型

1. 离心式风机

其特点是不具有逆转性，压力较强，可以改变气流方向。在养殖业中不常用。

2. 轴流式风机

其特点是具有逆转性，可以改变气流方向，可以送风，也可以排风。在养殖业中较常用。

（二）通风形式

1. 负压通风

把轴流式风机安装在排气口处，将舍内空气抽出舍外，造成舍内气压低于舍外，舍外空气由进风口自然流入，是生产中常用的通风形式。负压通风投资少，效率高，但要求羊舍封闭程度好，否则气流难以分布均匀，易造成贼风。根据风机安装的位置不同，将负压通风分为屋顶排风、侧壁排风和穿堂风式排风三种形式。

2. 正压通风

把离心式风机安装在进气口，通过管道将空气压入舍内，造成舍内气压高于舍外，舍内空气则由排风口自然流出。正压通风可对空气进行加热、降温或净化处理，但不易消灭通风死角，设备投资也较大。

3. 联合通风

进风口和排风口同时安装风机，同时可进风与排风，一般用于跨度很大的羊舍。

（三）机械通风设计

机械通风（特别是正压通风）计算和设计复杂，一般应由专业人员承担设计。负压通风设计简单，我国采用较多。

1. 确定负压通风的形式

当羊舍跨度为 8~12m 时，可一侧墙壁排风，而由对侧墙壁进风（称穿堂风式排风）；羊舍跨度大于 12m 时，采用两侧墙壁排风、屋顶进风（称侧壁排风形式）和屋顶排风、两侧墙壁进风（称屋顶排风形式）。

2. 风机的选择

常用轴流式风机，特殊情况下用离心式风机；风机总功率等于实际通风量，计算时实际通风量是羊舍最大通风换气量加上 10% 的风口阻耗。常用的风机型号为 4~7 号风机（依据叶轮直径而定）。

3. 确定风机数量

风机台数＝风机总功率（实际通风量）÷每台风机功率

风机设于纵墙上时，按纵墙长度，每 7~9m 设一台。

4. 风机的安装、管理与注意事项

（1）风机与风管壁间的距离保持适当，风管直径大于风机叶片直径 5~8cm 为宜。

（2）风机不能安装在风管中央，应在里侧；外侧装有防尘罩、里侧装有安全罩。

（3）风机不能离门太近，防止通风短路。

（4）定期清洁除尘、加润滑剂；冬季防止结冰。

（5）风速均匀恒定，不宜出现强风区、弱风区和通风换气的死角区。

（6）羊舍内不安装高速风机，且舍内冬、夏季节通风的风速应有较大差异。

（7）风机型号与通风要求相匹配，不宜采用大功率风机。

（8）进风口和排风口距离适当，防止通风短路。

（9）选择风机时要求噪声小，有防腐、防尘和过压保险装置。

第六节　垫料及饲养密度对羊舍空气环境控制的作用

一、垫料

垫料是指羊生活的羊床或地面上铺垫的材料。在生产中，垫料是改善羊舍内环境的一项辅助性措施，对羊舍空气环境有一定的控制作用。

（一）垫料应满足的条件及其种类

1. 垫料应满足的条件

导热性差、吸水性强，柔软、无毒副作用，对皮肤无刺激性；有肥料价值，来源充足，成本低。

2. 垫料的种类

（1）秸秆类。常用的有稻草、麦秸等。稻草的吸水力为 324%，麦秸为

230%，二者都很柔软，且价廉来源广。注意腐败或被病菌污染的垫料不能用。为提高吸水能力，最好将秸秆铡短使用。

（2）野草、树叶。二者吸水力均在200%~300%。树叶柔软适用，野草常夹杂较硬的枝条，易刺伤皮肤和乳房。也易混入有毒植物，用前要注意检查与清理杂质。

（3）刨花、锯末。其优点是吸水性很强，约为420%，导热性小、柔软。缺点是肥料价值低。

（4）干土。导热性小，吸收水分和有害气体的能力强，且来源广泛，取之不竭。缺点是容易污染被毛和皮肤，易使舍内尘土飞扬，影响羊舍空气环境。

（二）垫料的作用

1. 保暖

垫料通常是农副产品，如稻草、麦草等秸秆，它们的导热性一般都较低，冬季在导热性强的地面上铺上垫料，可以明显降低羊体向地面的热传导。垫料越厚，效果越好。

2. 吸潮

垫料的吸水能力为200%~400%，只要勤铺勤换，就能保持地面干燥；同时，垫料还可吸收空气中的水汽，有利于降低舍内空气湿度。值得注意的是，在羊舍建设过程中，地基和基础的吸水能力也要加强。

3. 吸收有害气体

多数垫料（如各种秸秆、树叶等）可以直接吸收有害气体，同时，垫料在吸收了粪尿后，对氨气、硫化氢的溶解能力增强，能降低有害气体浓度，改善舍内空气新鲜程度。

4. 柔软、弹性大

羊舍地面铺上垫料后，柔软舒适，可以改善地面或羊床的舒适程度，避免坚硬的地面对孕羊、羔羊和病弱羊引起碰伤和褥疮的发生。

5. 保持羊体清洁

经常更换和翻转垫料，可以吸收和掩盖羊的粪尿，减少粪尿与羊体直接接触，降低羊的体外寄生虫病发生率，保持羊体清洁干燥。

6. 用后可作肥料

垫料用后可作肥料使用。

（三）铺垫方法

1. 常换法

及时将湿污垫料拣出来，换上新鲜干净的。使用这种方法舍内比较干净，但垫料用量大、费工、费时，有时换垫料时引起的灰尘较多，跨度较大的羊舍使用垫料时，可用机械直接进舍清除垫料。

2. 厚垫法

每天或数天增铺一些新垫料，直到春末天暖后或一个饲养期结束后一次性清除。这种方法保暖性好、省工省力，肥料质量好，且在长时间生物学发热过程中，能提高地温；但舍内有害气体含量高。同时，由于舍内湿度高，有利于寄生虫、微生物的生存和繁殖。

二、饲养密度

饲养密度是指舍内羊的密集的程度。一般用每只羊所占用的地面面积来表示，它是影响羊舍空气环境卫生指标的因素之一。

1. 饲养密度对羊舍空气环境的影响

（1）舍温。在同一幢羊舍内，饲养密度大，羊散发出来的热量总和就多，舍内气温高；饲养密度小舍内气温则低。因此，为了防暑防寒，在必要和可能的情况下，夏季可适当降低饲养密度，冬季可适当提高饲养密度。

（2）湿度。在同一幢羊舍内，饲养密度大，由地面蒸发和羊体排出的水汽量较多，舍内地面较潮湿；密度小则比较干燥。

（3）对舍内微粒、微生物、有害气体含量和噪声强度的影响。在同一幢羊舍内，饲养密度大，微粒、微生物、有害气体的数量就多，噪声也比较频繁和强烈；密度小则相反。

另外，饲养密度还决定了每只羊活动面积的大小，决定了羊相互发生接触和争斗机会的多少，这些对羊的起卧、采食、睡眠等行为都有直接影响。因此，确定适宜的饲养密度是给羊创造良好外界环境条件的方法之一，是羊舍空气环境控制的一个重要措施。

2. 适宜的饲养密度

在生产中必须根据具体情况具体分析，表6-1给出舍饲条件下各种羊所需面积的参考方案。

表6-1　舍饲条件下每只羊所需面积（m^2/只）

地面类型	公羊 （80～130kg）	母羊 （68～91kg）	母羊带羔羊 （2.3～14kg）		育肥羔羊 （14～50kg）
实地面	1.9～2.8	1.1～1.5	1.4～1.9*	0.14～0.19 （羔羊补料用）	0.74～0.93
漏缝地面	1.3～1.9	0.74～0.93	0.93～1.1*		0.37～0.46

注：*产羔率超过170%，每只羊占地面积增加0.46m^2。

第七节　羊舍空气污染及其控制

在大规模、高密度的工厂化生产过程中，如果羊舍通风换气不良或饲养管理不善，就会产生大量的粪尿、污水等废弃物，还会产生大量的微粒、微生物、有害气体、噪声及臭气等，严重污染羊舍空气环境，影响羊的健康和生产力。

一、羊舍空气中微粒和微生物污染及其控制

（一）微粒

微粒是指以固体或液体微小颗粒形式存在于空气中的分散胶体。在大气和羊舍空气中都含有微粒。

1. 来源

外因主要是由舍外空气带入的。内因主要是由饲养管理人员活动（分发饲料、清扫地面、更换垫料、通风除粪、刷拭羊体、饲料加工）及羊本身（活动、咳嗽、鸣叫）产生的。

2. 数量及其性质

其数量由微粒大小、空气湿度、气流速度决定。其性质是由当地自然条件（地面条件、土壤特性、植被状况、季节与气象因素）和人为因素（居民、工厂以及农事活动情况）决定的。

3. 种类

按成分分为无机微粒和有机微粒两种。无机微粒多由土壤粒子被风从地面刮起或生产活动引起的，以及燃烧的各种燃料；有机微粒又分为植物微粒（如饲料屑、细纤维、花粉、孢子等）和动物微粒（如动物皮屑、细毛、飞沫等）。羊舍空气中有机微粒所占的比例较大，可达60%以上。

微粒按粒径大小可分为尘、烟、雾三种。①尘，粒径大于$1\mu m$的固体粒子，当粒径若大于$10\mu m$时，由于本身重力作用能迅速降到地面，故称为降尘；粒径在$1\sim10\mu m$的粒子能在空气中长期飘浮，故称为飘尘。②烟，粒径小于$1\mu m$的固体粒子。③雾，粒径小于$10\mu m$的液体粒子。

4. 危害

粒径大小影响其侵入机体呼吸道的深度和停留时间，故造成的危害程度也不同。同时，微粒的化学性质则决定危害的性质。微粒对羊的直接危害在于它对皮肤、眼睛和呼吸道的作用。

（1）皮肤。微粒落到皮肤上，就与皮脂腺、汗腺的分泌物、细毛、皮屑

及微生物混合在一起对皮肤产生刺激作用，引起发痒、发炎，同时使皮脂腺、汗腺管道堵塞，皮脂、汗液分泌受阻，致使皮肤干燥、龟裂，热调节机能被破坏，从而降低羊对传染病的抵抗力和抗热应激能力。

（2）眼睛。大量微粒落在眼结膜上，会引起结膜炎。

（3）呼吸道。微粒对呼吸道的作用以及通过呼吸道对机体全身的作用具有很大的危害性。如降尘可对鼻黏膜发生刺激作用，但经咳嗽、喷嚏等保护性反射可排出体外；飘尘可进入支气管和肺泡，其中一部分会沉积下来，另一部分会随淋巴循环到淋巴结或进入血液循环系统，然后到其他器官，从而引起羊鼻咽、支气管和肺部炎症，大量微粒还能阻塞淋巴管或随淋巴液到淋巴结、血液循环系统，引起尘埃沉积病，表现为淋巴结尘埃沉着、结缔组织纤维性增生、肺泡组织坏死，导致肺功能衰退等。有些有害物质微粒还能吸附氨气、硫化氢以及细菌、病毒等，其危害更为严重。

此外，某些植物的花粉散落在空气中，能引起人和羊的过敏性反应。

5. 控制措施

（1）羊场周围种植防护林带，场内种草种树，绿化和改善羊舍及羊场地面环境。

（2）饲料加工场所设防尘装置并远离羊舍。

（3）趁羊不在舍内时进行容易引起微粒飞扬的饲养管理操作，如分发草料、打扫地面、清粪、翻动垫料等。

（4）保证舍内良好的通风换气，进风口安装空气过滤器。

（二）微生物

空气虽然是微生物生长的不利环境，但是，当空气被污染后，空气中浮游的大量微粒、微生物就可以附着并生存而传播疾病。所以，空气中微生物的数量同微粒的多少有直接关系，凡能使空气中微粒增多的因素，都可能使微生物的数量随之增加。另外，由于羊舍内湿度大、微粒多，微生物的来源多，空气向外扩散的速度慢而使得空气中微生物的数量远远超过大气，尤其是通风不良、不卫生的羊舍。

1. 危害

当羊舍空气中含有病原微生物时，就可附着在飞沫和尘埃两种不同的微粒上传播疾病。

2. 控制措施

为了预防空气传染，除严格执行对微粒的控制措施外，还必须注意以下几个方面。

（1）建立严格的检疫、消毒和病羊隔离制度。

（2）对同一幢舍的羊采取"全进全出"饲养制度。

（3）保持良好的通风换气，必要时进行空气的过滤或消毒。

二、羊舍空气中的有害气体污染及其控制

大气的主要成分是氮（78.08%）、氧（20.94%）、氩（0.93%），二氧化碳（0.033%），此外还有少量的惰性气体（氖、氦、氪、氙等）、水汽（含量不稳定）、尘埃、微生物及微量的氨、甲烷、氧化氮、臭氧等。

羊舍内空气的化学组成不同于大气，尤其是封闭式羊舍，由于其隔离作用，舍内的空气环境容量很小，受羊的呼吸、生产过程及有机物分解等因素的影响，空气环境恶化较快，污染物不易扩散，在舍内存留时间较长。不仅空气中的氮、氧和二氧化碳所占比例发生变化，而且增添了大气原本没有或很少有的成分，其中主要是氨、硫化氢、二氧化碳、甲烷和其他一些异臭气体。因为它们对人、羊均有直接毒害或刺激作用，所以统称为有害气体。其中，最常见和危害较大的是氨、硫化氢、二氧化碳。

（一）氨气

1. 来源

在羊舍内，氨气是各种含氮有机物（粪尿、垫料、饲料残渣等）腐败分解的产物，含量高低决定于地面结构、排水和通风设备、饲养管理水平等。羊舍地面结构不良时易滞留污物，清扫不及时或通风排水设备欠佳，管理不善，都有可能使舍内空气氨的含量增加。

2. 危害

（1）眼睛和呼吸系统。氨气极易溶于水，被黏膜、结膜吸附而引起结膜和上呼吸道黏膜充血、水肿、分泌物增多，甚至发生咽喉水肿、支气管炎、肺水肿等。

（2）血液循环系统。氨气被吸入肺部后，能自由扩散进入血液，并与血红蛋白结合而生成碱性高铁血红素，破坏血液运氧功能，导致羊贫血、缺氧。如果吸入的氨气较少，氨气可通过肝脏变成尿素排出体外，但羊的抗病力会降低。高浓度的氨气可使羊呼吸中枢神经麻痹而死亡。

3. 标准

空气中氨气的含量最高不超过 40mg/kg，羊舍内的最高允许值为 26mg/kg。

（二）硫化氢

1. 来源

羊舍空气中的硫化氢，主要来源于含硫有机物的分解。羊采食含硫蛋白质

饲料，当发生消化机能紊乱时，可由肠道排出大量硫化氢。

2. 危害

（1）眼睛和呼吸系统。硫化氢易被羊的呼吸道黏膜吸收，与钠离子结合成硫化钠，对黏膜产生强烈刺激，引起眼部发炎，角膜浑浊、流泪、怕光及呼吸道炎症甚至肺水肿。

（2）血液循环系统。硫化氢经肺泡进入血液，部分被氧化成无毒的硫酸盐被排出体外，其余未被氧化的硫化氢则游离于血液中，使氧化型细胞色素酶中的 Fe^{3+} 还原为 Fe^{2+}，使酶失去活性，降低细胞氧化能力，引起全身性中毒。

（3）高浓度的硫化氢能使羊的呼吸中枢神经麻痹，导致窒息死亡，即使在低浓度下，羊也可出现植物性神经功能紊乱，或偶尔发生多发性神经炎。羊长期处在低浓度硫化氢影响下，体质衰弱，体重减轻，抗病力下降，容易发生胃肠炎、心衰等。

3. 标准

羊舍空气中硫化氢的含量最高不得超过 10mg/kg。在养羊生产中，既要注意保护羊的健康和生产力，又要注意保护工作人员的健康。所以，羊舍空气中硫化氢的浓度应以 6.6mg/kg 为限。

（三）二氧化碳

1. 来源

羊舍空气中二氧化碳主要来源于羊呼出的气体。因此，在冬季，封闭式羊舍空气中的二氧化碳含量比大气高得多，即使在通风设备良好的条件下，舍内二氧化碳含量往往也会比大气高出 50% 以上。如果羊舍卫生管理不当，通风换气不良或饲养密度过高，二氧化碳的含量会大大超标。

2. 危害

由于二氧化碳是无毒气体，对羊体没有直接危害。但是，当羊舍内二氧化碳浓度过高时，由于高浓度二氧化碳的影响，空气中的各种气体含量发生改变，尤其氧的相对含量下降，会使动物出现慢性缺氧，生产力下降，体质衰弱，易于感染传染病。

3. 二氧化碳的卫生学意义

它的含量表明了空气的污浊程度和舍通风状况，二氧化碳含量的增减可作为羊舍空气卫生评定的一项间接指标。

4. 标准

羊舍空气中二氧化碳浓度应不超过 0.15%（1 500mg/kg）。

（四）有害气体控制

羊舍空气中的有害气体对羊的影响是长期的，即使有害气体浓度很低，也会使羊的体质变弱，生产力下降。因此，控制羊舍空气中有害气体的含量，防止舍内空气质量恶化，对保持羊体健康和生产力有重要意义。

1. 全面规划，合理布局

在羊场场址选择和建场过程中，要进行全面规划和合理布局，避免工厂排放物对羊场环境的污染；合理设计羊场和羊舍的排水系统、粪尿和污水处理设施及绿化等环境保护设施。

2. 及时清除羊舍内的粪尿

羊禽粪尿必须立即清除，防止在舍内枳存和腐败分解。不论采用何种清粪方式，都应满足排除迅速、彻底，防止滞留，便于清扫，避免污染的要求。

3. 保持舍内干燥

潮湿的羊舍、墙壁和其他物体表面可以吸附大量的氨和硫化氢，当舍温上升或潮湿物体表面逐渐干燥时，氨和硫化氢会挥发出来。因此，在冬季应加强羊舍保温和防潮管理，避免舍温下降，导致水汽在墙壁、天棚上凝结。

4. 合理通风换气

将有害气体及时排出舍外，是预防羊舍空气污染的重要措施。

5. 使用垫料或吸收剂，可吸收一定量的有害气体

各种垫料吸收有害气体的能力不同，麦秸、稻草、树叶较好一些，黄土的效果也不错。

三、羊舍空气中的噪声污染及其控制

声响是空气环境的重要因素之一。所谓声响，是物体振动时在弹性介质（气体、液体或固体）中传播的波。当其频率和压力在人或动物听觉器官感受范围内时即称声音。声音是否为噪声，除依据强度和频率物理性状外，还与感受对象状态有关。强度和频率较高的声音不一定是噪声。以人的感受性为例，凡是环境中不协调的声音，人们感到吵闹或不需要的声音就称为噪声，这不仅限于杂乱无章的声音，也包括歌声、音乐的声音等。对羊来讲道理亦是如此。

1. 来源

（1）外界传入。如飞机、汽车、火车、拖拉机、雷达等。

（2）舍内机械产生。如风机、真空泵、除粪机、撒料机等。

（3）羊自身产生。如鸣叫、采食、走动、争斗等。

2. 危害

目前关于噪声对羊的影响研究较少，但在人和小动物上研究较多。资料表明，噪声对于人和动物的听觉、大脑、垂体、肾上腺、肝脏、肾脏、甲状腺、生殖器官、循环系统、血液、消化功能、乳房功能以及生长、行为、共济能力等，都有不良影响。

要说明的是，声音也是一个可利用的物理因素，它不仅在行为学上是羊传递信息的生态因子，而且对生产也会带来一定的利益。

3. 噪声的标准和预防

我国 1979 年颁布的《工业企业噪声卫生标准》试行草案规定，工业企业的生产车间和作业场所噪声标准为 75dB。不同的工作和生活场所，要求也不同，如会议室、影剧院的噪声标准为 30～34dB，一般场所为 30～50dB，办公室、商场、餐厅为 46～54dB，工矿企业车间以 85dB 为限。这些要求都是限定在工作 8h 内，如果延长时间或缩短时间，要求又不同，白天和夜间的要求亦不同。因此，羊舍内外的噪声应根据这些要求作相应的规定。

为了减少噪声的发生和影响，在建场时应选好场址，尽量避免工矿企业、交通运输的干扰，场内的规划要合理，交通线不能太靠近羊舍。羊舍内进行机械化生产时，对设备的设计、选型和安装应尽量选用噪声最小的。羊舍周围种草种树可使外界噪声降低。

第八节　水卫生

水是羊最重要的环境条件之一，是羊有机体的重要组成部分，又是有机体进行各种生理活动与维持生命的必需物质，还是体内微量元素的供给来源之一。同时，养羊业生产过程、饲料的清洗与调制、羊舍及用具的清洗、羊的药浴等都需要大量的水。当水质不好或水体受到污染时，轻者会导致羊的生产性能下降，重者会危及羊的健康，甚至会导致其死亡。因此，讲究水卫生，改善、保持饮水的质量，对发展养羊业极为重要。

一、水源的种类

水在自然界分布广泛，能够被利用的淡水水源可分为地下水、地面水、降水三大类。它们三者之间相互转换，互相补充，参与着自然界的水循环。

1. 地面水

地面水是指江、河、湖塘及水库中的水，是由降水或地下水汇集而成。其水质及水量受自然条件影响机会较多，易受污染，特别是容易受到生活污水及工业废水的污染。地面水一般来源广、水量足，又因为它本身有较好的自净能力，所以是养羊生产较广泛使用的水源。一般来说，活水比死水自净能力强，水量大的比水量小的自净能力强。在条件许可时，应尽量选用水量大且流动的地面水为水源。供饮用的地面水一般需进行人工净化和消毒处理。

2. 地下水

地下水是降水和地面水经过地层的渗滤贮积而成。由于经过地层过滤，水中所含的各类杂质绝大部分已被滤除，且受到污染的机会较少，故水质比较清洁。若水源为深层，地下水则被污染的机会更少，其水质水量较稳定，是最好的水源。但因受地质化学成分影响而含有某些矿物成分，硬度一般比地面水大，有时也会含有某些矿物性毒物，引起地方性疾病。因此在使用前应进行必要的化学分析和研究。

3. 降水

自然界发生降水时，由于在降落时吸收了空气中的杂质及可溶性气体。同时，降水不易收集，贮集困难，水量受季节影响大，因此除缺水严重的地区外，一般不作为饮用水的水源。

二、水的污染与自净

水的污染大致分为自然污染与人为污染。水体中的生物生长、繁殖以及自然因素如山洪暴发、雨水侵蚀等形成的污染属于自然污染。向江河、湖泊排放大量未经处理的工业废水、灌溉污水、生活污水和各种废弃物，而造成水质恶化，则属于人为污染。本节主要叙述人为因素对水体的污染。

（一）水体污染物的种类及危害

1. 有机物污染

生活污水、造纸、食品工业废水等都含有大量的腐败性有机物，其排出量大，涉及范围广，受害规模非常广泛。腐败性有机物在水中首先使水浑浊。当水中氧气充足时，在好气菌作用下，有机氮被分解为硝酸盐类稳定的无机物。水中溶解氧耗尽时，有机物进行厌气分解，产生甲烷、硫化氢、硫醇之类的恶臭，使水质恶化，不适于饮用。而且有机物分解的产物是优质营养素，当营养物质浓度过高、水质过肥时便会形成水体富营养化，使水生生物大量繁殖，更加大了水的浑浊度，消耗水中的氧，产生恶臭，威胁贝类、藻类的生存，造成鱼类死亡。此外，在粪便、生活污水等废弃物中往往含有某些病原微生物及寄生虫卵，而水中大量的有机物为其提供了生存和繁殖条件，饮用了则可能会造成疾病的传播和流行。

2. 微生物污染

水源被病原微生物污染后，可引起某些传染病的传播与流行。

3. 有毒物质污染

常见的无机性毒物有铅、汞、砷、铬、镉、镍、铜、锌、氟、氰化物以及各种酸和碱等；有机性毒物有酚类化合物、聚氯联苯、有机氯农药、有机磷农药、合成洗涤剂、有机酸和石油等。

4. 致癌物质污染

主要来自石油、颜料、化学燃料等的工业废水。有的致癌物质在水中还能在悬浮物、基底污泥和水生生物体内蓄积。

5. 放射性物质污染

天然水中放射性物质含量极微，一般对机体无害。但人为污染，如人工放射性元素侵入水体时，就可使之急剧增强，甚至可危害机体的健康。

（二）水体的自净作用

水体受污染后，由于本身的物理、化学和生物学的多种因素的综合作用，会逐渐消除污染。这个过程，称为水的自净。水的自净作用，一般有以下 6 个方面。

1. 混合稀释作用

污染物进入水体后，逐渐与水混合稀释而降低其浓度。有时可稀释到难以检测出或不足以引起毒害作用的程度。

2. 沉降和逸散

水中悬浮物因重力作用而逐渐下沉，比重越大，颗粒越大，水流越慢，沉降越快。附着于悬浮物上的细菌和寄生虫卵也随同悬浮物一起下沉。悬浮状态的污染物被水中的胶体颗粒、悬浮的固体颗粒、浮游生物等吸收，可发生吸附沉降。有些污染物，易与水中其他物质结合而发生"共沉淀"。溶解性物质也可以被生物体所吸收，在生物死亡后随残体沉降。此外，污染水体的一些挥发性物质在阳光和水流动等因素的作用下可逸散而进入大气，例如酚、金属汞、二甲基汞、硫化氢等。

3. 日光照射

日光中的紫外线具有杀菌作用，但由于紫外线的穿透力较弱，其杀菌作用有限，尤其是当水体较浑浊时，其作用就更加有限。此外，日光可提高水温，促进有机物的生化分解作用。

4. 有机物的分解

水中的有机物在微生物作用下，进行需氧或厌氧分解，最终使复杂有机物分解为简单物质，称为生物性降解。此外，水中有机物也可通过水解、氧化和还原等反应进行化学性降解。当水中溶解氧充足时，有机物在需氧细菌作用下进行氧化分解，需氧分解进行得较快，使含有的氮、碳、硫和磷等化合物分解为二氧化碳、硝酸盐、硫酸盐和磷酸盐等无机物，这些最终产物无特殊臭气。当溶解氧不足时，则有机物在厌氧细菌作用下进行比较缓慢的厌氧分解，生成硫化氢、氨和甲烷等具有臭味的气体。从卫生角度来看，需氧分解比厌氧分解好，故应限制向水体中任意排污，保持水中常有足够的溶解氧，防止厌氧分解。

5. 水栖生物的拮抗作用

水栖生物种类繁多，在水中的生活能力和生长速度也不同，而且由于生存竞争彼此相互影响，进入水体的病原微生物常受非病原微生物的拮抗作用而易于死亡或发生变异。此外，水中多种原生生物能吞食很多细菌和寄生虫卵。

6. 生物学转化及生物富集

某些污染物质进入水体后，可以通过微生物的作用使物质转化。随着物质的转化，其毒性升高或降低，水体污染的危害性也同时加重或减弱。此外，水体中的污染物被水生生物吸收后，可在生物组织中浓集，又可通过食物链，即浮游植物→浮游动物→贝、虾、小鱼→大鱼，逐渐提高生物组织内污染物的聚集量。凡脂溶性、进入体内又难于异化的物质，都有在体内浓集的倾向，如有机氯化合物、甲基汞等。

综上所述，通过水的自净过程，可使水体的污染程度逐渐减轻或变为无害。具体表现：①有机物转变为无机物；②致病微生物死灭或发生变异；③寄生虫卵减少或失去其生活力而死亡；④毒物的浓度降低或对机体不发生危害。因此，在进行污水净化及水源卫生防护时，可充分利用水体的自净能力这一有利因素。但该能力有一定的限度，无限制地向水体中排污也会使这种能力丧失，造成严重污染。所以必须执行污水排放的卫生规定，搞好水源防护。

三、水质卫生标准及评价

（一）饮用水的卫生要求

1. 生活饮用水水质要求

生活饮用水卫生标准 GB 5749—2022 为全国通用标准。生活饮用水水质要求，生活饮用水水质常规指标应符合下列要求。

（1）微生物指标（3项）：

总大肠菌群不应检出；

大肠埃希氏菌不应检出；

细菌总数不超过 100MPN/mL。

（2）毒理学指标（18项）：

砷不超过 0.01mg/L；

镉不超过 0.005mg/L；

铬（六价）不超过 0.05mg/L；

铅不超过 0.01mg/L；

汞不超过 0.001mg/L；

氰化物不超过 0.05mg/L；

氟化物不超过 1.0mg/L；

硝酸盐（以 N 计）不超过 10mg/L；

三氯甲烷不超过 0.06mg/L；

一氯二溴甲烷不超过 0.1mg/L；

二氯一溴甲烷不超过 0.06mg/L；

三溴甲烷不超过 0.1mg/L；

三卤甲烷（三氯甲烷、一氯二溴甲烷、二氯一溴甲烷、三溴甲烷的总和）中各种化合物的实测浓度与其各自限值的比值之和不超过 1；

二氯乙酸不超过 0.05mg/L；

三氯乙酸不超过 0.1mg/L；

溴酸盐不超过 0.01mg/L；

亚氯酸盐不超过 0.7mg/L；

氯酸盐不超过 0.7mg/L。

（3）感官性状和一般化学指标（16 项）：

色度不超过 15 度；

浑浊度不超过 1NTU；

不得有异臭、异味；

不得含有肉眼可见物；

pH 值不小于 6.5 且不大于 8.5；

铝不超过 0.2mg/L；

铁不超过 0.3mg/L；

锰不超过 0.1mg/L；

铜不超过 1.0mg/L；

锌不超过 1.0mg/L；

氯化物不超过 250mg/L；

硫酸盐不超过 250mg/L；

溶解性总固体不超过 1 000mg/L；

总硬度（以 $CaCO_3$ 计）不超过 450mg/L；

高锰酸盐指数（以 O_2 计）超过 3mg/L；

氨（以 N 计）不超过 0.5mg/L。

（4）放射性指标（2 项）：

总 a 放射性不超过 0.5Bq/L；

总 β 放射性不超过 1Bq/L。

当水样检出总大肠菌群时，应进一步检验大肠埃希氏菌；当水样未检出总大肠菌群时，不必检验大肠埃希氏菌。

小型集中式供水和分散式供水因水源与净水技术受限时，菌落总数指标限值按 500MPN/mL 或 500CFU/mL 执行，氟化物指标限值按 1.2mg/L 执行，硝酸盐（以 N 计）指标限值按 20mg/L 执行，浑浊度指标限值按 3NTU 执行。

关于羊的饮用水水质要求低于生活饮用水的卫生要求，可按照 NY5027—2008《无公害食品 畜禽饮用水水质》要求执行。羊的饮用水水质应符合下列规定。

色≤30°；

浑浊度≤20°；

总硬度（以 CaCO₃计）≤1 500mg/L；

pH 值 5.5~9.0；

溶解性总固体≤4 000mg/L；

硫酸盐（以 SO₄²⁻计）≤500mg/L；

总大肠菌群：成年羊不超过 100MPN/100mL，羔羊不超过 10MPN/100mL；

氟化物（以 F⁻计）≤2.0mg/L；

氰化物≤0.2mg/L；

砷≤0.2mg/L；

汞≤0.01mg/L；

铅≤0.10mg/L；

铬（六价）≤0.10mg/L；

镉≤0.05mg/L；

硝酸盐（以 N 计）≤10.0mg/L。

2. 养羊场的用水量

包括人的生活用水、生产用水和消防、灌溉用水。

（1）人的生活用水。指职工所消耗的水，其中包括饮用、洗衣、洗澡及卫生用水。其用水量，因生活水平、卫生设备、季节与气候等而不同，一般可按每人每日 20~40L 计算。

（2）羊的用水。指每只羊每日平均用水量。其中包括羊的饮用、饲料调制、刷洗食槽及用具、羊舍清扫等所消耗的水。舍饲母羊每日 10L/只，羔羊每日 5L/只。

（二）饮用水的卫生评价

1. 感官性状指标

饮水的色、浑浊度、臭、味和肉眼可见物等一般卫生性状，通常可用眼、身、舌等感觉器官去直接观察，故称它们为感官性状指标。

（1）色。清洁的水一般无色。水有异色，通常是受各种物质污染的结果。一般用铂钴比色法测定，以"度"表示。我国规定饮水色度不超过 15 度。用肉眼观察，是无色的感觉。

（2）浑浊度。清洁的水是透明的。浑浊的水通常是受到污染的结果，不仅感官性状不好，被污染的浑浊水大多适于微生物的生存，有引起介水传染病的危险。我国饮水卫生标准规定浑浊度不得超过 1NTU，即用肉眼看起来清澈透明。

（3）臭。清洁的水没有异味，而被污染的水往往产生不正常的臭。水臭通过嗅觉判断来描述臭的性质。一般用无、微弱、弱、明显、强、很强六个等级来描述臭的强度。我国饮水卫生标准规定饮水不得有异臭。

（4）味。清洁的水应适口而无味。当水中溶有地层中的各种盐类时，会出现咸、涩、苦或铁味等。当水受到生活污水或工业废水污染时，也可产生各种异味。因此，水有异味时，应首先查明原因，再作卫生评价。水味与水臭一样，可用味觉来体会和描述，也按上面六个等级表示强度。我国规定，饮水不得有异味。

（5）肉眼可见物。指水中含有的凡是肉眼可见的微小生物和悬浮颗粒。它是水质不清洁的标志。饮水中不得含有肉眼可见物。

2. 化学指标

（1）pH 值。天然水的 pH 值，一般为 7.2~8.6。当水质出现过碱过酸反应时，则表示水有受到污染的可能。当水源受到有机物及各种酸、碱废水污染时，pH 值便发生明显变化。另外，水的 pH 值过高，将会引起水中溶解盐类的析出而恶化水的感官性状，并降低氯化消毒的效果；若水的 pH 值过低时，则能加强水对金属（铁、铅、铝）的溶解，而且有较大的腐蚀作用。我国规定饮水的 pH 值为 6.8~8.5。

（2）硬度。水的硬度是指溶于水中的钙、镁等盐类的总含量。一般分为碳酸盐硬度和非碳酸盐硬度，二者之和称为总硬度。也可分为暂时硬度和永久硬度。暂时硬度是指把水煮沸，可以除去的硬度。因为水在煮沸时，水中重碳酸盐放出二氧化碳变成碳酸盐而沉淀，由于含有钙、镁的碳酸盐并不能完全沉淀，所以暂时硬度往往小于碳酸盐硬度。水煮沸后不能除去的硬度为永久硬度。

水的硬度以"度"来表示。我国规定 1L 水中含有相当于 10mg 氧化钙的钙、镁离子量称为 1 度。也可采用将钙、镁离子的总量折合成氧化钙，以mg/L为单位表示。水的硬度低于 8 度时称为软水；8~16 度称为中等硬水；17~30 度称为硬水；30 度以上称为极硬水。

地下水的硬度一般比地面水高。水的硬度与水流经地区的地质条件有关，如流经石灰岩层或其他钙、镁盐层时，可使水的硬度增加；有机物或工业废水的污染，也会使水的硬度突然变化。因此，硬度有时也作为水质被污染的评价指标。

长期习惯饮软水的人、畜，临时改饮硬水则会引起胃肠功能紊乱，经一定时间后可逐渐适应。硬水对机体也有间接影响，如硬水煮食物不易烂、不易消化、水垢多等。过软的水质缺乏机体需要的无机盐，水味不好。

（3）铁。地下水含铁量较地面水高。饮水中含铁对机体并无毒害，但含铁量过高的水具有特殊气味，影响饮用量。在水中含重碳酸业铁超过 0.3mg/L 时，易被氧化成黄褐色的氢氧化铁，使水发生浑浊。

（4）氯化物。自然界的水一般都含有氯化物，其含量随地区而不同。在同一地区内，特别是在一个水源中，其含量通常是比较恒定的。水中氯化物来源有几种情况：水源流经含有氯化物的地层，水源受生活污水或工业废水的污染，靠海的地面水或地下水受到潮汐和海风的影响，海水浸入土壤和地面水，都会使氯化物含量增加。当水中氯化物含量突然增加时，即表明有被污染的可能，若氮化物也同时增加，说明是受到粪便污染。地下水中氯化物减少，有可能是地面水流入。饮水中氯化物过高会使水带咸味并影响胃液分泌。

（5）硫酸盐。地下水中通常含有少量来自地层矿物质的硫酸盐，而且多以硫酸钙、硫酸镁的形态存在，硫酸盐含量大的水永久硬度很高。当水中硫酸盐含量突然增加时，则表明水有被生活污水、工业废水或化肥硫酸铵等污染的可能。水中硫酸盐含量超过 400mg/L 时，水有苦涩味，易引起胃肠功能障碍。

（6）含氮化合物。当天然水被人、畜粪便污染时，其中含氮有机物在水体中微生物的分解作用下，逐渐变为简单的化学物质。氨是无氧条件时的最终产物。若有氧存在，氨可进一步被微生物转化为亚硝酸盐、硝酸盐而变成无机物。在上述有机氮逐渐转变成氨氮、亚硝酸盐氮和硝酸盐氮（简称"三氮"）的过程中，有机物不断减少，随人、畜粪便进入水中的病原微生物也逐渐消亡。因此，"三氮"的测定，可以协助了解水体污染和自净的进展情况，以及污染性质是动物性的还是植物性的。一般水中氨氮含量不应超过 0.5mg/L；硝酸盐（以 N 计）不超过 10mg/L。

（7）溶解氧（DO）。空气中的氧溶解在水中称为溶解氧。溶解氧在水中的含量与空气中氧的分压和水温有关，其中水温影响最大。正常情况下清洁地面水的溶解氧都接近饱和。当水被有机物污染后，有机物氧化分解将消耗水中的溶解氧，甚至耗尽。有机物进行厌氧分解会使水质恶化、发臭。因此，溶解氧含量可以作为判断水体是否受到有机物污染的间接指标，但地下水例外。

（8）生化需氧量（BOD）。指水中有机物在需氧性细菌作用下进行生物化学分解时所消耗的氧量。水中有机物含量越高，生物氧化过程所消耗的氧也越多，而且有机物含量高时，所含微生物及病原菌也越多。因此，通过生物需氧量的测定，可以间接评定水被有机物污染的程度，也可作为细菌污染的间接指标。水中生物氧化过程与水温有关，水温越高，生物氧化作用越剧烈，所需时间也越短。有机物的生物氧化过程很复杂，全部完成需要较长的时间，通常用"5日生化需纸量"（BOD_5）来表示，即20℃下培养5d，1L水中溶解氧减少的量。清洁的江、河水 BOD_5 一般不超过 2mg/L。

（9）耗氧量（COD）。指用化学方法氧化1L水中的有机物所消耗的氧量。被氧化的包括水中能被氧化的有机物和还原性有机物，而不包括化学上较为稳定的有机物。此法测定速度快，只能相对地反映出水中有机物含量，但完全脱离了水中微生物分解有机物的条件。

（10）锰。水中的锰通常与铁相伴同时出现，它在水中不易氧化，难以排出，锰的氧化物还能使水呈黑色。我国规定，水中锰含量不得超过 0.1mg/L。

（11）铜。天然水中含铜量很少，只有流经含铜地层的水，铜含量才增多。水中含铜超过 1.5mg/L，就会使水产生金属异味。长期饮用铜含量高的水，可引起腹部不适和肝脏病变。我国规定，饮水中含铜不得超过 1mg/L。

（12）锌。水中含锌量达到 10mg/L 可引起水质浑浊；超过 5mg/L 时，出现金属异味。我国规定饮水中含锌不得超过 1mg/L。

3. 毒理学指标

指水质标准中所规定的某些毒物，其含量超过标准便会直接危害机体，引起中毒。

（1）氟化物。水中含氟量低于 0.5mg/L 时能引起龋齿，而超过 1.5mg/L 时则可引起氟中毒。因此，饮水卫生标准中规定含氟量不应超过 1.0mg/L，适宜浓度为 0.5~1.0mg/L。

（2）氰化物。水中氰化物主要来源于各种工业废水。长期饮用氰化物含量较高的水，可引起慢性中毒，表现出甲状腺机能低下的一系列症状。饮水中氰化物含量不得超过 0.05mg/L。

（3）砷。天然水中微量的砷对机体无害，而含量较高则有剧毒。水中砷含量增高主要因为工业污染，也与地层中含砷量高有关。饮水中砷含量不得超过 0.01mg/L。

（4）汞。水中的汞主要来自工业废水（如用汞仪表厂、氯碱厂等）。含汞废水进入水体后，汞能迅速沉淀（特别是硬度较高的水中）于底泥中长期沉积，而水暂时净化；一旦底泥泛起，又再次污染水体。沉积于水底淤泥中的无机汞经厌氧微生物的生物甲基化作用，可转化为毒性更强的甲基汞（有机汞之一），甲基汞部分沉积于淤泥中，部分溶于水中，再经生物富集作用，最后通过"食物链"对人和动物带来更大的危害。饮水中汞含量不得超过

0.001mg/L。

（5）镉。天然水中不含或含少量的镉，水中的镉主要来源于锌矿（镉与锌常相伴存在）和镀镉废水的污染。镉和镉化合物都是化学毒物。当饮水中镉含量达到 0.035～0.26mg/L 时，长期饮用会危害羊的健康和生产力。饮水中镉含量不应超过 0.005mg/L。

（7）铬。天然的清洁水不含铬，水中铬的来源主要是电镀、印染和制革等含铬工业废水的污染。水中六价铬含量若超过 0.1mg/L，将对机体产生毒性作用。按六价铬计，饮水中不得超过 0.05mg/L。

（8）铅。天然水中不含铅，只有水源受到含铅工业废水（如铅蓄电池厂、印刷厂、颜料厂等）污染，或流经含铅矿层时，水中含铅量才大量增加。水中含铅量超过 0.1mg/L 时，可引起慢性铅中毒，规定饮水中铅含量不得超过 0.01mg/L。

4. 细菌学指标

饮用水要求在流行病学上是安全的，因而要考虑细菌学指标。实际工作中主要测定细菌总数和大肠菌群，以此来间接判断水体受到污染的情况。

（1）菌落总数。指 1ml 水在普通琼脂培养基中，于 37℃，经 24h 培养后，所生长的各种细菌集落总数。其值越大，说明污染的可能性越大，有病原菌的可能性也越大。细菌总数只能说明水中有病原菌的可能性，相对地评价水质是否被污染，故应结合其他指标，排除自然因素干扰，进行综合分析，才更具参考价值。我国规定饮水中菌落总数不应超过 100MPN/mL。

（2）大肠菌群。水中大肠菌群的量，一般用以下两种指标表示。大肠菌群指数指 1L 水中所含大肠菌群的数目。大肠菌群值：指发现 1 个大肠菌群的水的最小容积（ml）。二者互为倒数关系，即：

$$大肠菌群指数 = 1\,000 ÷ 大肠菌群值$$

大肠菌群是直接反映水体受到粪便污染的一项重要指标。结合细菌总数，则能辨明水体的污染情况。我国规定饮水中大肠菌群不应检出。

（3）游离性余氯。饮水氯化消毒时，除了水中细菌及各种杂质所消耗掉一定量的氯外，消毒后的水中还应剩余部分游离性（或称自由性）余氯，以保持继续消毒的效果。饮水中有余氯说明消毒已经可靠，是用以评价消毒效果的一项指标。我国饮水卫生标准规定，游离氯与水接触不小于 30min，末梢水余氯含量不低于 0.05mg/L。

四、饮用水的净化与消毒

天然水中常因含有各种杂质或细菌，而达不到饮用标准。为了使饮水符合卫生要求，保证饮用安全，应将水进行净化和消毒处理。

（一）水的净化

1. 自然沉淀

当水流减慢或静止时，水中原有的悬浮物可借本身重力作用逐渐向水底下沉，使水澄清，称为自然沉淀。自然沉淀一般都在专门的沉淀池进行，需要一定时间。

2. 混凝沉淀

经自然沉淀以后，水中还剩有细小的悬浮物及胶质微粒，因带有负电荷，彼此相斥，很难自然下沉。此时需要加入混凝剂，使水中极小的悬浮物及胶质微粒凝聚成絮状而加快沉降，称混凝沉淀。常用的混凝剂有铝盐（如明矾、硫酸铝等）和铁盐（如硫酸亚铁、三氯化铁等）。它们与水中原有的钙和镁的重碳酸盐作用，分别形成带正电荷的氢氧化铝和氢氧化铁的胶状物，它能与水中具有负电荷的微粒相互吸引而凝集，形成逐渐加大的絮状物而沉降，混凝沉淀的效果与水温、水的 pH 值、浑浊度以及不同的混凝剂有关。普通河水用明矾进行混凝沉淀时，需 $40 \sim 60 mg/L$。

3. 过滤

使水通过一定的滤料，得到净化。过滤的基本原理，一是滤料的阻隔作用，水中悬浮物微粒大于滤料的孔隙，不能通过滤层而被阻隔；另一种是沉淀和吸附作用，小于滤料孔隙的微小物质如细菌、胶体粒子等，在通过滤层时沉淀在滤料表面，并形成胶质的生物滤膜，此膜具有吸附力，可吸附水中的微小粒子和病原体。常用滤料是砂，又叫砂滤。若用矿渣、煤渣作滤料，应不含有对机体有害的物质。集中式给水一般采用砂滤池。根据滤料粒径、滤粒层厚度和过滤速度的不同，可分为慢砂滤池和快砂滤池。目前大部分自来水厂采用快砂滤池，而简易自来水厂多采用慢砂滤池。分散式给水的过滤，可在河、湖或塘岸边挖渗滤井，使水经过地层的自然滤过而改善水质。

（二）饮水的消毒

水经过以上步骤处理后，细菌含量已大大减少，但并未完全除去，仍有病原菌存在的可能，为了确保饮水安全，必须再经消毒处理。饮水消毒方法很多，如氯化法、煮沸法、紫外线照射法、臭氧法、超声波法和高锰酸钾法等。目前应用最广泛的是氯化消毒法，因为此法杀菌力强，设备简单，使用方便，费用低。以下简述饮水的氯化消毒法。

1. 消毒剂

常用的氯化消毒剂是液态氯、漂白粉和漂白粉精。液态氯主要用于集中式给水的加氯消毒，小型水厂和一般分散式给水多用漂白粉和漂白粉精。漂白粉的杀菌能力取决于其所含的"有效氯"量。新制的漂白粉含有效氯25%~35%，其性质不稳定，易失效，故要求密封、避光，于阴暗干燥处保存，当有效氯含量低于15%时，不可作为饮水消毒用。漂白粉精的有效氯含量为60%~70%，性质较漂白粉稳定，多制成片剂使用。

2. 消毒原理

氯在水中形成次氯酸及次氯酸根，与水中细菌接触时，容易扩散进入细胞膜，在细菌体内与细胞中的酶系统起化学反应，使细菌糖代谢失常而死亡。

3. 影响氯化消毒效果的因素

（1）消毒剂用量和接触时间。要保证氯化消毒的效果，必须向水中加入足够的消毒剂并保证有充分的接触时间。消毒剂用量，除了满足在消毒剂接触时间内与水中各种物质相作用时所需要的有效氯量外，还应该在消毒后的水中保持一定量的剩余氯。即加氯量为需氯量与余氯量之和。但余氯过多会使水的氯味太大而不适合饮用，一般要求水中剩余氯为0.2~0.4mg/L。消毒剂的实际用量随水质不同而异，故在消毒前应进行水的加氯量测定，使消毒剂的用量既能满足需要又不致过多。一般经过过滤的地面水或普通地下水，加氯量（通常按有效氯计算）为1~2mg/L，接触时间为30min。

（2）水的pH值。pH值的高低可影响生成次氯酸的浓度，次氯酸是一种弱酸，当pH低时主要以次氯酸形式存在；pH值升高，则次氯酸可离解成次氯酸根。次氯酸的杀菌效果可超过次氯酸根80~100倍，因此在氯化消毒时，水的pH值以不超过7为宜。

（3）水温。水温高时杀菌效果好，水温低时杀菌效果差，因此，冬季加氯量应适当增加，接触时间要长一些。

（4）水的浑浊度。水的浑浊度高，影响杀菌效果，故在氯化消毒之前，对浑浊度高的水应先经过沉淀或过滤处理。

4. 消毒方法

根据不同水源和不同的给水方法，消毒方法也可以多种多样。以下介绍分散式给水的消毒方法。

（1）常量氯化消毒法。即按常规加氯量进行饮水消毒（深井水加氯量0.5~1.0mg/L，加漂白粉量2~4g/m³；泉水加氯量1.0~2.0mg/L，加漂白粉量4~8g/m³；河水加氯量1.5~2.0mg/L，加漂白粉量6~8g/m³）。通常井水消毒是直接在井中按井水量加入消毒剂。泉水、河水、湖水和塘水，则需将水取至容器（如缸）或池中进行消毒。

将称好的漂白粉置于碗中，加少量水调成糊状，再加少量水稀释，静置，取上清液倒入井中，用清洁竹竿或水桶搅动井水，充分混匀，30min后，取水样测定，余氯应为0.2~0.3mg/L，即可取用。由于井水随时被取用，应根据用水量大小而决定消毒次数。最好每天消毒两次（早晨及午后取水前各消毒一次），如果用水量大、水质较差，还应酌情增加消毒次数。

少量消毒时，可将泉水、河水、湖水或塘水置于容器中，如果水质浑浊，应预先经过沉淀或过滤再进行消毒。消毒时，先将漂白粉配成3%消毒液（每毫升消毒液约含有效氯10mg），每50kg水加3%漂白粉消毒液10ml，经30min接触后，即可取用。若用漂白粉精片，按100L水加1片（每片含有效氯200mg）即可。

（2）持续氯消毒法。在井水或容器中放置装有漂白粉或漂白粉精片的容器，消毒剂通过容器上的小孔不断扩散到水中，使水中经常保持一定的有效氯量。放入容器中的氯化消毒剂的剂量，可为常量氯化消毒法一次加入量的20~30倍；一次放入，可持续消毒10~20d。采用此法时也应经常检验水中余氯的含量。

（3）过量氯化消毒法。一次加入常量氯化消毒时加氯量的10倍（即10~20mg/L）进行饮水消毒。本法主要适用于新井开始使用，旧井修理或淘洗，井被洪水淹没或落入污染物，该地区发生介水传染病等情况时（对被污染的井水消毒时），一般在投入消毒剂后，等待10~12h后再用水。若水中氯味太大，可吸出旧水不断涌入新水的办法，直至井水失去显著氯味，即可饮用；亦可在水中按1mg余氯投加3.5mg硫代硫酸钠脱氯后再用。

五、水的特殊处理法

水源若含铁、氟量过高，硬度过大或有异味、异臭，必要时应采用水的特殊处理法。

1. 除铁

水中溶解性铁盐常以重碳酸亚铁、硫酸亚铁、氯化亚铁等形式存在；有时为有机胶体化合物（腐殖酸铁）。重碳酸亚铁可用曝气（氧化）法使其成为不溶解的氢氧化铁；硫酸亚铁或氯化亚铁可加入石灰，在高pH条件下氧化为氢氧化铁，经沉淀过滤除去；有机胶体化合物可用硫酸铝或聚羟基氯化铝等混凝沉淀法去除。

2. 除氟

可于水中加入硫酸铝（每除去1mg/L的氟离子，需投加100~200mg/L的硫酸铝）或碱式氯化铝（1L水中加入约0.5mg），经搅拌、沉淀而除氟。在有过滤池的水厂，可采用活性氧化铝法。

3. 软化

水质硬度超过25~40度时，可用石灰、碳酸钠和氢氧化钠等加入水中，使钙、镁化合物沉淀而除去硬度。也可采用电渗析法、离子交换法等。

4. 除臭

用活性炭粉末作滤料将水过滤除臭，或在水中加活性炭后混合沉淀，再经砂滤除臭。也可用大量氯除臭。地面水中藻类繁殖发臭，可在原水中投入硫酸铜（1mg/L 以下）灭藻。

在实践中，可以根据不同水源水质的具体情况，采取相应的措施，不一定每步都做。一般情况下，浑浊的地面水需要沉淀、过滤和消毒；较清洁的地下水只需消毒处理即可；有时水受到特殊有害物质的污染，才需要采取特殊净化措施。

第九节　土壤卫生

土壤是羊的基本外界环境之一，它的卫生状况直接或间接地影响着羊的健康和生产力。土壤的质地能影响羊场和羊舍的小气候，从而对羊造成影响。土壤的化学组成影响地下水和地面水，影响该土壤上生长的植物的化学成分与品质，并通过水和饲料植物影响羊的健康和生产力，土壤被有毒化学物质污染，也可引起某些疾病。土壤还可能成为病原微生物和寄生虫的滋生繁殖场所，并可由此而污染水和饲料，以致可能引起某些蠕虫病和传染病的传播与流行。

一、土壤质地、组成及其卫生学意义

（一）土壤质地及其卫生学意义

土壤是由土壤颗粒和颗粒间的空隙所组成。土壤含有粗细不同的矿物质颗粒，简称土粒。一般可分为石砾、砂粒、粉砂粒和黏粒等四种级别。由于粒径 0.01mm 是土粒理化性质发生显著变化的转折点，因此常以此作为划分砂和泥的界限。即物理性砂粒（砂）>0.01mm>物理性黏粒（泥）。土壤质地不同，其物理特性有很大差别，因而也有着不同的卫生学意义。

1. 砂土类

这类土壤的颗粒大，粒间空隙大，透气性、透水性强，容水量、吸湿性小，毛细管作用弱，故不易滞水而易于干燥，透气性好，有利于有机物进行好氧分解。但其热容量小，导热性大，易增温也易降温，昼夜温差大，温度随季节的变化明显，这对羊的健康不利。

2. 黏土类

这类土壤的颗粒小，粒间空隙很小，透气性、透水性弱，容水量、吸湿性大，毛细管作用强，因而易潮，雨后泥泞，造成羊场场区和羊舍内湿度过高。又因其通气性差，土壤中好氧微生物的活动受到抑制，有机质的分解比较迟缓，土壤自净能力较弱。黏质类土壤还具有湿胀干缩的特性，尤其是在寒冷地区冬季结冰时，常因土壤变形损坏建筑物基础。有的黏土（如在石灰岩地区）常因碳酸钙受潮被溶解造成土壤软化，引起建筑物下沉或倾斜。

3. 壤土类

这是一种介于砂土和黏土之间的土壤质地类型。它有一定数量的大空隙，又含有较多量的毛细管空隙，因而透气性、透水性良好，温度较稳定，容水量小，雨后又不像黏土那样泥泞。它的微生物状况良好，有比较强的自净能力。这种土壤在建立羊场时，是一种比较理想的土壤。

（二）土壤的化学组成及其卫生学意义

土壤的化学组成较为复杂，元素很多，其中有多种常量元素和微量元素，它们与羊的健康有着密切的关系。

1. 土壤中的常量元素。

（1）钙。羊缺钙能引起羔羊佝偻病及成年羊的骨软症。而过量钙可使日粮消化率降低，并使体内磷、锰、镁、碘等元素的代谢紊乱。真正缺钙的土壤并不多。酸性土壤含钙量低，可施用石灰来补充。羊的日粮中钙不足时，可用石粉、贝壳粉及蛋壳粉等作为钙源补饲。

（2）磷。羊缺磷亦可引起羔羊佝偻病及成年羊骨软症，而且食欲不振，废食，异食癖比缺钙时更严重。在缺磷土壤中生长的饲料含磷量亦低。土壤中施用磷肥能提高饲料中的含磷量。羊的日粮中磷不足时，可补饲骨粉或脱氟天然磷酸盐。

（3）镁。羊缺镁时可引起外周血管扩张，脉搏次数增加，重者可引起病羊神经过敏、全身颤抖和心律不齐等。羊的缺镁痉挛症（亦称草痉挛）的原因之一是土壤和饲料中镁含量低。土壤缺镁现象较易发生，湿润多雨地带的砂质土，常常严重缺镁。缺镁土壤应施用镁质肥料。羊的日粮中镁不足时可补饲硫酸镁、氧化镁和碳酸镁。

（4）钾。羊缺钾时可引起食欲失常、消化不良、生长停滞、肌肉衰弱和异嗜。羊常用的饲料中一般不缺钾，仅少数含钾量很低的地区才出现饲料缺钾。土壤缺钾可施用钾肥。

（5）钠。羊缺钠时，表现为食欲反常，饲料利用率低，蛋白质沉积降低，羔羊生长迟缓，成年羊体重减轻，泌乳羊产乳量下降。植物性饲料中的含钠量一般比较低，尤其是山地土壤含钠量低，其上所生长的饲料含钠量更为贫乏。故在羊日粮中通常应补饲食盐。

2. 土壤中的微量元素。

（1）土壤中微量元素的来源与转移。土母质是土壤微量元素的主要来源。

在不同母质上形成的土壤，其微量元素的种类和含量相差较大。土壤质地和土壤中有机质的含量是影响微量元素含量的重要因素。砂质土壤一般含微量元素的量较低，黏质土壤和含腐殖质较多的黑钙土中微量元素的含量一般较高，而且黑钙土中的微量元素常富集于有机质丰富的表层土壤中。

许多自然因素（如地势、降水、气候等）亦影响土壤微量元素的分布。如地质淋溶作用，使迁移能力强的微量元素（如碘、氟）转移，导致某些湿润气候的山岳地区的土壤中缺乏，而在一些干旱地区的土壤中过剩。工业企业所产生的废弃物中常含某些微量元素，在这些废弃物的排放或利用过程中，或农田施用某种化肥，特别是微量元素肥料时，可使某些微量元素大量进入土壤。

土壤中微量元素的形态能影响到微量元素的转移。可溶性微量元素易转移，而有些土壤虽含某些微量元素的量很多，但因其与土壤有机质牢固地结合而难以被植物所吸收，也可能导致某些微量元素的缺乏。所以，植物对土壤微量元素的吸收利用，除了决定于土壤所含微量元素的总量外，还决定于微量元素的有效量，而有效量又受土壤酸碱度、氧化还原状况、有机质含量以及土壤质地等因素的影响。植物从土壤中吸收微量元素时，不同植物种类的吸收、浓缩和蓄积能力亦不相同。

（2）微量元素与生物地球化学性地方病。微量元素在机体中的含量甚少，但作用却很重要。机体内微量元素的状况异常，会引起代谢障碍或疾病。羊主要从饲料或饮水中获得微量元素，而土壤是饲料及饮水中微量元素的源泉。由于某些地区的生物地球化学特性，土壤中某种微量元素含量显著不足或过多，而且长期得不到改善，往往成为发生某些特殊疾病的主要原因。这种在一定地区内由于生物地球化学特性所引起的疾病称为生物地球化学性地方病。

碘：缺碘可使动物发生甲状腺肿，基础代谢率下降，造成多种危害，此病主要分布于远离海洋的内陆山区及高原地带。地质淋溶作用是造成缺碘的主要原因。不同土壤类型含碘量也不同。在缺碘地方性甲状腺肿流行地区，可给羊补饲碘化食盐。需要注意的是，碘摄入量过高也可抑制甲状腺素的合成与分泌，引起地方性甲状腺肿。

氟：机体摄氟量不足易发生龋齿，但较多见的是机体长期摄入过多的氟，引起地方性氟中毒，表现为斑釉齿及氟骨症两类症状。斑釉齿也称氟齿病，其特点是牙釉质出现白垩、黄褐色斑点和牙齿缺损；氟骨症表现为颌骨和长骨产生外生骨疣，关节粗大僵硬、跛行。氟是地球表面分布较广的一种元素，世界上及我国富含氟的生物地球化学地区也很广泛。地方性氟中毒的预防，可选用含氟量低的水源或采取水的除氟处理；也可从低氟区运入必需的干草与粗饲料。

铜：羊缺铜可引起贫血、生长受阻、异食癖、繁殖障碍、运动失调、被毛粗硬无光、食欲不振、腹污、严重消瘦等。在缺铜地区可于土壤中施用硫酸铜，也可直接补给羊硫酸铜。方法是将硫酸铜溶液喷洒在干草上或拌入饲料中，也可投放于饮水中或采取直接灌饮、注射等方式给予。

锌：羊缺锌可引起生长缓慢，皮肤粗糙。饲料中一般不缺锌，日粮中锌不足时可补饲硫酸锌。

铁：铁与血液中氧的运输和细胞内生物氧化过程有密切关系。大部分饲料中的含铁量能满足羊的需要，仅哺乳羔羊偶尔发生缺铁性贫血。缺铁可补给硫酸亚铁及氯化亚铁等铁盐；也可补给黄土作为铁源。

硒：缺硒可引起羔羊白肌病、生长停滞和繁殖机能紊乱等。硒过多可引起中毒。急性中毒表现为肌肉软弱与不同程度的瘫痪，肺部充血、出血，视觉障碍和瞎眼；慢性中毒表现为食欲降低、迟钝、虚弱、消瘦、贫血、脱毛、蹄壳变形并脱蹄、关节僵硬变形和跛行等。影响饲料植物含硒量的决定因素是土壤的 pH 值。碱性土壤中的硒为水溶性化合物，易被植物吸收而致使羊硒中毒。酸性土壤中的硒与铁等元素形成不易被植物吸收的化合物，这类地区的羊易发生缺硒症。防治缺硒症可用亚硒酸钠按 0.1mg/kg 加入饲料，或溶于水中供饮用，也可与其他矿物质及盐制成混合矿物盐补饲。必要时可用亚硒酸钠溶液作皮下或肌内注射。在多硒地区，按每千克体重加硫 3~5mg 于饲料中，可以减低硒的毒性。

（3）微量元素应用的有关问题。目前微量元素不仅用来预防和治疗许多疾病，而且用来提高羊的生产力，国内外都在大力开展这方面的工作。在考虑微量元素对羊的健康与生产力的影响和具体应用时，需注意以下几个问题。

一是人类的食物来源广而杂，而畜禽在有限的地域内觅食，饲料种类与水源比较局限，对土壤的依从性也较人类大得多。当某地土壤中微量元素含量异常时，并不一定都引起人类特有的地方病，但却往往先在畜禽群中表现出来。不过，在畜牧业生产实践中，因微量元素异常而发病的情况并非普遍存在。但如果畜禽长期处于某些微量元素含量异常的地区，又没有采取改善措施，就可能引起生物地球化学性地方病。

二是动物机体内微量元素含量的多少，与外界环境（土壤、饲料和水）中微量元素的含量有关，也与机体吸收、调节、蓄积和排除微量元素的能力有关。因此，在土壤中微量元素含量异常的地区，羊的不同品种、不同生长生产阶段反映出的易感性和发病率不尽相同。

三是在羊的机体中，各种微量元素之间存在着各种拮抗或协同作用，因而不能孤立静止地考虑某种微量元素的过多或不足，而应同时注意各种微量元素在机体中错综复杂的相互关系。无充足根据地任意补给微量元素，不仅无益，反而有害。

四是在研究羊的微量元素需要量及确定补给标准时，必须与地质化学分区结合进行。首先必须查明土壤中的含量，同时要注意到通过土壤施肥、改良也可以改变其中元素的含量情况。

二、土壤的污染与自净

土壤是一切废弃物的受纳者和处理场所。废弃物同土壤物质和土壤生物发生极其复杂的反应，经一定时间，最后成为无害状态，标志着土壤的自净过程基本完成。但在对废弃物卫生管理不善、处理和利用不当、任意堆积和排放的情况下，会使土壤中存在病原微生物和寄生虫卵，积累某些有毒有害物质，破坏土壤的基本机能，就构成了土壤污染。

（一）土壤污染的特点

1. 土壤污染影响的间接性

土壤污染后所产生的影响都是间接的。土壤污染后主要通过饲料（植物）或地下水（或地面水）对机体产生影响。常通过检查饲料及地下水（或地面水）被影响的情况来判断土壤污染的程度。从土壤开始污染到导致后果，有一个很长的、间接的、逐步累积的隐蔽过程，不容易发现，防止土壤污染的重要性也往往容易被人们所忽视。

2. 土壤污染转化过程的复杂性

污染物进入土壤后，其转归过程比较复杂。比大气及水的污染物的转化过程复杂得多。

3. 土壤污染影响的长期性

土壤被一些污染物污染后其影响是长期的。土壤一旦被污染，很难消除，特别是有机氯农药、有毒重金属、某些病原微生物，能造成长期危害。

4. 土壤污染与水体污染、大气污染的相关性

土壤污染还与水体污染、大气污染密切相关，三者互相影响。

（二）土壤的主要污染源及危害

1. 工业废气和汽车废气污染

排入大气的工业废气与烟尘中含有许多有毒物质，它们受重力作用或随降雨而落入土壤，造成土壤污染，称大气污染型土壤。有时还形成酸雨、酸化土壤，使有害金属元素活性提高，加重危害。目前已产生危害，受到人们关注的污染物有100种左右，主要来自工业企业、家庭炉灶和各种车辆的废气排放。

废气排放到大气中，污染半径可达几百米至上千米，污染区内的农作物、

牧草可从大气和土壤中吸附或吸收并在体内积聚和富集，被羊采食后引起中毒。有色金属冶炼厂附近土壤中铅、锌、铜等重金属含量较高，生长在其上的植物体内含量相应升高。公路两旁土壤中，铅含量通常较高，这是从汽车尾气中排出的。羊采食交通流量大的公路边30m以内的草，可能引起中毒。铅的污染还来源于农药、化工厂等。铅是一种蓄积性的毒物，其毒害作用主要是侵害机体的造血系统、神经系统和肾脏，对心血管系统、生殖功能也有影响，还具有致癌、致畸和致突变作用。铅还可沉积于骨骼中。急性中毒时的羊，出现呕吐、流涎、腹痛和便秘等症状。慢性中毒则出现贫血、运动障碍、肌肉痉挛和母羊流产等症状。

2. 农药与化肥污染

农药与化肥施用不当可造成污染。化学农药中含有有毒物质。其中，对土壤和植物污染较大的农药是有机氯农药，有机氯化合物均为神经和实质脏器毒物，污染土壤后可在植物体内蓄积，通过采食饲料进入动物机体，长期蓄积于中枢神经系统和脂肪组织中。中毒时，中枢神经应激显著增加。蓄积于实质脏器脂肪内的有机氯，能影响组织细胞氧化磷酸化过程，引起肝脏等器官营养失调，发生变性乃至坏死。大剂量有机氯作用于机体时，可造成中枢神经及某些实质脏器，特别是肝脏、肾脏严重损害。一般来说，有机氯的蓄积作用大于其本身所产生的毒性。长期小剂量作用时，可导致羊的体重下降，发育停滞，全身状况不良并产生实质性脏器病变。有机氯的慢性中毒还可使机体生殖机能受到影响，受胎率下降，胚胎发育不良，死亡率增加。

滥用化肥对土壤的污染，主要造成土壤中硝酸盐等物质过多积累，并使饲料中含有大量硝酸盐，被摄入机体后，还原为亚硝酸盐，引起中毒。在土壤中积累的污染物还可通过水土流失而污染水体。劣质化肥中常含较多有毒物质，如粗制磷肥中往往含有过量的氟化物。

3. 污水灌溉污染

污水中含有许多有毒有害物质，如重金属、酚类、氰化物及其他有机和无机化合物及病原性微生物。尤其是重金属在土壤中难以转化，残留性强，通过灌溉可造成地区性土壤污染。进入土壤后主要集中在土壤表层，如被作物吸收，残留于作物体中进而危害机体健康。

4. 畜牧生产废弃物及生活废弃物污染

畜牧生产及人类生活产生的废弃物、垃圾、粪便和污水等含有大量有机物及有毒有害物质。其中，对土壤的主要污染是病原性微生物及寄生虫卵的污染。病原微生物进入土壤后，多种病原微生物和寄生虫能长期生活在土壤中，并保持和扩大传染性。

为了减少土壤污染和疾病传播的可能性，养羊场应对其废弃物进行必要的处理。对一般性的病原微生物和寄生虫卵，粪便经腐熟堆肥或沤肥处理后，便可使其失去活性。但是对含有口蹄疫等病毒的粪便则应进行更严格的处理。比如可经较长时间的腐熟堆肥后，再施到动物接触不到的土地中去，或者进行深埋处理。

5. 放射性物质的污染

放射性物质污染的来源有核爆炸以及生产、利用放射性物质时的产物和排出物，有些可在土壤中长期残留和污染。被放射性物质污染的土壤中所产生的饲料和牧草可蓄积放射性物质，羊采食了这些饲料后会受到放射性危害，如引起突变，导致癌症，破坏腺体，加速死亡。并且还能在肉、乳等产品中残留，通过食物链危害人类。

三、土壤污染的防治

（一）控制和消除土壤污染源

1. 控制和消除工业"三废"的排放

要大力推广闭路循环，无毒工艺等对"三废"进行回收，使其化害为利。不能综合利用的"三废"，要进行净化处理。重金属污染物原则上不准排放。

2. 加强污水灌溉区的监测和管理

对污水灌溉区要加强监测，控制污灌数量，避免盲目污灌。

3. 开展农药污染的综合防治

（1）农业上的综合防治。这种防治是以农业防治为基础，化学防治为主导，因地制宜，科学合理地运用化学、生物、物理机械等防治手段，充分利用植物检疫的有效措施，以达到安全、经济、有效地控制病、虫害的目的。

（2）施药的安全期。指最后一次施药到作物收获之间的最低限度的间隔天数，称安全施药间隔期。收获时作物上的药效消失，残留量降到允许量以下，不致危害机体健康。

（3）积极发展高效、低毒、低残留的农药新品种。以高效、低毒、低残留的新型农药取代高毒、高残留品种，是农药工业发展的基本方向。目前仍在使用的高残留和高毒农药，应严格控制使用范围、使用量和次数，改进施药技术。

4. 合理施用化学肥料

根据土壤条件、作物的营养特点、肥料本身的性质及在土壤中的转化，确定化肥施用的最佳标准、施用期限与方法等。

（二）治理土壤污染的措施

1. 生物防治

土壤污染物可通过生物降解或植物吸收而被净化。如利用蚯蚓改良土壤和降解垃圾废弃物。日本研究了土壤中红酵母和蛇皮鲜菌对聚氯联苯的降解作用，以及利用某些非食用植物吸收重金属能力强的特点来消除土壤中的重金属等。

2. 施加抑制剂

对轻度污染的土壤，此法可改变污染物在土壤中的迁移转化方向。促使毒物移动，使其被淋洗或转化为难溶物质，减少被作物吸收的机会。一般施用的抑制剂有石灰和碱性磷酸盐，石灰可提高土壤 pH 值，使镉、钼、锌、汞等形成氢氧化物而沉淀，碱性磷酸盐与镉、汞作用生成磷酸镉、磷酸汞沉淀，溶解度很小。

3. 增施有机肥

增施有机肥能提高土壤肥力，创造和改善土壤微生物的活动条件，增加生物降解速度。有机质还能促进镉形成硫化镉沉淀。

4. 加强水田管理

加强水田管理可以减少重金属的危害。如淹水可明显抑制水稻对镉的吸收，放干水则相反。除镉外，铜、铅、锌均能与土壤中的 H_2S 反应，产生硫化物沉淀。

5. 改变耕作制度

据苏北棉田旱改水试验，棉田改水田后，仅一年时间，土壤中残留的 DDT 基本消失。作物轮作，创造病原菌的敌对环境，使有害病毒、细菌不能适应或缺乏宿主作物而不能生活或逐渐消失。

6. 客土、深翻

被重金属或难分解的化学农药严重污染的土壤，在面积不大的情况下，可采用客土法，是目前彻底清除土壤污染的最有效的手段。但对换出的土必须妥善处理。此外，也可将污染土壤翻到下层，埋藏深度根据不同作物根系发育情况，以不致污染而定。

第十节　饲料卫生

一、饲料的卫生学意义

饲料是羊的口粮，又是人类的间接食品，人们所吃的羊肉、羊奶与其有着密切的关系。因此，只有保证饲料的卫生安全，才能保障产品的卫生质量。而在一些饲料中往往存在有毒有害的物质，这些物质有的是天然存在于饲料中；有些是由饲料中某些成分在一定的外界条件下转化分解而成的；还有些是来自外界环境的污染；或因饲料加工时加入饲料中的某些成分不当，而产生毒害作用。饲料中的有毒有害成分，常对羊的健康与生产力带来不良的影响，甚至引起中毒和死亡。

二、含有毒有害成分的饲料

（一）含硝酸盐及亚硝酸盐的饲料

1. 含有硝酸盐的饲料

青饲料包括蔬菜类饲料、天然牧草、栽培牧草、树叶类和水生饲料等均含有程度不同的硝酸盐。蔬菜类饲料含量较多。但不同的植物种类及同株植物的不同部位，硝酸盐含量也不同。造成植物体中硝酸盐含量增高的主要原因如下。

（1）氮肥施用过多，干旱后降雨等原因，促进了硝酸盐的吸收。

（2）日照不足，钼、铁、铜、锰等无机元素的不足，天气骤变，某些除草剂的施用以及病虫害等抑制植物代谢的条件，阻碍蛋白同化作用，即可增加硝酸盐的蓄积。

亚硝酸盐不是植物生长中常含的成分，它对植物本身有毒害作用。在一般情况下，大多数新鲜的蔬菜中亚硝酸盐的含量很少，但在干旱的影响下，或菜叶黄化后，其含量会增加；少数植物由于亚硝酸盐还原酶的活性很低，也可能使亚硝酸盐的含量较多。

2. 硝酸盐和亚硝酸盐对机体的危害

（1）亚硝酸盐中毒——高铁血红蛋白症。硝酸盐在一定条件下转变为亚硝酸盐后，由亚硝酸盐引起高铁血红蛋白血症。

饲料中的硝酸盐转化为亚硝酸盐的途径：①体外形成。常见于青饲料长期堆放而发热、腐烂、蒸煮不透或煮后焖在锅内放置很久时，出现硝酸盐大量还原为亚硝酸盐。通常将蔬菜类饲料在此过程中所出现的亚硝酸盐含量的高峰称为"亚硝峰"。用这种饲料喂畜禽最易引起中毒，出现亚硝峰不久将逐渐下降。亚硝峰出现时间，因青饲料品种、温度、调制方法不同而异。②体内形成。一般情况下，反刍动物能将硝酸盐还原为亚硝酸盐，再进一步还原为氮而被吸收利用。但当反刍动物大量采食了含硝酸盐高的青饲料或瘤胃的还原能力下降时，即使是新鲜青饲料也较容易发生亚硝酸盐中毒。

（2）形成致癌物——亚硝胺。亚硝胺具有很强的致癌作用，尤其是二甲基亚硝胺致癌作用最强。当饲料中同时存在胺类或酰胺与硝酸盐、亚硝酸盐时，就有可能形成亚硝胺。亚硝胺能在自然界形成，也可以在体内合成。

（3）其他危害。硝酸盐可降低动物对碘的摄取，从而影响甲状腺机能，引起甲状腺肿，饲料中硝酸盐或亚硝酸盐含量高，会破坏胡萝卜素，干扰维生素的利用，引起母羊受胎率降低和流产。

3. 预防措施

（1）合理施用氮肥，以减少植物中硝酸盐的蓄积。

（2）注意饲料调制、饲喂方法及保存方式。菜叶类青饲料宜新鲜生喂；如要熟食须用急火快煮，现煮现喂。青饲料要有计划采摘供应，不要大量长期堆放；如需短时间贮放，应将薄层摊开，放在通风良好处经常翻动，也可青贮发酵。青饲料如果腐烂变质严禁饲喂。

（3）在饲喂硝酸盐含量高的饲料时，可适当搭配含碳水化合物高的饲料，以促进瘤胃的还原能力；在饲料中添加维生素 A，可以减弱硝酸盐与亚硝酸盐的毒性。

（二）含氰苷的饲料

1. 含有氰苷的饲料种类

常见含氰苷的饲料有：生长期的高粱（幼苗及再生苗中含量高）、苏丹草（幼嫩时期及再生草中含量较多）、木薯（全株都含有，以块根皮层中最高，其次是块根）、亚麻籽饼、箭舌豌豆等均含有氰苷。氰苷要在酸的影响下，经过与苷共存的酶（此种酶与苷存在于植物体内同一器官的不同细胞中）的作用水解后，才产生有毒的氢氰酸。在这些饲料植物生长期间一般不含有游离的氢氰酸，只是在凋萎、浸泡或发酵（细胞破坏）时才产生。氰苷的含量与植物的种类、品种、同株植物的不同部位、生长期的不同而异，还与气候、土壤条件等有关。

2. 氰苷对羊的毒害

氰苷进入机体后，水解产生有毒的氢氰酸引起机体中毒。表现为中枢神经系统机能障碍，出现先兴奋后抑制，呼吸中枢及血管运动中枢麻痹。一般反刍动物出现中毒症状比单胃动物快一些。中毒病程很短，严重时来不及治疗。

3. 预防氢氰酸中毒的措施

（1）利用含有氢氰酸的高粱幼苗及再生苗作饲料时，必须刈割后稍晾干，使形成的氢氰酸挥发后再饲用。

（2）减毒处理。木薯应去皮，用水浸泡，煮时应将锅盖打开，然后去汤汁，熟薯再用水浸泡。亚麻籽饼应打碎，用水浸泡后，再加入食醋，敞开锅盖煮熟等。

（3）含有氢氰酸的饲料，经减毒处理后，仍应控制喂量，合理搭配其他饲料。

（三）菜籽饼中的有毒物质

菜籽是油菜、甘蓝、芥菜、萝卜菜等十字花科芸薹属作物的种子。菜籽榨油后的副产品为菜籽饼（粕），菜籽饼（粕）中含粗蛋白质为28%~32%，尤其以蛋氨酸含量较多。因此，常用作蛋白质饲料。

1. 菜籽饼（粕）中的有毒物质及其毒性

菜籽饼（粕）中含有硫葡萄糖苷（芥子苷）。在榨油过程中，菜籽磨碎，细胞破坏时使芥子苷与同时存在着的芥子酶接触，在温度、湿度和pH值适宜的条件下，由于芥子酶的催化作用，使芥子苷水解生成有毒的异硫氰酸酯类（芥子油）和唑烷硫酮等产物。

（1）芥子油。芥子油具有异常的刺激气味、挥发性和脂溶性，对皮肤和黏膜有强烈的刺激作用，可引起胃肠炎、肾炎及支气管炎等。

（2）唑烷硫酮。唑烷硫酮是致甲状腺肿物质，阻碍甲状腺素的合成，引起垂体前叶促甲状腺素的分泌增加，因而导致甲状腺肿大。芥子油长期作用也可引起甲状腺肿大，但比唑烷硫酮作用弱。菜籽饼（粕）中还含有少量的芥子碱、单宁等，它们有苦涩味，能影响动物的适口性。菜籽饼（粕）含毒量因菜籽的种类、品种、油脂加工方法及土地含硫量的不同而差异很大。

2. 菜籽饼的去毒方法

（1）加热处理法。利用蒸煮加热方法，让芥子酶失去活性，使芥子苷不能水解，并使已形成的芥子油挥发（但唑烷硫酮仍然保留）。但在机体内或其他饲料中的芥子酶或微生物作用下，仍然可分解产生有毒成分。因此，这种方法去毒是不可靠的。而且加热会使蛋白质的生物学价值降低，故加热不宜过久。

（2）水浸泡法。芥子苷是水溶性的，用冷水或温水（40℃左右）浸泡2~4d，每天换水一次，可除去部分芥子苷，但养分流失过多。

（3）氨或碱处理法。每100份菜籽饼用浓氨水（含氮28%）4.7~5份或纯碳粉3.5份，用水稀释后，均匀喷洒到饼（粕）中，覆盖堆放3~5h，然后置蒸笼中蒸40~50min，即可喂用，也可在阳光下晒干或炒干后贮存备用。

3. 菜籽饼的饲喂技术

菜籽饼中的芥子油含量高于0.3%，唑烷硫酮高于0.6%时，应去毒后再作饲料。经去毒处理的菜籽饼，其用量以不超过日粮的20%为宜；若去毒效果不佳，则应不超过10%。菜籽饼最好与其他饼类或动物性蛋白饲料配合饲喂。

（四）棉籽饼中的有毒物质

1. 棉籽饼中的有毒物质及其毒性

（1）棉酚。棉籽饼中有游离棉酚（有毒）和结合棉酚（无毒）两种。其毒性的强弱主要决定于游离棉酚含量的多少。棉籽饼中游离棉酚的含量因品种、栽培环境和制油工艺的不同而异。机器榨油因压力较大，温度较高，游离棉酚含量减少。机榨加浸提，含量更少。作坊土榨压力小，温度低，榨出的棉籽饼中游离棉酚含量很高。

游离棉酚对神经、血管及实质脏器细胞产生慢性毒害作用。进入消化道后可引起胃肠炎，对羊的繁殖有显著影响。非反刍动物比反刍动物更容易中毒。

（2）环丙烯类脂肪酸。它是棉籽饼中另一种有毒物质。

2. 棉籽饼的去毒方法

（1）添加铁剂。铁剂与棉酚结合成不能被动物吸收的复合物而随粪便排出，从而减少了机体对棉酚的吸收量。硫酸亚铁是常用的棉酚去毒剂，在棉籽饼中按游离棉酚含量（重量）的 5 倍加入硫酸亚铁。做法是将粉碎过筛的硫酸亚铁粉末按量均匀拌入棉籽饼中，然后按 1kg 饼加水 2~3kg，浸泡约 4h 后直接饲喂。也可在处理 100kg 棉籽饼时，称取硫酸亚铁粉 1kg（土榨）或 0.5kg（机榨），生石灰粉 1kg，加水 200~300kg，充分搅拌使溶解完全，稍静置，取上清液拌入 100kg 棉籽饼中，经一定时间（至少 1h 时）后直接饲喂。

（2）加热处理。主要是利用较高温度加速棉籽饼中具有游离氨基的蛋白质与游离棉酚结合成无毒的结合棉酚，可去毒 75%~80%。

煮沸法：将棉籽饼加水煮沸 1~2h，如能加入 10%~15% 的大麦粉或小麦麸同煮，效果更好。

蒸汽法：将棉籽饼加水湿润，用蒸汽蒸 1h 左右。

干热法：将棉籽饼置于锅中，经 80~85℃炒 2h 或 100℃炒 30min。

3. 棉籽饼饲喂技术

（1）控制喂量，间歇饲喂。喂量不可超过日粮的 20%。连续饲喂 2~3 个月，停喂 2~3 周后再喂。

（2）种羊饲喂棉籽饼应慎重，喂量比例要小，去毒效果要好。

（3）饲喂时应合理搭配其他蛋白质饲料，搭配适量的青绿饲料进行饲喂。

（五）含有感光过敏物质的饲料

有些饲料，如荞麦、苜蓿、三叶草、灰菜、野苋菜等，均含有感光物质。采食这些饲料后，感光物质经血液到达皮肤使皮肤细胞的感光性提高，受日光照射后能产生剧烈的过敏反应，引起血管壁破坏，并在皮肤上出现以红斑性疹块为主要特征的症状，也可引起中枢神经系统和消化机能的障碍，严重时甚至死亡。光敏物质中毒多见于绵羊。在白色皮肤、无毛或少毛部位症状最明显。预防措施：含光敏物质的饲料应与其他饲料搭配，并在喂后防止晒太阳或在阴天、冬季舍饲期饲喂。

（六）含有毒成分的其他饲料

1. 马铃薯

马铃薯的块茎、茎叶及花中含有的毒素称为龙葵素，亦称马铃薯素或茄碱。在成熟的薯块中含量不高，但当发芽或被阳光晒绿时其龙葵素含量明显增加，可达0.5%～0.7%，而含量达0.2%即可中毒。龙葵素中毒症状轻的，以胃肠炎为主；重的以神经症状为主，最后可导致死亡。因此，应保管好薯块，避免阳光直射和发芽。饲喂时发芽或变绿的部分要削除，然后用水浸泡，弃去残水，再煮熟，如能加些醋效果会更好。马铃薯茎叶应晒干或开水浸泡后方可作饲料；也可与其他青饲料混合青贮后再饲喂，但喂量不可过大。不能喂妊娠母羊，以防流产。

2. 蓖麻籽饼及蓖麻叶

蓖麻茎叶和种子中含有蓖麻毒素、蓖麻碱两种有毒成分。蓖麻毒素毒性最强，多存在蓖麻籽实中。蓖麻毒素对消化道、肝、肾、呼吸中枢及血管运动中枢均可造成危害，严重者可致死。

预防措施：蓖麻籽饼作饲料时，经煮沸2h或加压蒸汽处理30～60min去毒后再利用。捣碎加适量水，封缸发酵4～5d后饲喂。蓖麻叶不可鲜喂，经加热封缸处理后再利用，饲用时由少到多逐渐加量，最多限制在日粮的10%～20%。

三、霉菌毒素对饲料的污染

自然界中霉菌种类繁多，分布极广，以寄生或腐生的方式生存。在含淀粉饲料和粮食上极易生长，特别是在高温、高湿、阴暗、不通风的环境条件下更适于其大量繁殖。霉菌的大量繁殖常引起饲料霉烂变质，而且少数霉菌污染饲料后，在适宜的条件下可产生毒素，危害机体健康。到目前为止发现有毒的霉菌毒素有100多种。

（一）霉菌毒素中毒的主要特点

（1）中毒的发生和某些饲料有联系。饲喂某一批次饲料的羊一段时间内相继发病，而同时间、同地点喂饲不同饲料的羊不发病。

（2）检查可疑饲料时，可发现有某些霉菌和霉菌毒素的污染，通过动物试验可以复制一定的中毒病。

（3）发病有一定的地区性和季节性。

（4）没有发现传染性和免疫性。

（5）摄入霉菌毒素的最不致引起急性或亚急性中毒时，无明显的早期症状；但长期摄入可导致动物慢性中毒，易被忽视。

（二）常见的霉菌毒素中毒

1. 黄曲霉毒素

（1）产生。黄曲霉毒素是由黄曲霉和寄生曲霉中的产毒菌株所产生的肝毒性代谢物。在自然界中黄曲霉较寄生曲霉存在更为普遍，最适于在花生、玉米上生长繁殖，也常在小麦、大麦、薯干、稻米等上面生长繁殖。繁殖温度为30~38℃（最适温度在37℃左右），相对湿度80%~85%以上。而产生黄曲霉毒素最多的温度在23~32℃，相对湿度在85%以上。除黄曲霉外，寄生曲霉也能产生黄曲霉毒素，分泌到被污染的饲料中。

（2）危害。黄曲霉具有很强的分解蛋白和糖化淀粉的能力，是导致粮油食品和饲料霉变的主要菌种。它产生的黄曲霉毒素能引起肝脏损害，也能严重破坏血管通透性和毒害神经中枢，引起急性中毒。如果长期少量摄入可引起慢性中毒，并能诱发肝瘤，还可引起胆管细胞癌、胃腺瘤、肠癌等。

（3）防治措施。①防霉。主要是指饲料和粮食的防霉；其具体方法有：控制水分，饲料及粮食作物收获、运输、贮存的过程中都要注意通风干燥；化学防霉，如仓库用熏蒸剂熏蒸；控制温度，低温防霉；控制粮油气体成分，进行缺氧防霉。②去霉。常指发霉较轻的玉米等饲料需要去霉处理后方可饲喂。若发霉严重的则不可饲喂。去霉处理的方法主要有：拣除霉粒，霉变轻微者，可将霉粒拣除后再利用；加热，黄曲霉毒素能抗热，一般蒸煮不能完全破坏毒素，因此，需要在长时间高温作用下才有较好的效果；水洗，将霉玉米等饲料先用清水淘洗，然后磨碎，加入3~4倍清水搅拌，静置，浸泡12h，除去浸泡液，再倒入同量清水，反复进行，每天换水2次，直至浸泡水变为无色为止；石灰水加热去毒法，将玉米用石灰水煮沸1h，再滤去石灰水，然后将玉米磨碎、烤熟。

2. 赤霉菌毒素

禾谷类赤霉病的病原菌是赤霉菌或禾谷镰刀菌。主要侵染小麦、大麦和玉米，也可侵染稻谷、甘薯、蚕豆等，它严重影响作物的产量，其代谢产物有毒。此菌在谷物上繁殖的适宜气温为16~24℃，相对湿度为85%。产生的毒素赤霉烯酮，主要是危害羊的生殖系统，孕羊流产，死胎和畸胎大部分是由玉米赤霉烯酮引起的。

防治措施。①防霉。赤霉菌以田间侵染为主，故应着重田间防霉，如选育抗病品种，开沟排渍，及时清理沟渠，做到沟沟畅通，降低田间湿度，花期喷杀菌剂等；收割时应快收，及时脱粒、晒干，保存于通风干燥的场所；病麦与好麦分开，单收、单打、单保存。②除去或减少毒素。对已收获的赤霉病麦，进行去毒和减毒处理后可用作饲料。较为常用的去毒法是水浸法和石灰水浸毒法，二者效果相同。水浸法要求加水约 3 倍，浸泡 24h，再换水浸泡，直至浸泡无霉败的茶色为止。石灰水浸毒法即用 5%石灰水浸泡。

四、农药对饲料的污染

（一）农药残毒的产生

农业上施用农药时，一部分直接喷洒于植物体表被吸附或吸收，落入土壤中的农药部分被植物根部吸收。残留在植物表面和内部的农药，在阳光、雨露、气温等外界环境条件的影响和植物体内酶的作用下，大部分被挥发、分解、流失、吹落而离开了植物体，但到收获时，植物体内仍有微量的农药及其有毒的代谢产物残留。作物种类、土质、农药性质、施药方法和时间不同，植物中农药的残留量也不同。

（二）农药在饲料中的残留及危害

1. 有机氯杀虫剂

有机氯农药化学性质稳定，在自然条件下不易分解，残效期长。长期大量地使用对环境造成污染，在土壤、农产品、动物和人体内大量蓄积，对健康造成潜在性威胁。国务院决定从 1983 年开始停止生产和使用有机氯杀虫剂。但是有机氯农药在农业上使用已 30 多年，对环境造成的污染在短时期内难以完全消除，仍不可忽视。对羊的毒性主要表现在中枢神经系统和呼吸系统，严重的可能导致死亡。

2. 有机磷杀虫剂

有机磷农药是人工合成的磷酸酯类化合物，具有强大的杀虫效力，对机体毒性很大。一般经消化道、呼吸道和皮肤黏膜吸收引起中毒。有机磷杀虫剂品种不同，其残效期差异较大。在饲料中的残留量也可因饲料的种类、使用量、残效期及与收获的间隔时间不同而有不同程度的差别。这类农药的毒性作用主要发生在羊的神经系统和心血管系统中。患羊表现出食欲不振、呕吐和瘫痪等症状，严重的可能会导致死亡。

3. 氨基甲酸酯类杀虫剂

它是一种杀虫范围广，防治效果好的一类农药。其毒理作用与中毒症状与有机磷杀虫剂相同，但中毒时间较短，恢复较快。羊吃下氨基甲酸酯类农药后，会出现严重的中枢神经系统抑制症状，如强直性抽搐、阵挛、昏迷等，严重的可能导致死亡。

（三）防止饲料中残留农药危害羊的措施

1. 禁用和限用部分剧毒和稳定性强的农药

尽量选择高效低毒的农药，逐步代替毒性较高、残效期较长的农药。

2. 制定农药残留极限（农药允许残留量）

农药允许残留量是指农副产品中允许不同农药的最高限度的残留量，小于这个残留限度，即使长期食用，仍可保证食用者健康。绝大多数的农药，均允许有限度的残留。

3. 制定农药的安全间隔期

农药安全间隔期是指最后一次施药到作物收获时残留量达到允许范围的最低间隔天数。安全期的长短与农药性质、作物种类、地区条件、季节气候有关。

4. 控制施药量、浓度、次数及采取合理的施药方法

农作物上农药的残留量与农药的性质、剂型、施用量、浓度、施药次数和施药方法有关。残留量随施用量、浓度和施用次数的增加相应地增加。接近作物的收获期时应停止施药。

五、饲料卫生质量鉴定

（一）饲料卫生质量鉴定的应用

饲料卫生质量鉴定是解决饲料能否饲用，以及查明不能饲用的原因和在何种条件下才能饲用等问题。

（1）按计划经常性定期或不定期地检测饲料，以便随时发现问题，采取措施，消除危害。

（2）饲料新产品和新的饲料资源在正式供作饲料之前进行鉴定，确定其是否含有毒有害物质，能否推广。

（3）对饲料卫生质量发生怀疑时要进行鉴定。

（4）在调查研究工作中为了检查饲料卫生工作或某项具体卫生措施的效果，或探索某些疾病的原因时进行。

（5）在制定饲料卫生质量标准时必须进行。

（二）饲料卫生质量鉴定的方法步骤

以下叙述的是指对可疑饲料进行全面、系统的鉴定时所采取的方法。但在饲料卫生实际鉴定工作中，大多数情况下需要鉴定解决的问题只是其中的一部分。因此，可根据实际需要和可能，选择其中的一部分。

1. 可疑饲料基本情况调查与感官检查

鉴定人员应尽早深入现场，调查了解该饲料的来源，原料配方与主要成分，全部生产和供销经过，特别要注意可能被污染的原因和具体条件；还要搞清楚饲料目前的状态，存放条件，包装情况等。目的是确定这种饲料在现场被污染的可能性，同时采取必要措施，使其不再发生任何质量变化。除需要紧急处理外，一般采用暂时封存，专人照管的办法。在现场调查的同时，应对饲料进行感官检查，即通过感觉器官，检查饲料的色、香、味、硬度、外观等感官状态。

2. 饲料中有毒因素的定性与定量检验

（1）预试验。将饲料样品简单处理（用水、乙醇等适当溶液做浸液）或不加处理，加入检验各种毒物的试剂，根据其特有的反应判定饲料中是否含有常见的化学毒物，以及属于何种毒物或何种范围的毒物。

（2）验证试验。经过预试验，初步得出毒物的性质范围后，再进行验证试验。如果是无机化合物，检验它的阳离子和阴离子；如果是有机化合物，应检验各种官能团。在此基础上，再根据需要和可能进行含量测定。

3. 可疑饲料与有毒物质的动物毒性试验

动物毒性试验的目的是确定毒物的毒性。

（1）急性毒性试验。急性毒性是动物一次摄入较大剂量的受试物质，在短时间内所表现的毒性。一般24~48h，最长可达14~28d。主要确定一种受试物致死剂量的范围，说明这种受试物质毒性的高低；并可将有关物质的毒性加以比较。同时还可观察受试物质对动物重要生理功能的影响。

一般多用LD_{50}来表示受试物质急性毒性的高低。LD_{50}是使一组受试动物中有半数中毒死亡的剂量，其单位是每千克体重所摄入受试物质的毫克数（mg/kg）。LD_{50}数值越小，则该受试物质的毒性越高，LD_{50}数字越大，毒性越低。进行急性毒性试验时，一般多用小鼠或大鼠。

（2）亚急性毒性试验。用来研究实验动物在多次给予受试物时所引起的毒性作用，其试验期通常为3个月左右（2~6个月）。通过试验，可以了解该受试物有无蓄积作用，试验动物对该物质能否产生耐受性；可以初步估计出现毒性作用的最小剂量（最小有作用剂量）和不出现毒性作用的最大剂量（最大无作用剂量），确定是否要进行慢性毒性试验，并为慢性毒性试验所选择的剂量提供资料。试验动物一般多用大鼠及狗，也可用家兔、小鼠或猪。

（3）慢性毒性试验。用以观察试验动物长期摄入受试物所产生的反应，并确定受试物的最大无作用剂量（即长期摄入受试物仍无任何中毒表现的每日最大摄入剂量）和慢性阈作用剂量（即长期摄入能使动物出现最轻微中毒的最低剂量）。试验期限为 6 个月至 2 年。慢性毒性试验在试验设计和观察指标等具体要求方面与亚急性毒性试验基本相似，仅是试验时间长短不同。小鼠、狗、家兔等均可做试验动物。

（4）简易动物毒性试验。对某些要求在较短时间内做出初步判断的应急样品，可采用简易快速的动物毒性试验方法。其目的是初步概略确定可疑饲料或其他受试物有无急性毒性作用及毒性大小；从动物的反应中，还可能初步发现有害因素的作用特点。从而便于做出及时的处理。试验动物可直接用丧失生产能力和经济价值低的各种羊。但一般常用进食量少，繁殖快，价值低，易于获得的哺乳类小动物，如大鼠、小鼠、家兔、犬、猫等，也可用鸡、鸭、鱼、蛙等，条件允许时，应选用敏感动物。

第七章　肉羊场的规划设计

羊场的环境条件应该具有以下几点要求：一是具有较好的小气候条件，有利于羊舍内空气环境的控制和改善。二是便于执行各项卫生防疫制度和措施。三是便于合理组织生产、提高设备利用率和工作人员的劳动生产率。要达到上述要求，畜牧科技人员就必须掌握羊的生产工艺设计和了解羊场规划设计的主要程序、内容和方法，并能运用文字和绘图技术来表达羊场规划建设的思想，为建设单位提供全面、详尽而可靠的设计依据。

第一节　场址选择

羊场场址不得位于《中华人民共和国畜牧法》明令禁止区域，并符合相关法律法规及区域内土地使用规划。不得位于生活饮用水的水源保护区、风景名胜区、自然保护区的核心区和缓冲区、城镇居民区，包括文教科研区、医疗区、商业区、工业区、游览区等人口集中地区，县级人民政府依法划定的禁养区域，国家或地方法律、法规规定须特殊保护的其他区域。羊场场址选择应做到因地制宜，充分考虑当地自然环境、饲草料来源、水电供应、土地资源、交通条件、防疫安全等因素。

一、地势选择

地势选择充分利用山岭、河流、林地等自然地貌作为天然屏障。要求地势高燥，地下水位低（2m 以下），避风向阳。有一定坡度（1°~3°），利于排水。切忌在低洼涝地、山洪水道、冬季风口等地修建羊舍，地势低洼的场地容易积水且道路泥泞，污浊空气不易驱散，夏季通风不良，空气闷热，有利于蚊蝇和微生物滋生，冬季寒冷，影响羊舍的保温隔热及使用寿命，同时羊易患病，为防水灾，选择的场址要远离河槽。

二、风向选择

场址选择时，充分利用地形挡风，避开冬季北风风道。同时考虑利用夏天的东南风风道，以利于通风避暑降温。

三、土质选择

砂壤土是羊舍建设较为理想的建筑用地。砂壤土的特征介于砂土和黏土之间，透气透水性好，雨后不会泥泞，易于保持干燥，土温较稳定，膨胀性小，自净能力强，对羊只健康、卫生防疫和饲养管理有利。黏土土质不宜作为羊场场址，因其透水性差、吸潮后导热性大。在黏土上修建羊场后，羊舍容易潮湿，冬天寒冷。

四、水源充足，水质良好

在水源选择时首先选用地下水或泉水，因为地下水或泉水经过土壤过滤，封闭性好，受污染机会少，较洁净、较稳定，是最好的水源。其次是水量大、流动性好的地表水。水量充足，能保证场内职工用水、羊饮水和消毒用水，并留有余量。羊的需水量一般夏季大于冬季。成年母羊和羔羊舍饲每天需水量分别为10L／只和5L／只。水质良好，符合肉羊饮用水的水质卫生标准。取用方便，投资少，处理技术简便易行，便于防护，以确保水质、水量稳定，不受污染。同时，应注意保护水源不受污染。

五、饲草、饲料条件

在建羊场时要充分考虑饲草、饲料条件。必须有足够的饲草、饲料基地或便利的饲草来源，饲料要尽可能就地解决。要特别注意准备足够的越冬干草和青贮饲料。

六、位置选择

羊场位置选择要求交通便利，便于饲草运输，特别是大型集约化的商品羊场和种羊场，其物资需求和产品销售量极大，对外联系密切，故应保证交通方便。但为了防疫卫生，羊场与主要公路距离至少100~300m或以上。同时要有供电条件，便于饲料的加工调制等。

羊场场地的环境及附近的兽医防疫条件的好坏是影响羊场经营成败的关键因素之一。场址选择时要充分了解当地和四周疫情，不能在疫区建场。建场前要对历史疫情做周密的调查研究，考虑附近的兽医站、畜牧场、集贸市场、屠宰场、化工厂等距离拟建场地的距离、方位，有无隔离条件等，同时要注意不要在旧养殖场上建场或扩建。羊场与居民点之间应保持在300m以上，与其他养殖场保持在500m以上，距离屠宰场、化工厂等污染严重的地点越远越好，至少应在2 000m。

七、面积选择

羊场面积要根据饲养数量、管理方式、集约化程度及饲料供应情况等因素确定。生产区与生活区及未来的发展要相互兼顾，并要留有余地。一般羊场生产区的面积按每只羊占 $10 \sim 20 m^2$ 计算，种羊场每只羊占面积多一些，商品羊场每只羊所占面积可适当少一些。

第二节　羊场建筑物分区

羊场的分区规划原则：在体现建场方针、任务的前提下，做到节约用地；考虑地势和当地全年主风向，来合理安排各区位置；全面考虑羊粪尿、污水的处理与利用，防止自身污染和对外污染；合理利用地形地势，有效利用原有道路、供水、供电线路及原有建筑物等，以减少投资，降低成本；在满足羊场所需面积的基础上，为场区今后的发展留有余地。

羊场通常可以划分为生活区、管理区（包括办公室、宿舍、食堂等）、生产区（包括羊舍及用于饲草料贮存、加工、调制等建筑，人员消毒室、更衣室、车辆消毒通道、净污道、羊舍、人工授精室、兽医室、饲草料车间、装卸台、磅秤、水电供应室、杂物间）、隔离区（包括病羊隔离舍、病死羊及粪污处理设施等）（图7-1）。

职工生活区应占羊场上风和地势较高的地段，其余依次为住宅区、管理区、生产区、隔离区。各区地势、风向配置如图7-2所示。粪便处理区位于最低地段和下风处。这样有利于保证生活生产不受不良气味、粪便污染，有利于卫生防疫。

一、生活区

生活区包括职工宿舍、食堂、商店、娱乐活动等。应放在全场的上风和地势较高地段。尽量靠近管理区，交通要方便。

二、管理区

管理区与生产区应严加隔畜，管理区应设在靠近交通干线，进出方便的位置，并靠近居民生活区。羊场的产品加工、贮存与营销活动密切，可放在管理区。羊场的物资运输与外界联系频繁，注意传播疫病，有必要分开场内运输与场外运输。场外运输工具不得随意进入场内生产区，车棚、车库应设在管理区。

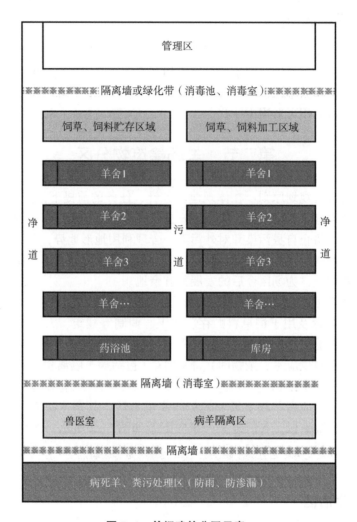

图 7-1 羊场建筑分区示意

三、生产区

生产区是羊场的核心部分。根据生产规模大小、饲养目的和饲草料条件等因素进行全面规划和配置,并且有所侧重。饲料的供应、贮存、加工调制是羊场重要的生产环节。羊场对干草需要量大,其堆放场地要大,位置既要运输方便,又要利于防火安全。要考虑羊舍与打草场及青饲料地的联系,生产区应设置在管理方便,距离草地最近的地方。为保证防疫安全,应将种羊、羔羊、生产羊群分开,设在不同地段,分区饲养管理。种羊舍、羔羊舍应放在防疫比较安全的上风地段。

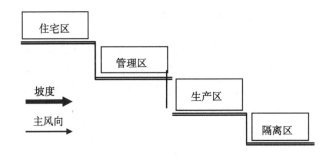

图 7-2　羊场各区地势和风向示意

四、隔离区

隔离场区应距羊场 2km 以上，主要用于引入种羊隔离检疫期使用。病羊隔离区要设单独通道与出入口，尽量与外界隔绝。为防止疫病传播与蔓延，病羊隔离区应设在生产区的下风与地势较低处，并与生产区保持一定距离。

五、粪污处理区

粪污处理区应设置在全场下风、地势最低处，与饲料分发调制方向相反的一侧。位于羊舍远端，避免与饲料通道交叉。

第三节　建筑物的朝向

确定羊场内建筑物的朝向时，主要考虑日照和通风效果。由于羊舍纵墙面积比端墙（山墙）大得多，羊舍的适宜朝向以使纵墙和屋顶在冬季多接受日照，而夏季少接受日照为原则，从而改善舍内温度状况，达到冬暖夏凉的效果。此外，由于门窗都设在纵墙上，冬季冷风渗透和夏季舍内通风状况，都取决于纵墙与冬、夏季主风向的夹角。因此，羊舍的适宜朝向应使冬季冷风渗透少，冬季通风量大而均匀。

一、根据日照来确定羊舍朝向

可向当地气象部门了解本地日辐射总量变化图，结合当地防寒防暑要求，确定日照所需适宜朝向。无论防寒和防暑，羊舍朝向均以南向或偏东、偏西45°以内为宜。这样冬季可使纵墙（南墙）和屋顶接受较多的辐射热，而夏季接受辐射热较多的是东西山墙，故冬暖夏凉；而东西向的羊舍与此相反，会导致冬冷夏热。

二、考虑羊舍通风要求确定朝向

可向当地气象部门了解本地风向频率图，结合防寒防暑要求，确定通风所需适宜朝向。如果羊舍纵墙与冬季主风向垂直，则通过门窗缝隙和孔洞进入舍内的冷风渗透量很大，不利于保温；如果羊舍纵墙与冬季主风向平行或形成0°~45°夹角，则冷风渗透量大大减少，从而有利于保温。

如果羊舍纵墙与夏季主风向垂直，则羊舍通风不均匀，窗墙之间造成的漩涡风区较大；如果纵墙与夏季主风向形成30°~45°角，则旋涡风区减少，通风均匀，有利于夏季防暑，排除污浊空气效果也好。

第四节　建筑物的间距

两栋相邻建筑物纵墙之间的距离称为间距。确定羊舍间距主要考虑日照、通风、防疫、防火和节约占地面积。间距大，前排羊舍不影响后排采光，并有利于通风排污、防疫和防火，但会增加占地面积；间距小，可节约占地面积，但不利于采光、通风和防疫、防火，影响羊舍小气候。

一、根据日照确定羊舍间距

为了使南侧排列（南排）的羊舍在冬季不遮挡北侧排列（北排）羊舍的日照，一般可按一年内太阳高度角最低的冬至日计算，而且应保证冬至上午9时至下午15时这6h内使羊舍南墙满日照，这就要求间距不小于南排羊舍的阴影长度，而阴影长度与羊舍高度和太阳高度角有关。朝向为南向的羊舍，当南排舍高为H时，要满足北排上述日照要求，在北纬40°地区，羊舍间距约为2.5H，北纬47°地区羊舍间距约为3.7H，事实证明，羊舍间距保持檐高的3~4倍，就可以保证冬至9:00—15:00南墙满日照。在北纬47°~53°的地区，羊舍间距可酌情加大。

二、根据通风要求来确定

试验证明，在不影响下风向羊舍通风的情况下，又能避免上风向羊舍排出污浊空气的污染适宜间距约为其檐高的5倍。当风向与羊舍纵墙不垂直时，漩涡风区缩小。事实表明，畜舍间距为3~5倍檐高时，即可满足通风排污和卫生防疫要求。

三、根据建筑物的材料、结构和使用特点确定防火间距

羊舍建筑耐火等级为二级或三级羊舍间距在3~5H时，基本能满足日照、

通风、排污、防疫、防火等要求。

第五节　建筑物的排列

羊场建筑物一般横向成排（东西），竖向成列（南北）。排列得合理与否，关系到场区小气候、羊舍的光照、通风、建筑物之间的联系、道路和管线铺设的长短、场地的利用率等。在布局时，应根据当地气候、场地地形、地势、建筑物种类和数量，尽量做到合理、整齐、紧凑、美观。

羊场建筑物的排列可以是单列、双列或多列。如果场地条件允许，应尽量避免建筑物布置成横向狭长或竖向狭长，因为狭长形布置势必造成饲料、粪尿运输距离加大，管理和工作联系不便，道路、管线加长，建场投资增加。如将生产区按方形或近似方形布置，则可避免上述缺点。因此，要根据场地形状、羊舍数量和每栋羊舍的长度，酌情布置为单列、双列或多列式。

第六节　羊场的公共卫生设施

一、运动场的设置

羊每日定时到舍外运动，能使其全身受到外界气候因素的刺激和锻炼，促进机体各种生理过程的进行，增强体质，提高抗病能力。舍外运动能改善种公羊的精液品质，提高母羊受胎率，促进胎儿正常发育，减少难产。因此，给羊设置舍外运动场非常有必要，特别是种羊。

（一）运动场的位置

舍外运动场应选在背风向阳的地方，一般利用羊舍间距，也可在羊舍两侧分别设置。如受地形限制，也可在场内比较开阔的地方单设运动场。

（二）运动场的面积及要求

运动场的面积在保证羊自由活动的同时尽量节约用地，设置面积时一般按每只羊所占舍内平均面积的 3~5 倍计算，运动场面积可在羊 4m²/只。运动场要求平坦，坡度为 2% 左右。四周应设围栏或围墙，其高度为 1.1m，上面可加设尼龙丝网）。种公羊运动场的围栏高度，可再增加 20~30cm，也可应用电围栏。在运动场的两侧及南侧，应设遮阳棚或种植树木，以遮挡夏季烈日。运动场围栏外应设排水沟。

二、场内道路的设置

场内道路要求直而且短，保证场内各生产环节最方便的联系。生产区的道路应区分为净道（运送饲料、产品和用于生产联系的道路）和污道（运送粪污、病羊、死羊的道路）。净道和污道不得混用或交叉，以保证卫生防疫安全。管理区和隔离区应分别设与场外相通的道路。场内道路应不透水，路面（向一侧或两侧）有 1%~3% 的坡度。路面材料可根据条件修成柏油路、混凝土、砖、石或焦渣路面。道路宽度根据用途和车宽决定，通行载重汽车并与场外相连的道路需 3.5~7m，通行电瓶车、小型车、手推车等场内用车的道路需 1.5~5m。只考虑单向行驶时，可取其较小值，但须考虑回车道，回车半径及转弯半径。各种道路两侧应植树并设排水沟。

三、防疫建筑设施

为保证羊场防疫安全避免污染，羊场四周建设较高的围墙或坚固的防疫沟，以防无关人员及其他动物进入场区，必要时沟内放水。防疫沟深 1.7m，宽 1.3m。

在羊场大门和各区域及羊舍的入口处，应设消毒设施，如车辆消毒池，人的脚踏消毒槽或喷雾消毒室、更衣换鞋间等。并安装紫外线灭菌灯，强调安全时间（3~5min），时间太短，达不到安全的目的。

四、场内的排水设施

场区排水设施是为了排除雨水、雪水，保持场地干燥卫生。为减少投资，一般可在道路一侧或两侧设排水沟，沟壁、沟底可砌砖、石，也可将土夯实做成梯形或三角形断面。排水沟最深处不应超过 30cm，沟底应有 1%~2% 的坡度。有条件时，也可设暗沟排水（地下水沟用砖、石砌筑或用水泥管），但不应与舍内排水系统的管沟通用。

五、贮粪池的设置

贮粪池应设在生产区的下风，与羊舍至少保持 100m 的卫生间距（有围墙及防护设备时，可缩小为 50m），并便于运出。贮粪池一般深 1m，宽 9~10m，长 30~50m。底部做成水泥底。

第七节　羊舍建筑要求

修建羊舍的目的是给羊创造适宜的生活环境，保障羊的健康和生产的正常进行，实现投资小、效益高的目标。

一、羊舍建筑的原则

（1）修建羊舍必须符合羊对各种环境条件的要求，包括温度、湿度、通风、光照，空气中的二氧化碳、氮、硫化氢等。为羊创造适宜的环境可以充分发挥羊的生产潜力，提高饲料利用率。

（2）要符合生产工艺要求。修建羊舍必须与本场生产工艺相结合，否则会造成生产不便。生产工艺是指养羊生产上采取的技术措施和生产方式，包括羊群组成、周转方式、草料运送、饲喂、饮水、清粪等；也包括称重、防疫注射、采精输精、接产护理等。

（3）修建羊舍时还应特别注意卫生要求，以利于兽医防疫制度的执行。应根据防疫要求，进行场地规划和建筑物布局，确定羊舍的朝向和间距，设置消毒设施，合理安置污物处理设施等。严格卫生防疫，防止疫病传播流行性疫病对羊场会形成威胁，造成经济损失。通过合理修建羊舍，为羊只创造适宜的环境，将会防止或减少疫病发生。

（4）要做到经济合理，技术可行。在满足以上三项要求的前提下，羊舍修建还应尽量降低工程造价和设备投资。因此，羊舍修建要尽量利用自然界的有利条件（如自然通风、自然光照等），尽量就地取材，适当减少附属用房面积。

二、羊舍分类

按通风情况及墙壁封闭程度不同，羊舍可划分为封闭舍、半开放或羊舍、开放式羊舍。按屋顶的形状不同可分为钟楼式、半钟楼式、单坡式、双坡式和拱顶式；按羊床在舍内的排列不同可分为单列式、双列式和多列式；按舍饲羊的对象不同可分为成年羊舍、羔羊舍、后备羊舍、育肥羊舍和隔离观察舍等。

（一）封闭羊舍

封闭舍四周有墙壁保护，通风换气依赖于门、窗和通风管。这种羊舍具有良好的隔热能力，便于人工控制舍内环境，适合较寒冷的北方地区采用。

（二）半开放式羊舍

半开放式羊舍是上有屋顶，三面有围墙保护，一面无长墙或仅有一半高的墙。这种羊舍冬季保温不如封闭舍，但比开放式羊舍保温性好且避风。夏季通风状况好于封闭舍，但不如开放式羊舍。所以，半开放式羊舍适于冬季不太冷、夏季不太热的中部地区采用。半开放羊舍的开敞部分在冬天可加遮挡形成封闭舍。

（三）开放式羊舍

这种羊舍只有顶棚，一面（正面）或四面无墙。结构简单，造价低廉，自然通风和采光好，但保温性能较差。为了克服保温能力差的缺点，可在羊舍前后加装卷帘，使其夏季通风、冬季保暖。

塑料棚舍是将房屋式和棚舍式的屋顶部分用塑料薄膜覆盖而建造的一种羊舍，具有造价低廉、采光保温和通风性能好的特点。根据暖棚棚顶的形式，可分为棚式和半棚式两种。

1. 棚式塑料暖棚

该暖棚棚顶均为塑料薄膜所覆盖。这种暖棚多为南北走向，光线上午从东棚面进入，下午从西棚面进入。具有采光时间长，光线均匀，四周低温带少的特点。但这类暖棚对建筑材料的要求严格，且由于跨度大，抗风和耐压程度较差。因顶棚均为塑料薄膜覆盖，夜间的保温性能也较差。

2. 半棚式塑料暖棚

该暖棚棚顶一面为塑料薄膜覆盖，另一面为土木或砖木结构的屋面，这是目前普遍使用的一种类型。塑料薄膜可选用白色透明、透光好、强度大、抗老化、宽度3~4m的膜（如聚氯乙烯膜、聚乙烯膜）。这类暖棚多坐北朝南，在不覆盖塑料薄膜时呈半敞棚状态。其半敞棚占整个棚的1/3~1/2。一般从中梁处向前墙覆盖塑料薄膜形成南屋面。这类暖棚覆盖塑料的一面可以是斜面式的，也可以是拱圆式的。斜面式暖棚通常称单坡形暖棚，拱圆式暖棚通常称半拱形暖棚。

三、羊舍建筑的基本要求

（一）羊舍建筑基本参数要求

1. 羊舍建筑参数

一般跨度6.0~9.0m，净高（地面到天棚）2.0~2.4m。单坡式羊舍，一般前高2.2~2.5m，后高1.7~2.0m，屋顶斜面量呈45°。

2. 面积参数

各类羊合理占用羊舍面积数据见表7-1。

表7-1 各类羊占用羊舍面积（m²/只）

羊别	面积	羊别	面积
种公羊	4~6	春季产羔母羊	1.1~1.6

羊别	面积	羊别	面积
一般公羊	1.8~2.25	冬季产羔母羊	1.4~2.0
去势公羊和小公羊	0.7~0.9	1岁母羊	0.7~0.8
去势小羊	0.6~0.8	3~4月龄羔羊	占母羊面积的20%

产羔室面积可按20%~25%基础母羊所占面积计算，运动场面积一般为羊舍面积的2~2.5倍。

3. 温度参数

冬季一般羊舍温度应在0℃以上，产羔室温度应在8℃以上，夏季羊舍温度不应超过30℃。

4. 湿度参数

一般羊舍空气相对湿度应在50%~70%，冬季应尽量保持干燥。

5. 通风换气参数

封闭羊舍排气管横断面积可按0.005~0.006m²/只计算，进气管面积占排气管面积的70%。

6. 采光参数

成年羊采光系数1：（15~25），高产羊1：（10~12），羔羊1：（15~20）。

7. 羊舍门窗

一般200只羊设一大门，门宽2.5~3.0m、高1.8~2.0m。一般窗宽1.0~1.2m、高0.7~0.9m，窗台距地面高1.3~1.5m。

（二）羊舍建筑的基本构造要求

1. 地基

地基为支持整个建筑物的地下部分。简易羊舍和小型羊舍，负荷小，可直接建在天然地基上，但天然地基也必须具备足够的承载能力。对于大型和现代化羊舍，要求地基必须具有足够的承重能力。必须用砖、石、水泥、钢筋混凝土等建筑材料作地基。地基应具有坚固持久、抗机械振动、抗冲刷、防潮等功能。

2. 墙壁

羊舍墙壁要坚固耐久、厚度适宜、无裂缝、保温防潮、耐水、抗冻、抗震、防火、易清扫消毒。在材料选择上宜选用砖混结构。空心砖、多孔砖保温性好、容重低。为了防止吸潮，可用1:1或1:2的水泥勾缝和抹灰。墙壁厚度可根据气候特点及承重情况采用12墙（半砖厚），18墙（3/4砖厚），24墙

（一砖厚），或 37 墙（一砖半厚）等。墙越厚，保暖性能越强。

3. 屋顶

羊舍屋顶要求保温不漏雨，可采用多层建筑材料建造。由于舍内上部温度高，屋顶内外温差大，所以屋顶的保温隔热作用特别重要。羊舍多采用双坡式屋顶，对小型羊舍也可用单坡式。

4. 地面

羊舍内地面是羊躺卧休息、排泄和活动的地方，保暖与卫生很重要。所以，要求具有较高的保温性能，多采用导热性小的材料建造。必须致密、坚实、平整、无裂隙、不硬、不滑、躺卧舒服，且有利于预防蹄病。羊床以1.0%~1.5% 的坡度倾斜，便于排流污水，有助于卫生和清扫。目前，羊舍多采用砖地和土质夯实地面。羊舍地面有实地面和漏缝地面两种类型。实地面又以建筑材料不同有夯实黏土、三合土（石灰：碎石：黏土为 1：2：4）、砖、水泥、木质地面等。黏土地面易于去表换新，造价低廉，但易潮湿和不便消毒，干燥地区可采用。三合土地面较黏土地面好。水泥地面不保温、太硬，但便于清扫和消毒。砖地面和木质地面保暖，也便于清扫与消毒，但成本高。饲料间、人工授精室、产羔空可用水泥地面，以便消毒。

5. 天棚

为了增强羊舍冬季保温，夏季防热，常设置天棚。天棚要用导热性小、结构严密、不透水、不透气、表面光滑的材料制作。

6. 门窗

一般每栋羊舍开设两个门，一端一个，正对通道，不设门槛和台阶，门要向外开启。较长的或带运动场的羊舍可视羊群大小及生产技术要求在纵墙上开门，门的数量应尽量少些，并在向阳背风一侧。在寒冷地区为保温，常设门帘或添设套门以防冷空气侵入，并减少舍内热量外流。套门深度应不小于 2m，宽度应比门大出 1~1.2m。窗户的数量视采光需要和通风情况而定，一般朝南窗户大些，朝北窗户小些，且南北窗户不对开，避免穿堂风。窗户的底边高度要高于羊背 30cm 左右。屋顶设窗户，更有利于采光和通风。通风改善空气质量的同时，也考虑羊舍保温，必须统筹兼顾。

第八节 改善场区环境的措施

羊场生产的环境问题是一个极其重要的问题。对环境重视不够，可导致生产环境恶化，引起疾病的流行，生产水平下降，给养羊场户造成巨大的经济损失，甚至威胁从业人员健康安全。

一、场区合理规划布局

在建场时总体设计合理，其建筑物的规划布局就合理。对规划布局不合理的羊场进行改造，使其布局尽量合理，如功能分区要合理，净道、污道应分开，排水要合理通畅等。这是场区环境好的根本保证。

二、合理处理和利用粪便等废弃物

羊场的粪便污水可以用作肥料、能源（沼气）、生物利用（养鱼）等。

（一）通过发酵处理用作肥料

堆肥还田是最传统、最经济的粪便处理方式，适用于农村、有足够农田消纳养殖场粪便的地区，养羊场可采取"农作物秸秆→青贮（氨化）→饲养→粪便（堆肥）→农作物"种养结合利用模式，通过种植饲草饲料作物，经过加工给养殖场提供饲草料，再将羊粪便经过处理后还田，实现了农业生产的良性循环和农业废弃物的多层次利用，并体现了"秸秆资源化，粪便无害化"的优势。可将羊粪及垫草等固体有机废弃物堆放起来，羊尿及污水可以浇渗到这些固体物里，使水分保持在40%左右，适当给予通气。利用自然界中的好气性微生物发酵，一般经过4~5d即可使堆肥内温度升高至60~70℃，2周左右即可均匀分解，充分腐熟。腐熟的羊粪松软无臭味，不滋生苍蝇，无病原菌和寄生虫卵等。羊粪经过腐熟处理后，无公害，肥效好。

（二）通过发酵处理生产沼气

沼气技术是依据生态学原理，以沼气池建设为纽带，将养殖业、种植业、生活与生产有机肥结合起来，通过优化和充分利用土地、设施、粪便、太阳能等资源，使农业生态系统内各种物质达到良性循环，多级转换利用，实现农业生产的优质、高效、低耗。就是养殖场通过建沼气池，把粪便、秸秆等废弃物排入池内，进行厌氧发酵，产生沼气、沼液、沼渣，沼气可供发电发热，沼液和沼渣再经过处理后还田，为种植农田、蔬菜、果园提供肥料。具体可将羊粪及垫草等有机废弃物与水混合放入四壁不透气的沼气池中，上面加盖密封，先经过好气性微生物分解，将粪草中多糖分解成单糖，在氧已耗尽的无氧环境下，厌氧性细菌开始活动，再将单糖分解成乙酸、二氧化碳、氢或乳酸；厌氧菌继续活动，使乳酸中的氢与无机物中的氧结合成水及乙酸；最后，甲烷菌将乙酸变成甲烷和二氧化碳。甲烷气积累到一定容积后产生压力，通过管道引出即可使用。

三、污水处理

污水处理主要通过分离、分解、过滤、沉淀等过程。污水中的固形物，一般只占 1/6～1/5。污水中的固形物，可用分离机分离出固形物堆肥肥田。分离后的稀液可通过生物滤塔，依靠生物膜分解污水中的有机物质使其达到净化。沉淀也是一种净化污水的有效手段，目的是使一部分悬浮物质通过静置一段时间后下沉。沥去上清液，底部的淤泥用泥泵抽出堆肥。上清液可以排入下水道，也可以再用作羊舍冲刷用水。

四、绿化环境

绿化是净化空气的有效措施。绿化场区周围环境可以明显改善场区小气候。通过树木的蒸发吸热，可以使夏季气温下降，减少太阳辐射，产生对流空气，有利于避暑降温。树木还能净化空气，吸收二氧化碳，释放氧气减少尘埃，减弱噪声，减少空气及水中的细菌含量，有利于羊场卫生防疫。

（1）场界林带，在场界周边种植乔木和灌木混合林带。

（2）场区隔离林带，在隔离墙内外种植灌木及乔木，2～3 行，起分隔和防火作用。

（3）场内外道路两旁的绿化，种植树冠整齐的乔木或亚乔木 1～2 行，靠近羊舍地段的绿化应考虑不妨碍通风和采光。

（4）遮阳林，在羊舍之间种植 1～2 行乔木或亚乔木，树种根据羊舍间距和通风要求选择。

（5）藤蔓植物及花草，在羊舍墙上种藤蔓植物、在裸露的地面种草，夏季可以防暑；优质的牧草可以作为饲料；种草坪和花可以美化环境。

五、保护水源

保护水源，确保水源不被污染，是羊场管理的重要环节。保护水源，既要防止场区污水渗漏进入水源，又要防止周围工矿企业及居民生活污水，进入水源区，污染水源。加强水源管理，注意水质监测，确保饮水务必达到国家饮用水的卫生标准。

第八章 肉羊场的环境保护

2001 年 3 月，国家环境保护总局在颁布的《畜禽养殖污染防治管理办法》（国家环境保护总局令第 9 号）中明确提出了"畜禽养殖污染防治实行综合利用优先，资源化、无害化和减量化的原则"。2001 年 12 月，又颁布了《畜禽养殖业污染物排放标准》（GB 18596—2001），提出了畜禽养殖业应积极通过废水和粪便还田或其他措施对所排放的污染物进行综合利用。发展养羊业的同时，应该加强宣传，树立新的环境保护理念，要防治结合，综合治理，建立与现代养羊业相适应的污染防治体系。

第一节 养羊业污染防治的基本原则

一、减量化原则

通过多种途径，采取清污分流、粪尿分离等手段削减污染物的排放总量。即将雨水和污水废水利用不同管道进行收集和传输，将粪、尿分别以不同的方式和渠道收集、堆放和处置。

（一）采取农牧结合方式来收集、处理、消纳和控制养羊业的污染物

当地的畜牧兽医职能部门要合理地规划养殖结构，减少污染物的土壤负荷，减少营养素（氮、磷）或有毒残留物、病原体等对水体、土壤的污染。

（二）开展清洁生产，减少粪污产生与排放

从源头抓起，以预防为主来操作生产的全过程。把污染物尽可能消除在它产生之前，其对于养殖全过程来说，通过使用绿色保健饲料添加剂、实施标准化的饲养与管理、改造羊舍结构和通风供暖工艺，建立养殖场低投入、高产出、高品质的无公害产品清洁生产技术体系，在提高羊肉羊绒等产品品质基础上，解决养殖场环境污染问题。

（三）环保饲料配方设计

饲料是导致养殖粪尿污染和羊产品有毒有害物质残留的根源。一般日粮配合中，如果不注意饲料中微量的有毒有害物质在羊体内的富集和消化不完善物质的排出，将会通过食物链逐级富集，增强其毒性和危害；若有毒有害物质向环境排出则对环境造成污染；在消费产品中残留，危害人体健康，形成公害。同时，由于氮、磷、铜、锌及药物添加剂等物质排出后，一方面在土壤中日积月累地富集，造成集粪的表土层和地下水质恶化，另一方面消化不完全的营养物质发酵增加了臭气的浓度，恶化了人们的生活环境。因此，配制无臭味、消化吸收好、增重快、疾病少、磷及其他重金属元素排放少的生态营养饲料则是标本兼治的有效措施。其步骤为：①选购符合生产绿色羊肉、羊乳产品要求和消化率高的饲料原料；②尽可能准确估测羊对营养的需要量和营养物质的利用率；采用营养平衡配方技术；③添加酶制剂、微生态制剂等来提高饲料的利用率，如添加植酸酶、蛋白酶、聚合酶等能促进营养物质的消化吸收，添加微生态制剂能调节羊的胃肠道内微生物群落，促进有益菌的生长繁殖，对提高饲料利用率有明显作用；④不使用高铜、高锌日粮；⑤使用除臭剂，减少动物粪便臭气的产生；⑥采用基因工程、细胞工程、酶工程和发酵工程等生物技术来消除饲料中的抗营养因子、毒素以及在机体代谢过程中产生的有害物质等。

二、无害化原则

环境无害化技术是减少污染、合理利用资源、节约能源与环境相容的技术总称。其内容包括生产过程技术和末端治理技术，它涵盖了技术诀窍、生产过程、产品和服务、装备以及组织与管理的整个过程。无害化处理污染物符合资源短缺的现状；符合资源的再生利用的要求；符合环境污染治理与生态保护的要求；符合国际环境保护发展趋势的要求。

（一）有害微生物的无害化消毒技术

粪便污染物中包含大量的粪大肠菌群、蛔虫卵、细菌、病毒等对环境及人体健康有害的微生物种群，对粪便污物进行无害化处理时必须对这些微生物进行有效的无害化处理，以达到保护环境和人体健康的效果。

1. 厌氧消毒

厌氧消毒的原理是利用厌氧反应中厌氧菌生长、繁殖过程中或无氧呼吸分解其他污染物所释放的热量改变一些病原微生物的生活性状而杀死病原微生物或者使一些有毒有害物质降解失去或降低生理毒性的消毒过程。①厌氧发酵消毒。粪便沼气工程是厌氧发酵处理的核心技术，如在 35~55℃厌氧条件下将粪水中的微生物降解为沼气和二氧化碳，达到产生能源和杀灭粪水中病原微生物的双重作用。②厌氧堆肥。厌氧堆肥是无害化处理羊粪或者固液结合污染物的一种常规的方法。

2. 紫外线消毒

紫外线能量较低，不能引起被照物体原子的电离，仅产生激发作用。紫外线照射使微生物诱变和致死的主要作用是引起核酸组成中胸腺嘧啶（T）发生化学转化作用，从而使微生物 DNA 失去应有的活性（转录、转译）功能，导致微生物的死亡。另外，不同类别的微生物对紫外线的抗力不同，其中细菌芽孢对紫外线抗力最强，革兰氏阳性菌较为适中，支原体、革兰氏阴性菌对紫外线抗力最弱。

3. 化学消毒

通常把用化学药物杀灭病原微生物的方法称化学消毒法。用于消毒的化学药物称为化学消毒剂。常用的高效消毒剂有过氧化物类（过氧乙酸、过氧化氢、臭氧等）、醛类（甲醛、戊二醛）、环氧乙烷、含氯消毒剂（有机氯类、无机氯类等），中效消毒剂主要是能杀灭部分细菌繁殖体、真菌和病毒，不能杀灭细菌芽孢的消毒剂（乙醇、酚类）。低效消毒剂主要指只能杀灭部分细菌繁殖体、真菌和病毒，不能杀灭结核杆菌、细菌芽孢和抗力较强的真菌和病毒的消毒剂。

（二）控制重金属的污染

由饲料和添加剂带来的羊肉羊乳产品中重金属残留对人类的健康危害极大。羊产品中重金属主要来源于含重金属的饲料或饲料添加剂。列入饲料污染物的重金属元素主要是指镉、铅、汞及类金属砷等生物毒性显著的元素。它们在常量甚至微量的接触条件下即可产生明显的生理毒害作用。因此控制重金属污染的措施有：①生产中不使用国家规定禁用和未经批准的饲料和饲料添加剂，选用已经批准的企业和批准生产的产品；②提倡使用绿色促长保健饲料添加剂，如酶制剂、微生态制剂、中草药制剂、活性多肽、酸化剂、低聚糖类制剂等天然物质；③定期对产地（厂商）进行考察评估，了解产地（厂商）生产条件和质量管理状况，对现使用的饲料或添加剂进行卫生质量指标抽检；④对受重金属污染的粪便进行科学处理。

（三）控制羊产品中药残的含量

严格执行我国农牧发〔2001〕20 号发布《饲料药物添加剂使用规范》的规定。其中详细地规定了饲料药物的商品名称、有效成分、有效含量、适用动物、作用与用途、用法与用量、注意事项。严格执行农业部公告第 176 号《禁止在饲料和动饮用水中使用的药物品种目录》中的规定，禁止在饲料和饮水中使用肾上腺素受体激动剂、性激素、蛋白同化激素、精神药品和各种抗生素滤渣等。同时限制使用某些人畜共用药，主要是青霉素和喹诺酮类的药物，允许使用《中华人民共和国兽药典》《中华人民共和国兽药规范》《兽药质量标准》和《进口兽药质量标准》中收录的营养类、矿物质类和维生素类兽药。

（四）养羊场废物的无害化处理技术

在养羊场废弃物特别是粪尿的处理上，遵循无害化的处理原则。

三、资源化原则

资源化利用是羊场粪便污染防治的核心内容。羊粪经过处理可作为肥料、燃料等，具有很大的经济价值。如粪便中含有农作物所必需的氮、磷、钾等多种营养成分，是很好的土壤肥料来源，尤其是在绿色食品生产中，科学使用有机肥更为适合。

第二节　养殖羊场废弃物的处理

养羊场的废弃物主要指粪便、污水和恶臭。粪尿排泄物及废水中含有大量的有机物、氮、磷、悬浮物及致病菌，并产生恶臭，污染物最大而集中。同时，羊粪中含有多种营养成分及大量的有机质具有改良土壤的结构、提高土壤肥力和农作物产量的作用，在保持农业生产可持续发展及绿色食品生产方面有着重要意义。

一、粪便处理技术

（一）肥料化

为防止病原微生物污染土壤和提高肥效，羊粪应经生物发酵或药物处理后再利用。

堆肥法是一种古老而现代的有机固体废物生物处理技术。堆肥是在微生物作用下通过高温发酵使有机物矿质化、腐殖化和无害化而变成腐熟肥料的过程。堆肥可分为升温、高温、降温和腐熟四个阶段，每个阶段都有不同的细菌、放线菌、真菌和原生生物作用。升温阶段主要是中温性微生物占优势，当温度达到25℃以上时，中温微生物进入旺盛的繁殖期，开始活跃地对有机物进行分解和代谢，升至50℃，此时，以芽孢和霉菌等嗜温好氧性微生物的菌类，将单糖、淀粉、蛋白质等易分解的有机物迅速分解。当堆肥达到60~70℃

时进入高温阶段，此时，中温性微生物受到了抑制或死亡，嗜热真菌、好热放线菌、好热芽孢杆菌等微生物活动占优势。除了易腐有机物继续分解外，一些较难分解的有机物（纤维素、木质素）也逐渐被分解。当温度升到70℃以上时，大量的嗜热菌死亡或进入休眠状态，各种酶开始作用使有机质仍在不断分解，温度也随微生物的死亡、酶的作用消退而逐渐降低，休眠的好热微生物又重新活跃起来并产生新的热量，经过反复几次保持在60~70℃的高温水平，腐殖质基本形成。随着微生物活动的减弱，温度下降到40℃左右时，其中易腐熟的物质已成熟，剩余的几乎大部分是纤维素、木质纤维素和其他稳定物质。腐熟阶段为了保持已形成的腐殖质和微量的氮、磷、钾肥等，应使腐熟的肥料保持平衡，有机成分应处于厌氧条件下，防止出现矿质化。生产过程中要控制各种参数，就是那些对堆肥过程有影响的物理、化学和生物因素，它们决定微生物活动的程度，微生物的活动程度直接影响堆肥周期与产品质量。

施用粪肥注意事项：①粪肥必须经过无害化处理，并且符合《畜禽养殖业污染物排放标准》，才能进行土地利用。②经过处理的粪肥作为土地的肥料或土壤调节剂来满足作物生长的需要，其用量不能超过当地的最大农田负荷量，避免造成面源污染和地下水污染。③粪肥施用后，应立即混入土壤减少氮流失到大气中，也避免污染物质随地表径流污染地面水体。对高降水区、坡地及沙质容易产生径流和渗透性较强的土壤，不适宜施用粪肥。④若采用堆肥法时，养殖场贮粪设备直接用垃圾车厢，装满后立即运输到农田进行堆肥，隔年使用。⑤据施肥对象的需求不同，可配制成不同用途的有机肥。过量施用化肥能导致土壤养分失衡、结构受到破坏、生物活性下降、地力退化，同时，地下水硝酸盐含量过高会造成环境恶化、农产品品质下降及农产品中有害物质的逐年增加的现象。若添加适量无机养分制成有机复合肥后可以在较少的用量下能显示出较好的肥效。

（二）能源化

羊粪作为能源的方式有两种：一种是进行厌氧发酵生产沼气，另一种是将羊粪便直接投入专用炉中焚烧，供应生产用热。沼气的主要成分是甲烷，它是一种发热量很高的可燃气体，其热值约为37.84kJ/L，可为生产、生活提供能源，同时沼渣和沼液又是很好的有机肥料。

二、污水处理技术

（一）污水处理的基本原则

（1）采用干清粪工艺。使干粪与尿污水分流，减少污水量及污水中污染物的浓度，从而降低污水的处理难度和成本。

（2）走种养结合的道路。污水经处理后当作肥料来灌溉农田、果树、蔬菜及草地等，尽量减少养殖场的污水排放量。

（3）对于规模小且有土地的偏远地区，尽量采用自然生物处理法。

（二）对污水处理的具体要求

（1）养殖过程中产生的污水应坚持农牧结合的原则，经处理后尽量充分还田，实现污水资源化利用。

（2）对没有充足土地消纳污水的养殖场，可根据当地实际情况选取下列综合利用措施。①经过生物发酵后，可浓缩制成商品液体有机肥料；②进行沼气发酵并对沼渣、沼液尽可能实现综合利用；③进行其他生物能源或其他类型的资源回收利用时要避免二次污染，排放部分要达到《畜禽养殖业污染物排放标准》（GB 18596—2001，2003 年 1 月 1 日实施）的规定。

（三）养殖场污水处理方法

养殖场的污水来源主要有四条途径：生活用水、自然雨水、饮水器终端排出的水和饮水器中剩余的污水、洗刷设备的水。污水处理在减少污水量的同时，要采取科学的处理方法。

（1）厌氧处理法。厌氧消化可以将大量的可溶性有机物去除，去除率达85%~90%，而且运行费用比好氧生物处理工艺低 10 倍的电能，因此生产上常用厌氧技术处理污水。目前较为成熟且常用的厌氧工艺有厌氧消化池处理、上流式厌氧污泥床（UASB）处理、厌氧复合床反应器（UBF）处理、厌氧滤器（AF）处理、两段厌氧消化法处理、上流式污床反应器（USR）处理等。我国主要采用前三种作为养殖场粪水处理的核心工艺。

（2）厌氧-好氧联合处理法。厌氧-好氧联合处理工艺，既克服了好氧处理耗能大、自然处理需要大量土地面积的不足，又克服了厌氧处理达不到要求的缺陷，具有投资少、运行费用低、净化效果好、能源环境综合效益高的优点。

三、尸体处理和利用

病死羊尸体要及时处理，严禁随意丢弃，严禁出售或作为饲料再利用。我国《畜禽养殖业污染防治技术规范》（HJ/T 81—2001）规定病死畜禽尸体处理应采用焚烧或填埋的方法。特别是养殖规模比较大的养殖场要设置焚烧设施，同时对焚烧产生的烟气应采取有效的净化措施。不具备焚烧条件的养殖场可采用填埋法。对于非病死羊，堆肥处置是经济有效的方法。

（一）焚烧法

此法用于处理危害人畜健康极为严重的传染病尸体。可用焚烧炉，也可以用焚烧沟。焚烧沟为十字形沟，沟长约 2.6m，宽 0.6m，深 0.5m，在沟的底部放木柴或干草作引火用，在十字沟交叉处铺上粗且潮湿的横木，其上放置尸体，尸体的四周用木柴围上，然后洒上煤油焚烧。

（二）填埋法

养殖场应设置两个以上的安全填埋井，填埋井应为混凝土结构，深度大于 2m，直径 1m，井口加盖密封。进行填埋时，在每次投入尸体后，应覆盖一层厚度大于 10cm 的熟石灰，井填满后要用黏土填埋压实并封口。对未设填埋井的养殖场应在 500m 以外挖 2m 以内的深坑，坑周围撒上消毒药剂，尸体用塑料袋封装，深埋后，四周最好设栅栏并做好标记。

（三）堆肥法

发酵堆肥法是一种简单高效的无害化处理尸体方法之一。控制发酵堆肥效果的因素：①发酵堆肥填充料—碳源。堆肥填充料有很多，可以选花生壳、玉米秸秆、玉米秆青贮物、干草、谷壳、切碎的黄豆秆、刨木花、回收纸、树叶、家禽垃圾等。②发酵堆肥法的水分含量。在发酵堆肥法的过程中，保证堆料水分含量为 55%。如果水分太低将导致分解率低、堆温低不达标；如果水分太高将导致腐臭味大、苍蝇多等。控制堆料水分含量是堆肥法的关键所在。③孔隙度。孔隙度也是发酵堆肥法的一个条件，目的是使氧气进入堆体，维持 5% 的氧气水平，防止太多空气渗入而导致堆体温度低，堆料孔隙度一般为 40%。如果孔隙度太低将导致分解率低、堆温低、臭气大；如果孔隙度太高也将导致分解率低、堆温低。④发酵堆肥温度。堆肥温度理想范围 37.7 ~ 65.5℃，温度调节是堆肥处理的关键。保持温度 >55℃ 至少 5 天是摧毁病原体的关键。⑤发酵堆肥法设计需要关注的事项。选址应选择离养殖场 500m 以外，避开水源，不能选择低洼地带，有道路通达堆肥区，考虑主风向，做好生物安全。尺寸大小根据各自死淘率计算，6.25m³ 木屑大约可处理 1t 尸体。

（四）化制法

化制法指在密闭的高压容器内，通过向容器夹层或容器通入高温饱和蒸汽，在高温、压力的作用下，将尸体消解转化为无菌溶液和干物质骨渣，同时将所有病原微生物杀灭的过程。化制法具有操作较简单、处理能力强、灭菌效果好、处理周期短等优点；但缺点是在处理过程中易产生恶臭气体，还需进一步处理。

四、养殖场恶臭控制技术

养殖场臭气的成分很复杂，主要含有氨、含硫化合物、胺类和一些低级脂肪酸类等多种化学物质，其中氨气含量最高。

目前控制恶臭常用的方法有三大类：物理法（掩蔽和稀释扩散等）、化学法（氧化、吸收、吸附）和生物法（过滤、堆肥、土壤）。这三种处理方法各有其优缺点。对于大流量、低浓度的挥发性有机废气和恶臭气体，使用物理和化学处理方法存在投资大、操作复杂、运行成本高的问题。生物脱臭法具有处理效率高、无二次污染、所需设备简单、便于操作、费用低廉和管理维护方便的特点，已成为恶臭治理的一个发展方向。

（一）物理除臭法

1. 吸收法

该法利用恶臭气体的物理或化学性质，使用水或化学吸收液对恶臭气体进行物理或化学吸收而脱臭的方法。即用适当的吸收液体使恶臭气体与其接触，并使这些有害成分溶于吸收剂中，使气体得到净化。用水作吸收液吸收氨气、硫化氢气体时，使其脱臭效率主要与吸收塔内液气比有关。当温度一定时，液气比越大，则脱臭效率也越高。水吸收的缺点是耗水量大、废水难以处理，易造成二次污染。使用化学吸收液时，通过化学反应生成稳定性的物质来达到脱臭效果。当恶臭气体浓度较高时，一级吸收往往难以满足脱臭的要求，此时可采用二级、三级或多级吸收方能达到要求。目前工业上常用的吸收设备主要有表面吸收器、鼓泡式吸收器、喷淋式吸收器。

2. 吸附法

气体被附着在某种材料外表面的过程为吸附。吸附的效率取决于材料的面积和质量，而面积和质量又取决于材料的孔隙度。为了增加孔隙度，用作吸附的材料需要进行特殊的处理。最常用的吸附材料是活性炭，它需要在 350～1 000℃的温度下，在蒸汽、氯气或二氧化碳气体中处理后才能获得。同时，吸附的效果还取决于被处理气体的性质。被处理气体的溶解性高、易于转化成液体的气体其吸附效果较好。如：硫化氢、氨气和二氧化硫的吸附性较高。工业上常使用的吸附装置常由圆柱形的容器组成，内设两个活性炭吸附床。当被污染的气体通过吸附床时则被活性炭吸附。吸附法比较适用于低浓度有味气体的处理。

天然沸石是一种含水的碱金属或含碱土金属的铝硅酸盐矿物。它的分子结构属于开放型，有很大的吸附表面和很多大小均一的空腔和通道，可选择性地吸附胃肠中的细菌及硫化氢、二氧化碳、二氧化硫等有毒物质。同时由于它有吸水作用，能降低舍内空气湿度和粪便的水分，可以减少氨气等有害气体的毒害作用。

（二）化学除臭法

化学除臭剂可通过氧化作用和中和作用等化学反应把有味的化合物转化成无味或较少气味的化合物。常用的化学氧化剂有高锰酸钾、重铬酸钾、硝酸钾、过氧化氢、次氯酸盐和臭氧等，其中高锰酸钾除臭效果相对较好。常用的中和剂有石灰、甲酸、稀硫酸、过磷酸钙、硫酸亚铁等。市场上常见的喷雾除臭剂有 OX 剂（美国生产）和 OZ 剂（韩国生产），通过表面喷洒的方法处理堆肥场散发的臭气，具有除臭消毒作用。

（三）生物除臭法

生物除臭法是利用微生物来分解、转化臭气成分以达到除臭目的，因此也叫微生物除臭法。生物除臭法分三个过程：第一个过程是将部分臭气由气相转变为液相的传质过程，第二个过程是溶于水中的臭气通过微生物的细胞壁和细胞膜被微生物吸收，不溶于水的臭气先附着在微生物体外，由微生物分泌的细胞外酶分解为可溶性物质，再渗入细胞，第三个过程是臭气进入细胞后，在体内作为营养物质为微生物所分解、利用，使臭气得以去除。

在采取上述除臭方法的同时，还要加强科学管理，采取强化粪尿、污水的处理与利用技术，进行场区绿化，正确而及时地处理病死羊尸体，加强日常卫生管理等综合性措施才能达到良好的除臭效果。

第三节　羊场消毒技术

消毒的主要意义在于预防传染病。传染病与非传染病之间的一个本质区别是传染病都有一种活的病原体，这种病原体不仅可以在动植物体内生存、繁衍使人和动植物发病，还能不断地从被感染的机体向未感染机体转移。病原体的这种不断地转换宿主的过程称为传染病的流行过程。消毒则在于切断传染病的流行过程，杀灭在传播途径中的病原体。

一、消毒的分类

根据消毒的用途和时间的不同将消毒分为三类，即预防消毒、临时消毒、终末消毒。

（一）预防消毒

在没有传染病发生的情况下，结合平时的饲养管理，对羊舍、场地、用具、饮水等进行的消毒称为预防消毒。预防消毒可以定期进行，在一般情况下，每年可以进行两次（春、秋各一次），预防消毒所用的液体消毒药有10%~20%石灰乳、3%热的火碱溶液、百毒杀等常用的消毒剂。

（二）临时消毒

在发生传染病时，为了消灭病羊排出的病原体而采取的消毒称为临时消毒。临时消毒的对象主要有病羊所停留过的羊舍、隔离舍以及被病羊的分泌物、排泄物污染和可能污染的一切场所、用具和物品等。临时消毒要定期进行，直到该病被消灭为止。一般对不安全羊舍每隔1周进行消毒一次，对病羊隔离舍，每天都应在清扫的基础上进行消毒。

（三）终末消毒

在病区消灭传染病之后，解除封锁之前，为了消灭疫源地的病原体所进行的全面消毒称为终末消毒。

临时消毒和终末消毒所用的药剂，应视发生传染病的种类及病原体对消毒药抵抗力的具体情况进行选择。

二、消毒方法

（一）机械消毒法

通过机械的方法从物体表面、水、空气、羊体表去掉或减少污染的有害微生物及其他有害物质，常用的方法有洗、刷、擦、抹、扫、浴及通风等。在清除之前，应根据清扫的环境是否干燥，病原体危害性的大小，决定是否需要先用清水或某些化学消毒剂喷洒，以免打扫时尘土飞扬，造成病原体散播。机械性清除不能达到彻底消毒的目的，必须配合其他消毒方法进行，对清除的污物必须运到指定场所焚烧、掩埋或用其他方法使之无害。

（二）物理消毒法

应用物理因素杀灭或清除病原微生物及其他有害微生物称为物理消毒法。物理消毒方法包括自然净化、机械除菌、滤过除菌、热力消毒、辐射灭菌、超声波和微波消毒等技术，其中过滤消毒技术、热力消毒技术和辐射消毒技术在养殖业中应用较多。物理消毒法主要用于养殖场设施、饲料、医疗卫生器械、兽医防疫检疫部门、实验材料消毒。

1. 过滤消毒技术

过滤除菌是以物理阻留的方法，去除介质中的微生物，主要用于去除气体和液体中的微生物。其除菌效果与滤器材料的特性、滤孔大小和静电因素有关。

（1）网击阻留。由于滤器材料中由无数参差不齐的网状纤维结构相交织重叠排列，形成狭窄弯曲的通道，可以阻留颗粒样的微生物和杂质。

（2）筛孔阻留。大于滤器孔径的微生物等颗粒，经过滤膜或滤析的筛孔时，犹如过筛子一样被阻留在滤器中。

（3）静电吸附。使微生物带有负电荷，将某些滤器的滤材带正电荷，通过静电作用阻留微生物或其他颗粒。

2. 热力消毒技术

热可以灭活一切微生物，是一种应用广泛、效果可靠的消毒方法。常有干热和湿热两种消毒方法。

（1）干热消毒。主要包括焚烧、烧灼、干烤和红外线照射等4种方法。

（2）湿热消毒。包括煮沸消毒、流通蒸汽消毒（高压蒸汽消毒）、巴氏消毒法、低温蒸汽消毒法（73℃）和甲醛低温消毒法、高压蒸汽灭菌等。

3. 辐射消毒和灭菌

分为紫外线消毒和电离辐射消毒。

（1）紫外线消毒。主要对空气、水和污染物表面进行消毒。

（2）电离辐射灭菌。利用 γ-射线、伦琴射线或电子辐射能透物品杀死其中微生物的一种低温灭菌方法。由于电离辐射灭菌低温、无热交换、无压力差别和扩散干扰，因此，广泛地应用于食品、饲料、医疗器械、化学药品生物制品等各领域的灭菌。

4. 其他物理消毒法

包括自然净化、超声波消毒、微波消毒等方法。

（1）自然净化是指通过日光、雨淋、风吹、空气的干湿热等自然现象，使污染大气、地面、物体表面及建筑物、水体等的病原微生物或其他微生物达到净化的作用。

（2）超声波消毒是指通过超声波发生器产生的超声波进行消毒，对各种微生物都有一定的破坏作用，杀灭杆菌的效果较好。但对水、空气的消毒效果较差。若应用高频率、高强度的超声波的波源，虽然能获得满意的消毒效果，但费用太大又没有经济效益。生产中常用超声波与紫外线结合来增加对细菌的杀灭率。

（3）微波消毒是指用微波杀灭微生物，它具有杀灭微生物种类广、操作方便、省时省力、被消毒物品损害小等优点，因此，广泛应用于制药工业、医疗物品的灭菌中。

（三）化学消毒法

1. 醛类消毒剂

常用的有甲醛和戊二醛两种。甲醛消毒效果良好、价格便宜、使用方便，但有刺激性气味，作用慢。福尔马林是甲醛的水溶液，含甲醛 37%～40%，并含有 8%～15% 的甲醇，福尔马林溶液比较稳定，可在室温下长期保存，而且能与水或醇以任何比例相混合。对细菌芽孢、繁殖体、病毒、真菌等各种微生物都有高效的杀灭作用。甲醛常利用氧化剂高锰酸钾、氯制剂等发生化学反应。戊二醛用于怕热物品的消毒，效果可靠，对物品腐蚀性小，但作用较慢。

2. 酚类消毒剂

酚类消毒剂是一种古老的中效消毒剂，只能杀灭细菌繁殖体和病毒，而不能杀灭细菌芽孢，对真菌的作用也不大。酚类化合物有苯酚、甲酚、氯甲酚、氯二甲苯酚、六氯双酚、来苏尔等。由于酚类消毒剂对环境有污染，这类消毒剂应用的趋向逐渐减少。

3. 醇类消毒剂

只能杀灭细菌繁殖体，不能杀灭芽孢。主要用于皮肤消毒。目前用的醇类消毒剂主要有乙醇、异丙醇、甲醇、氯丁醇、苯乙醇、苯甲醇等。

4. 季铵盐类消毒剂

季铵消毒剂是以苯扎溴铵和百毒杀为代表的低效毒剂，对细菌繁殖体有广谱杀灭作用，不能杀灭芽孢和亲水病毒，但毒性小，稳定性好，常应用于皮肤、黏膜的消毒。苯扎溴铵对化脓性病原菌、肠道菌与部分病毒有较好的杀灭能力，对结核杆菌与真菌的杀灭效果甚微，对细菌芽孢只能起到抑制作用。百毒杀是目前各国养殖场首选的灭菌剂之一，它具有毒性低、无刺激、无过敏反应、无腐蚀、无污染，安全可靠的优点。

5. 过氧化物类消毒剂

（1）过氧乙酸是一种应用广泛的过氧化物类消毒剂，具有杀菌作用强大而迅速、价格低廉的优点，但不稳定易分解，对消毒物品有腐蚀作用。用 0.005%～0.025% 过氧乙酸能于 1min 内杀灭金黄色葡萄球菌、大肠杆菌、绿脓杆菌和普通变形杆菌；0.5% 过氧乙酸能在 10min 内杀灭一切芽孢菌，用 0.02% 过氧乙酸能在 1min 内杀灭各种皮肤癣菌和酵母菌；用 0.2% 过氧乙酸能在 4min 内杀灭病毒中抗力强的脊髓灰质炎病毒；用 0.04% 过氧乙酸能在 5min 内杀灭腺病毒、B 病毒、柯萨奇病毒、艾柯病毒和单纯疱疹病毒。使用过氧乙酸的方法主要有浸泡法（浓度为 400～2 000mg/L，浸泡 2～120min）、擦拭法

（浓度为 0.1%，擦拭 5min）、喷雾法（浓度为 0.5%，对羊舍墙壁、门窗、地面等进行消毒）。

（2）过氧化氢（双氧水）是一种氧化剂，弱酸性，可杀灭细菌繁殖体、芽孢、真菌和病毒在内的所有微生物。0.1% 的过氧化氢可杀灭细菌繁殖体，用 $0.02 \sim 0.031 g/m^3$ 溶液可灭活 A2 型流感病毒。常用 3% 溶液对化脓创口、深部组织创伤及坏死灶等部位消毒；30mg/kg 的过氧化对空气中的自然菌作用 20min，自然菌减少 90%。用于空气喷雾消毒的浓度常为 60mg/kg。

6. 碘和其他含碘消毒剂

（1）碘伏是广谱中效消毒剂。它能杀灭大肠杆菌、金黄色葡萄球菌、鼠伤寒沙门氏菌等百余种细菌繁殖体，杀灭作用强且作用快。对芽孢和真菌孢子杀灭作用弱，需要较长时间和较高的温度。

（2）碘酊。5% 的碘酊用于外科手术部位、外伤及注射部位的消毒，具有杀菌能力强，用后不易发炎，对组织毒性小，穿透力强等优点。

（3）威力碘。含碘 0.5%，是消毒防腐药，1% ~ 2% 用于羊舍、羊的体表及环境消毒，5% 用于手术器械、手术部位的消毒。对病毒和细菌均有杀灭作用。

7. 含氯消毒剂

这类消毒剂溶于水后可产生有杀菌活性的次氯酸。常用的无机含氯消毒剂有漂白粉、漂白粉精、三合二等。有机含氯消毒剂有二氯异氰尿酸钠、氯胺T、二氯异氰尿酸、双氯胺T、卤代氯胺、清水龙。上述含氯消毒剂杀菌广谱，对细菌繁殖体、细菌芽孢、病毒及真菌都有杀灭作用，并可破坏肉毒杆菌毒素。常用化学消毒剂的使用方法及适用范围见表 8-1。

表 8-1　常用消毒剂的种类、性质、用法与用途

类别	药名	理化性质	用法与用途
醛类	福尔马林	无色，有刺激性气味的液体，含 40% 甲醛，90℃ 下易生成沉淀	1% ~ 2% 环境消毒，与高锰酸钾配伍熏蒸消毒畜舍房舍等
	戊二醛	挥发慢，刺激性小，碱性溶液，有强大的灭菌作用	2% 水溶液，用 0.3% 碳酸氢钠调整 pH 值在 7.5 ~ 8.5 可消毒，不能用于热灭菌的精密仪器、器材的消毒
酚类	苯酚（石炭酸）	白色针状结晶，弱碱性易溶于水，有芳香味	杀菌力强，2% 用于皮肤消毒；3% ~ 5% 用于环境与器械消毒
	煤酚皂（来苏尔）	无色，遇光或空气变为深褐色与水混合成为乳状液体	2% 用于皮肤消毒；3% ~ 5% 用于环境消毒；5% ~ 10% 用于器械消毒
醇类	乙醇（酒精）	无色透明液体，易挥发，易燃，可与水和挥发油任意混合	70% ~ 75% 用于皮肤和器械消毒

（续表）

类别	药名	理化性质	用法与用途
季铵盐类	苯扎溴铵（新洁尔灭）	无色或淡黄色透明液体，无腐蚀性，易溶于水，稳定耐热，长期保存不失效	0.01%~0.05%用于洗眼和阴道冲洗消毒；0.1%用于外科器械和手消毒；1%用于手术部位消毒
	杜米芬	白色粉末，易溶于水和乙醇，受热稳定	0.01%~0.02%用于黏膜消毒；0.05%~0.1%用于器械消毒；1%用于皮肤消毒
	双氯苯胍己烷	白色结晶粉末，微溶于水和乙醇	0.02%用于皮肤、器械消毒；0.5%用于环境消毒
过氧化物类	过氧乙酸	无色透明酸性液体，易挥发，具有浓烈刺激性，不稳定，对皮肤、黏膜有腐蚀性	0.2%用于器械消毒 0.5%~5%用于环境消毒
	过氧化氢	无色透明，无异味，微酸苦，易溶于水，在水中分解成水和氧	1%~2%创面消毒；0.3%~1%消毒
	臭氧	在常温下为淡蓝色气体，有鱼腥臭味，极不稳定，易溶于水	30mg/m³，15min 室内空气消毒；0.5mg/kg，10min 用于水消毒；15~20mg/kg用于污染源污水消毒
	高锰酸钾	深紫色结晶，溶于水	0.1%用于创面和黏膜消毒；0.01%~0.02%用于消化道清洗
烷基化合物	环氧乙烷	常温无色气体，沸点 10.4℃，易燃、易爆、有毒	50mg/kg 密闭容器内用于器械、敷料等消毒
含碘类消毒剂	碘酊（碘酒）	红棕色液体，微溶于水，易溶于乙醚、氯仿等有机溶剂	2%~2.5%用于皮肤消毒
	碘伏（络合碘）	主要剂型为聚乙烯吡咯烷酮碘和聚乙烯醇碘等，性质稳定，对皮肤无害	0.5%~1%用于皮肤消毒；10mg/kg浓度用于饮水消毒
含氯化合物	漂白粉（含氯石灰）	白色颗粒状粉末，有氯臭味，久置空气中失效，大部溶于水和醇	5%~10%用于环境和饮水消毒
	漂白粉精	白色结晶，有氯臭味，含氯稳定	0.5%~1.5%用于地面、墙壁消毒；0.3~0.4g/kg饮水消毒
	氯铵类（含氯铵 B、C、T）	白色结晶，有氯臭味，属氯稳定类消毒剂	0.1%~0.2%浸泡物品与器材消毒；0.2%~0.5%水溶溶喷雾用于室内空气及表面消毒
碱类	氢氧化钠（火碱）	白色棒状、块状、片状，易溶于水，碱性溶液，易吸收空气中的二氧化碳	0.5%溶液用于煮沸消毒敷料消毒；2%用于病毒消毒；5%用于炭疽消毒
	生石灰	白色或灰白色块状，无臭，易吸水，生成氢氧化钙	加水配制 10%~20%石灰乳涂刷畜舍墙壁、畜栏等消毒

（续表）

类别	药名	理化性质	用法与用途
乙烷类 （二胍类）	氯己定 （洗必泰）	白色结晶，微溶于水，易溶于醇，禁忌与升汞配伍	0.01%～0.025%用于腹腔、膀胱等冲洗；0.02%～0.05%水溶液，术前洗手浸泡5min

8. 其他化学消毒剂。

（1）高锰酸钾。一种强氧化剂，可以有效杀灭细菌、病毒和真菌，其0.01%～0.1%的水溶液作用10～30min就可杀灭细菌繁殖体、病毒，并能破坏肉毒杆菌毒素。2%～5%的水溶液作用24h，可杀灭细菌芽孢。常用于物品浸泡消毒、与甲醛混用进行舍内熏蒸消毒。

（2）氢氧化钠。一种强碱性高效消毒药。生产上常用粗制火碱作为消毒剂，它具有消毒效果较好，价格便宜的优点。生产中常用于喷淋消毒和池水消毒。

三、养羊场常规消毒管理

（一）养羊场消毒管理制度的建立

（1）全场或局部羊舍进行全进全出式消毒，消毒后空舍至少1周后再转入新羊。

（2）在羊场大门口设置消毒池，消毒池的长度不应小于汽车轮胎的周长，一般在2m以上，宽度应与门的宽度相同，水深10～15cm，内放2%～3%氢氧化钠溶液和草包，用于车进入时轮胎的消毒。池内的消毒液约1周更换1次，北方冬季消毒池内的消毒液应换用生石灰。在养殖场生产区的门口和每栋羊舍的门外也设有消毒池，进入生产区或进入羊舍时必须踏池而过，消毒池内的消毒液一般用3%氢氧化钠或3%来苏尔，消毒液应定时更换。

（3）羊舍门口的内侧放有消毒水盆，进入羊舍后先进行洗手消毒3min，再用清水洗干净，然后才可以开始工作。消毒水一般用0.1%百毒杀或1%的来苏尔，消毒水每隔1d更换1次。

（4）羊的饮水器具、食槽、用具要定时消毒，堆粪场和解剖场所要定期进行消毒；死尸和粪污要无害化处理。

（5）进入养羊场的工作人员或临时工作人员都要更换消毒服、鞋和帽后，才可以进入生产区。消毒服每周消毒1次，也可穿着一次性塑料套服。消毒服限于在生产区内穿着，不能穿着走出生产区外。有条件的需先洗澡后，再更换消毒服。

（6）防疫用后的连续注射器要高压灭菌消毒，使用后的疫苗瓶要焚烧消毒；解剖后的羊尸体要焚烧消毒。

（7）羊场生产区和生活区分开，设置专门隔离室和兽医室，做好病羊的隔离、检疫和治疗工作，控制疫病范围，做好病后消毒净群等工作。

（8）当某种疾病在本地区或本场流行时，要及时采取相应措施，并要按规定上报主管部门，采取隔离、封锁措施。

（9）坚持自繁自养的原则，若确定需要引种，必须隔离45d，确认无病，并接种疫苗后方可调入生产区。

（10）长年定期灭鼠，及时消灭蚊蝇，以防疾病传播。

（11）羊场所用的消毒剂应选用价格便宜，容易买到，在硬水中容易溶解，对人和羊比较安全，对用具和纤维织物没有腐蚀性或破坏性，在空气中稳定，没有令人不快的气味，没有残留毒性的消毒剂。

（12）运送饲料的包装袋，回收后必须经过消毒，方可再利用，以防止污染饲料。

（二）羊舍的消毒方法。

1. 羊舍的消毒

健康场的羊舍可使用3%漂白粉溶液、3%～5%硫酸石炭酸合剂热溶液、15%新鲜石灰混悬液、4%氢氧化钠溶液、2%甲醛溶液等进行消毒。若已被病原微生物感染的羊舍，要对其运动场、舍内地面、墙壁等进行全面彻底的消毒。消毒时，首先将粪便、垫草、残余饲料、垃圾加以清扫，堆放在指定地点发酵处理或焚烧（或深埋）。对污染的土质地面用10%漂白粉溶液喷洒，然后翻起表土30cm左右，撒上漂白粉，与土混合后将其深埋，对水泥地面、墙壁、门窗、饲槽用具等用0.5%百毒杀进行喷淋或浸泡消毒，羊舍再用3倍浓度的甲醛溶液和高锰酸钾进行熏蒸消毒。对疑似的病羊要迅速隔离，对危害较重的传染病应及时封锁，进出人员、车辆等要严格消毒，要在最后一头病羊痊愈后2周内无新病例出现，经全面大消毒，经上级部门批准后方可解除封锁，并采取合理治疗等综合防治措施。

2. 羊体表消毒

羊体表消毒指经皮肤、黏膜施用消毒剂的方法，具有防病治病兼顾的作用。体表给药可以杀灭羊体表的寄生虫或微生物，有促进黏膜修复和恢复的生理功能。常用消毒方法主要有药浴、涂擦、洗眼、点眼、阴道子宫冲洗等。

（三）人员的消毒管理。

（1）饲养管理人员应经常保持自身卫生、身体健康，定期进行常见的人畜共患病检疫，同时应根据需要进行免疫接种，如发现患有危害羊或人的传染病者，应及时调离，以防传染。

（2）为了保证疫病不由养羊场工作人员传入场内，凡在羊场工作人员的家中不应养羊，家属也不能在畜禽交易市场或畜禽加工厂内工作。从疫区回来的外出工作人员要在家隔离至少1个月方可回场上班。

（3）饲养人员进入羊舍时，应穿专用的工作服、胶靴等，并对其定期消毒。饲养人员不准在不同区域或其他舍之间相互走动。

（4）任何人不准带饭，更不能将生肉及含肉制品的食物带入场内。

（5）所有进入生产区的人员，必须坚持消毒制度。场区门前踏3%的火碱池、更衣室更衣、消毒液洗手，生产区门前消毒池及各羊舍门前消毒盆消毒后方可入内。条件具备时，要先沐浴、更衣、再消毒才能进入羊舍。

（6）场区禁止参观，严格控制非生产人员进入生产区，若生产或业务必需，经兽医同意、场领导批准后更换工作服、鞋、帽，经消毒室消毒后方可进入。严禁外来车辆入内，若生产或业务必需，车身经过全面消毒后方可入内，场内车辆不得外出和私用。

（7）生产区不准养猫、养犬，职工不得将宠物带入场内。

（四）器具消毒

料槽、水槽以及所有的饲养用具，除了保持清洁卫生外要每天刷洗1次，每个季度全面消毒1次。各舍的饲养用具要固定专用，不得随便串用，生产用具每周消毒1次。

（五）环境消毒

羊转舍前或入新舍前对羊舍周围5m以内及舍外墙用0.2%~0.3%过氧乙酸或2%火碱溶液喷洒消毒，对场区的道路、建筑物等要定期消毒，对发生传染病的场区要加大消毒频率和消毒剂量。

（六）运输工具的消毒

使用车辆前后都必须在指定的地点进行消毒。运输过程中发生过一般的传染病或有感染一般传染病可疑者，车厢应先清除粪便，用热水洗刷后再进行消毒。运输过程中发生恶性传染病的车厢、用具应经2次以上的消毒，并在每次消毒后再用热水清洗。处理的程序是先清除粪便、残渣及污物，然后用热水自车厢顶棚开始，渐及车厢内外进行各部冲洗，直至洗水不呈粪黄色为止，洗刷后进行消毒。发生过恶性传染病的车厢，应先用有效消毒药液喷洒消毒后再彻底清扫，清除污物后再用消毒药消毒。两次消毒的间隔时间为半小时。最后1

次消毒后 3h 左右用热水洗刷后再行使用。

(七) 粪便的消毒

羊粪便中含有一些病原微生物和寄生虫虫卵,尤其是患有传染病的羊,含有病原微生物和寄生虫虫卵的数量会更多。常用的消毒方法有掩埋法、焚烧法、化学消毒法和发酵法。

1. 掩埋法

将粪便与漂白粉或新鲜的生石灰混合,然后埋于地下 2m 左右深度。此法易污染地下水源,损失大量肥料,因此,一般不建议采用。

2. 焚烧法

它是杀灭病原微生物最有效的方法,但大量焚烧粪便会污染空气,因此,只限于患烈性传染病羊的粪便。具体做法是挖 1 个深 75cm、宽 75cm 的坑,在距离坑底 40~50cm 处加一层铁炉箅子,若粪便潮湿再加些干草,以利于燃烧,点燃时可加些汽油或燃料酒精。

3. 化学消毒法

常用的消毒剂有漂白粉、0.5%~1% 过氧乙酸、5%~10% 硫酸、苯酚合剂、20% 石灰乳等。使用时要搅匀。这种方法操作麻烦且难以达到彻底消毒的目的,故实际工作中也不常使用。

4. 发酵法

参见本章尸体处理方法。

第四节　灭蝇防鼠措施

蚊蝇和鼠是人畜多种传染病的传播媒介,给人畜健康带来极大的危害。鼠还盗食饲料,污染饲料和饮水,咬坏物品,破坏建筑物,必须采取措施严加防治

一、防治蚊蝇

1. 搞好羊场环境卫生

每天定时清扫、清粪、消毒,及时填平无用的污水池、水沟、洼地等是防治蚊蝇的关键,同时对贮粪池和贮水池加盖并保持四周环境的清洁。

2. 化学防治

用化学药品(杀虫剂)来防治蚊蝇,常用的杀虫剂有马拉硫磷、合成拟菊酯和敌敌畏等。

3. 物理防治

用光、电、声等物理方法捕杀、诱杀或驱逐蚊蝇。如电气灭蝇灯、声波和超声波都具有良好的防治效果。

4. 生物防治

利用天敌杀灭蚊蝇。如池塘养鱼可利用鱼类治蚊，达到灭蚊目的。另外，应用细菌制剂来杀灭吸血蚊的幼虫，效果也很好。

二、消灭鼠害

1. 建筑防鼠

从建筑方面采取措施防止鼠害。将墙基和地面用水泥制作，防止老鼠打洞；墙面光滑平直，防止老鼠攀登；通气孔、地脚窗和排水沟等出口均应安装孔径小于1cm的铁丝网，以防老鼠进入舍内。

2. 器械灭鼠

即利用夹、压、关、卡、扣、翻、粘、淹、电等灭鼠器械灭鼠。此法简便易行，效果可靠。近年来研制的电子灭鼠器和超声波驱鼠器就属于器械灭鼠。

3. 化学灭鼠

用化学药物来杀灭鼠类。灭鼠的化学药品种类很多，可分为灭鼠剂、熏蒸剂、绝育剂等类型。化学灭鼠剂具有效率高、使用方便、成本低、见效快的优点，但使用时应注意防止人、畜中毒。在使用灭鼠剂和绝育剂时，为了诱鼠上钩，常制成毒饵。多选用老鼠喜食的食物饵料，将药剂拌入其中，投毒饵时，要采取措施将羊隔离，防止误食中毒。熏蒸剂使用时常结合空舍消毒一并进行灭鼠，也可以用于鼠害严重的饲料库。同时要注意死鼠及时清除。

4. 中草药灭鼠

采用中草药灭鼠，可以就地取材，成本低，使用方便不污染环境，对人、畜较安全。但适口性差，鼠不易采食，且有效成分低，灭鼠效果较差。可用于灭鼠的中草药有狼毒、天南星等。

5. 生物灭鼠

利用鼠类的天敌灭鼠，养殖场很少采用此法。

第五节　实施羊肉产品危害分析与关键控制点管理体系

国际普遍接受的 HACCP（危害分析与关键控制点）管理体系是值得我国养殖业借鉴的控制方案。HACCP 体系的核心是用来保护食品在整个生产过程中免受可能发生的生物、化学、物理因素的危害，是食品质量安全的保证体系。利用 HACCP 的质量管理超前运作的理念，使食品从原料的生产到产品走上餐桌的全过程都实行工艺化、标准化控制。包括选址、选种、饲料生产与加工、疫苗药品的选择和使用、疫病控制、环境消毒等各环节。确认各生产环节存在的主要潜在危害，通过制定相应的操作程序、管理制度、考核标准，对可能出现的危害加以预防和控制，保证食品安全可靠。

第九章 肉羊场的机械和设施

第一节 羊场配套基本设施设备

一、饲槽

饲槽主要是用来饲喂饲料、饲草和青贮饲料，要求能减少浪费和保护饲草料不受污染。

（一）固定式饲槽

可用水泥、砖石等砌成，按形状可将固定式饲槽分为长形和圆形两种，适用于以舍饲为主的羊舍。

1. 长形饲槽

一般在羊舍内、运动场四周紧靠围栏下方或专门的补饲场内平行排列设置长形饲槽。一般双列对头式羊舍内，宜在中间走道两侧设置饲槽。而在双列对尾式羊舍内，应将长形饲槽修在前后墙的走道一侧。如果是单列式羊舍，饲槽应修在沿北墙和东西墙根处或靠北墙的走道一侧。饲槽的槽底呈半圆形，整体为上宽下窄，深20～25cm，上口宽约50cm，槽高40～50cm。

2. 圆形饲槽

一般设在专门的补饲场或运动场内。建造方法是在一个高40～50cm的圆形或方形支架上铺设一个圆形底盘，直径约2m；边缘要比盘底高出约15cm，在离边缘15cm的范围内围一个圆筒，高40～50cm。靠底盘的圆筒下边每隔10cm左右留一个方孔，方孔高20cm、宽12cm，再在圆筒内装置一个圆锥形光滑隔板，隔板的直径要与圆筒的内径一致。当把料或草加在盘上的圆筒内、隔板上时，就会有草料不断从方孔中滑落到圆盘边缘处的饲槽内。

（二）移动式饲槽

移动式饲槽先多用铁皮、角铁制成，形状参照长形固定饲槽，一般长1.5～2m，深20cm左右，下宽20cm，上宽25cm，槽底距地面5～10cm，以适应羊只在地面上啃草的采食习性。可在饲槽两端安装临时性但装拆方便的固定架，以防止羊只踏翻饲槽。

（三）悬挂式饲槽

把移动式饲槽悬挂在羊舍补饲栏的上方。断奶前的羔羊补饲适合使用此类饲槽，以羔羊吃料方便为适宜高度。

（四）结合式饲槽

常用的是栅栏式长形槽架，是一种实用方便、结构简单的草料两用饲槽。先用木条、竹条或三角铁、钢筋等加工成长 3~5m、宽 0.8~1.0cm 的栅栏，栏间保持 6~8cm 的距离。当饲槽为靠墙的固定饲槽时，可固定两个铁钩于紧靠饲槽的上两排，并将栅栏的下横梁挂在两个铁钩上，上横梁与墙呈 35°~40°，将两头带钩的两根钢筋挂在上排的两个铁钩上，带钩的钢筋可以同时起到支撑作用。如果是两侧同时饲喂的固定式长方形饲槽时，可用钢管或三角铁在饲槽两端固定一个平面与饲槽垂直的"T"形架，在与槽底等高的架脚两侧和 T 形架横梁的两端各安一个铁钩，再将两个栅栏呈 60°~70° 挂在"T"形架上。上述两种槽架既可补草喂料，又可以随时撤下另用。

（五）简易饲槽

双壁波纹管，从中间锯开一分为二，一根可以做两个食槽，这种管子的好处是便宜省时耐用。

二、草架

利用草架喂羊，可以减少浪费，避免草屑污染羊毛。

草架具有各种形式，有的靠墙设置固定的单面草架，亦可在运动场内设若干行双面草架。有的制作饲草饲料双用槽架，使用效果很好。草架隔栅可用多钢筋制成，栅间距离一般为 9~10cm。

三、羔羊补饲栏

主要用于羔羊补饲，可将多个栅栏、栅板或网栏在羊舍或补饲场靠墙围成足够面积的围栏，在栏间插入一个大羊不能入内而羔羊能自由出入的栅门。栏内食槽可放在中央或依墙而设。

四、母仔栏

母仔栏是羊场产羔时必不可少的一项设施，大多采用活动栏板，由两块栏板用合页连接而成。将此活动木栏在羊舍角隅呈直角展开，并将其固定于羊舍墙壁上，可围成 1.2m×1.5m 的母子间，准备供一母双羔或一母多羔使用。活动母仔栏依产羔母羊的多少而定，一般按 10 只母羊一个活动栏配备。如将两块栏板成直线安置，也可供羊隔离使用，也可以围成羔羊补饲栏，应依需要而定。

五、羔羊补饲栏

隔栏补饲是指在母羊活动集中的地方设置羔羊补饲栏，为羔羊补料的一项技术。其目的在于加快羔羊生长速度，缩小单、双羔及出生稍晚羔羊的大小差异；为以后提高育肥效果尤其是缩短育肥期打好基础；同时也减少羔羊对母羊吸奶的频率，使母羊泌乳高峰期保持较长时间。用于给羔羊补饲，栅栏上留一小羔羊可以自由进出采食，大羊不能进入的小门。

（一）需要隔栏补饲的羔羊

包括计划 2 月龄提前断奶的羔羊；计划两年三产母羊群的羔羊；冬季出生的羔羊；多胎母羊的羔羊；产羔期后出生的羔羊等。

（二）开始隔栏补饲的时间

规模较大的羊群一般在羔羊 15～21 日龄开始补料。如产羔期持续较长，羔羊出生不集中，可以按羔羊大小分批进行。规模较小的养羊户可选在发现羔羊有舔饲料动作时开始，最早的可以提前到羔羊 10 日龄时。

（三）隔栏补饲羔羊的配料

羔羊补饲的粗饲料以苜蓿干草或优质青干草为好，用草架让羔羊自由采食；精饲料主要有玉米、豆饼、麸皮等。要注意根据季节调整粗饲料和精饲料的饲喂量。例如，早春羔羊补饲时间在青草萌发前，干草要以苜蓿为主，同时混合精饲料以玉米为主；而晚春羔羊补饲时间在青草盛期，可不喂干草，但混合精饲料中除玉米以外，要加适量的豆饼，以保持日粮蛋白质水平不低于 15%。

（四）饲养管理隔栏面积

按每只羔羊 0.15m² 计算。隔栏进出口宽约 20cm、高 40cm，以不挤压羔羊为宜。定期对隔栏进行清洁与消毒。

（五）注意事项

开始补饲时，白天在饲槽内放少许玉米和豆饼，要求量少而精。每天不管羔羊是否吃完，翌日全部换成新料。待羔羊学会吃料后，每天再按其日进食量投料。一般最初日进食量为每只40~50g，后期为300~350g，全期消耗混合料8~10kg。投料时，以每天投喂1次、羔羊在30min内吃完为佳，时间可安排在早上或晚上，但要有较好的光线。饲喂中，若发现羔羊对饲料不适应，可以更换饲料种类。

六、分群栏

当羊群进行羊只鉴定、分群及防疫注射时，常需将羊分群。分群栏可在适当地点修筑，或用栅栏临时隔成。设置分群栏便于开展工作，抓羊时节省劳动力，这是羊场必不可少的设备。分群栏有一窄长的通道，通道的宽度比羊体稍宽，羊在通道内只能单行前进，不能回转向后。通道长度为6~8m，在通道两侧可视需要设置若干个小圈，圈门的宽度相同，由此门的开关方向决定羊只的去路。

七、干草架

可为幕式架棚、悬挂架、三脚架、铁丝长架和小木棒。不论何种支架，都可将牧草倒立于上或搭于其上，使草离地、通风，容易干燥。用干草架制备干草时，及时将草上架，使其含水量降至45%~50%。堆放草时，草的顶端朝里，同时应注意最低的一层牧草应高出地面，不与地面接触，这样既有利于通风干燥，也可避免牧草因接触地面而吸潮。在堆放完毕后，将草架两侧牧草整理平顺，雨水可沿侧面流至地面，减少雨水浸入草内。也可把割下的牧草架在树杈、院墙上干燥。

八、草棚

干草是指对天然或人工栽培的牧草或饲料作物进行适时收割，经过自然干燥方法或人工方法干燥，使之水分降到一定程度，能长期保存而不变质的草产品，是草食动物最基本、最主要的饲料之一，所以干草棚设计中防雨、防潮、通风、防日晒显得格外重要。贮草棚采用钢柱支体，半墙砌体半开放式地面建筑设计，上设房梁式罩雨棚。要求有良好的通风和防潮性能，可以有效地保护草料免受潮湿和虫害的侵害。

根据饲料原料的供应条件，干草棚应满足贮存3~6个月生产需用量的要求，干草棚尽可能地设在上风向地段，与周围羊舍至少保持50m距离，棚高

6m，单独建造，远离明火和高压线地区，并有防火标志，备有消防器材，有备无患。按照每只羊 1.5~2kg/日，一次压缩打捆干草压实密度 150~200kg/m³ 计算，有的羊场把一次压缩草捆在仓库里或贮草坪上贮存 20~30d，当其含水量降到 12%~14% 时进行二次压缩打捆，两捆压缩为一捆，其密度可达 350kg/m³ 左右，高密度打捆后，体积减小了一半，降低了贮存的成本。

草捆码垛时，草捆之间要留有通风间隙，以便草捆能迅速散发水分。但要注意底层草捆不能与地面直接接触，应垫上木板或水泥板做成高出地面的平台，台上铺上树枝、石块或作物秸秆约 30cm 厚，作为防潮底垫，四周挖好排水沟，堆成圆形或长方形草堆。长方形的草堆，一般高 6~10m，宽 4~5m；圆形草堆，底部直径 3~4m，高 5~6m。堆垛时，第一层先从外向里堆，使里边的一排压住外面的稍部。如此逐排向内堆排，成为外部稍低，中间隆起的弧形。每层 30~60cm 厚，直至堆成封顶。封顶用绳子横竖交错系紧。堆垛时应尽量压紧，加大密度，缩小与外界环境的接触面，要注意干草与地面、棚顶保持一定距离，便于通风散热。堆大垛时，为了避免垛中产生的热量难以散发，应在堆垛时每隔 50~60cm 垫放一层硬秸秆或树枝，以便于散热。

九、药浴池

为防止养羊疥癣病的发生，用"螨净"一年两次药浴是最有效的防治方法之一，因此，药浴池的建设和药浴的方法必须科学合理，符合规范要求，才能达到有效药浴的目的。

（一）药浴池组成

药浴池共分三部分：待浴栏、药浴池、滴水返流栏。

（二）药浴池建设选址

要求水位低，开挖 2.5m 深没有渗水；地势平坦干燥，供、排水方便；位置便利，照顾距离较远羊群。

（三）药浴池建设

1. 待浴栏

待浴栏是准备洗浴羊只统一管理的圈栏。其基本要求是根据每一个羊群只数多少，确定围栏修建面积大小。一般采用方形或圆形等形体，其目的就是圈羊。待浴栏地面可在待浴栏围墙修建完后，总体平整。平整时，待浴栏地面与泳池上口基本齐平或稍高 5~10cm。也可把地面用混凝土铺高 10cm。待浴栏围栏可用石头混凝土打地基，围栏墙体可采用钢管或石头或砖块混凝土等各种材料建造,墙体高度一般在 1.2m。待浴栏与泳池衔接处一般采用围墙在泳池始端 50cm 处衔接,呈"V"形衔接,方便药浴工作操作。

2. 药浴池

(1) 药浴池长度为 10~20m,羊从始端下水进入泳池,到返流栏终端,需 3~5min 才能浸泡浴透,并且在游泳过程中要将羊头压入浴液 2~3 次。

(2) 药浴墙体、池底全部采用混凝土现浇。地基宽度外径为 1.2~1.3m,一般采用毛石混凝土下地基 0.4m 厚,泳池断面呈梯形,下宽上窄,池底内径宽为 0.6m,上口内径宽为 0.7m。泳池断面外径宽为 1.2m,上口打平后,两边加 0.3m 宽、0.1m 厚水泥护平,以方便药浴时药浴人员行走。两边墙体厚度为 0.30~0.25m。泳池墙体深 2m,药浴时,药浴液一般保持在 1.7m 左右。池底最低处留排水孔两个,一般直径在 0.12m 左右较好。要在全长 20m 的 1/3 处至返流滴水栏砌成斜坡,斜坡呈 25°~30°,并筑有密集的台阶,以便羊药浴结束时进入返流滴水栏行走方便。

3. 返流滴水栏

(1) 返流滴水栏直径一般为 8~10m,形状不定,便于被浴羊身上带走的药液,滴干返流回药浴池即可。

(2) 返流滴水栏地面。返流滴水栏地面要求以浴池为中心,形成一个容易回流到药浴池的坡度,可采用混凝土现浇 0.1m 混凝土下可铺砂石 0.15~0.20m。

(3) 返流滴水栏墙体。采用混凝土毛石、混凝土红砖、钢管、角铁等建筑材料均可。

4. 使用注意事项

妊娠 2 个月以上的母羊禁浴;浴前 8h 停饲,入浴前 2h 羊群饮足水(以防羊因口渴饮药水);先药浴健康羊,后进疥癣羊;羊分开浴池在出口滴漏处稍停片刻,滴尽残液后赶入圈舍,6~8h 后饲喂;宜在剪毛后 7~10d 进行。毛太短沾药太少,毛太长药水透不湿皮肤,对治愈寄生虫不利;第 1 次浴后距离 8~14d 再补浴 1 次;操作员要戴口罩、橡胶手套以防中毒。

十、青贮窖

以砌体结构或钢筋混凝土结构建成的青贮设施,用以将置于其中的青绿饲草在厌氧环境下进行以乳酸菌为主导的发酵,导致酸度下降抑制微生物的存活,使青绿饲料得以长期保存。

(一) 基本要求

(1) 选址。选在地势高燥、地下水位低、远高水源和污染源、取料方便的地方。

（2）青贮窖建筑要坚固耐用、不透气、不漏水。

（3）采用砌体结构或钢筋混凝土结构建造。

（二）青贮窖容积

青贮饲料年需要量计算：

$$G=A\times B\times C$$

式中，G 为青贮饲料年需要量，单位为 kg；

A 为成年羊日需要量，单位为 kg/（d·只）；

B 为羊的数量，单位为只；

C 为饲喂天数，单位为 d。

青贮窖容积计算：

$$V=G/D$$

式中，V 为青贮窖容积，单位为 m^3；

G 为青贮饲料年需要量，单位为 kg；

D 为青贮饲料密度，单位为 kg/m^3。

（三）青贮窖建设

（1）青贮窖高度不宜超过 4.0m. 宽度不少于 6m，满足机械作业要求，长度 40m 以内；日取料厚度不少于 30cm。

（2）可根据青贮饲料的实际需要量建设数个连体青贮窖或将长青贮窖进行分隔处理。

（3）青贮窖形式。青贮窖分为地下式、半地下式和地上式 3 种形式。

（4）青贮窖墙体呈梯形，高度每增加 1m，上口向外倾斜 5~7cm，窖的纵剖面呈倒梯形。

（5）青贮窖底部要有一定坡度，坡比为 1：（0.02~0.05），在坡底设计渗出液收集池。

（6）青贮窖的墙体应采用钢筋混凝土结构，墙体顶端厚度 60~100cm；如果采用砖混结构、墙体顶端厚度 80~120cm，每隔 3m 添加与墙体厚度一致的构造柱，墙体上下部分别建圈梁加固。窖底用混凝土结构，厚度不低于 30cm。

十一、磅秤

为了定期称量羊的体重，了解饲养管理及发育情况，羊场应设置一些小型地秤，或利用普通秤称，在磅秤上设木条或钢筋制成的羊笼，羊笼的大小根据羊的体型决定，一般为长 140cm，宽 60cm，两端设活门，供羊称量时进出。

第二节　运输机械

羊场所需的饲料，所生产的毛、肉、皮等产品以及羊粪等的运输量很大，又加羊群比较分散，运输路程很长。应根据羊场的规模和运输路程，配备足够的汽车或拖拉机等运输工具，以代替人力及畜力运输。每个羊群还应有小型的自动或半自动运输工具，每天将干草等饲料从堆草圈及饲料间运输到饲喂场，并将羊舍和运动场里的粪便、褥草等运到积肥处。

一、手扶拖拉机

手扶拖拉机是一种小型拖拉机，以柴油机为动力，其小巧灵活且动力强劲，适合小规模经营农户的购买能力和使用条件。

二、轮式拖拉机

分后轮驱动和四轮驱动。大马力轮式拖拉机有较好的牵引性能，适于较大规模农牧场，可配备宽幅农具进行高速作业。

三、履带式拖拉机

履带式拖拉机也称"链轨拖拉机"或"履带拖拉机"，是拖拉机的一种。行走装置由引导轮、随动轮、支重轮、驱动轮及履带构成。运转时，驱动轮卷绕履带循环运动，支重轮在履带的轨道上滚动前进或后退。具有对土壤的单位面积压力小和对土壤的附着性能好（不易打滑）等优点，在土壤潮湿及松软地带有较好的通过性能，牵引效率也高。适于大型规模农牧场。

四、机动三轮车

机动三轮车是以柴油、汽油等燃油为动力的交通工具，在农村中特别盛行，基本每家每户都会见到，所以它是农村的主要交通运输工具之一。

五、载货车或卡车

载货车或卡车指主要用于运送货物的汽车，有时也指可以牵引其他车辆的汽车，一般可依照车的重量分为重型和轻型两种。绝大部分货车都以柴油引擎作为动力来源，但有部分轻型货车使用汽油、石油气或者天然气。

六、传输机

传输带设备在养羊业中可用于饲草饲料的传输和投放、粪便的清理和传输等，不受复杂地势的影响，可以长距离、高跨度进行作业，节省人工，提升工作效率，继而提高养殖经济效益。

七、撒料车

电动撒料车的主要作用是将成品的全混日粮直接抛喂在饲喂区域内一次性完成饲喂作业，电动撒料车广泛用于大中小型养羊场和养羊小区。

电动撒料车使用方法是把各种牧草、农作物、玉米秸秆、青贮、黄贮等纤维性饲料进行混合搅拌均匀后的全混日粮经过使用草料皮带输送机投入电动撒料车内进行撒喂作业，电动撒料车在牧场使用中不仅撒料均匀，撒料速度快，还可以在牧场进行运料作业，当牧场中有草料需要运输转移也可以使用电动撒料车进行工作，效率大大提高，同时在牧场中节能减排，无污染，无杂音，操作简单，大大节省人工劳动强度，降低劳动成本，提高养殖效率，是现代化养殖场的饲喂好帮手。

第三节　牧草收获机械

干草是养羊业在冬季的主要饲料，每年需要贮存、调制大量的牧草，才能保证羊的正常生理生产，安全越冬。但牧草收割要花费大量的人工，效率低下，耗费时间过长，且影响干草的质量。因此，羊场装备制草，搂草、堆垛和压捆等机械，实现牧草收获机械化，才能做到适时收割、调制、拉运和贮存，保证干草的产量和质量。

一、割草机

割草机作为农业生产中有着重要作用的工具，对农作物的产量有着最直接影响。割草机节省了割草工人的作业时间，减少了大量的人力资源。在畜牧业机械化高度发展的国家，新型割草机的研究正向着高速、节能的方向发展。相比较来说，侧挂式割草机更轻便、灵活、耐用、高效。

大型青贮机能快速收割玉米秸秆、苜蓿草、黑麦草等。多为收割加粉碎一体机。不受作物高低和倒伏情况限制，可以随意收割，可以准确定割茬高度，可将又高又粗的玉米秸秆进行切断打碎，该机设有自带料箱，使青贮，黄贮饲料顺利倒入运料车内。适合较大规模养殖户使用。

二、搂草机

是将散铺于地面上的牧草搂集成草条的牧草收获机械。搂草的目的是使牧草充分干燥，并便于干草的收集。按照草条的方向与机具前进方向的关系，搂草机可分为横向和侧向两大类。

1. 横向搂草机

有牵引式、悬挂式等类型，其工作部件是一排横向并列的圆弧形或螺旋形弹齿。作业时，搂草机弹齿尖端触地，将割草机割下的草铺搂成横向草条（即草条同机器的行进方向垂直）。因草条较紧密，不利于干燥，且夹杂多，不整齐，不利于后续作业。作业速度也较低，一般为 4~5km/h。这种机型搂集的搂集草条的大小可由人工控制，通常用于产量不高的天然草场。

2. 侧向搂草机

集成的草条与机器前进方向平行。草条外形整齐、松散、均匀，牧草移动距离小，夹杂少，适于高产天然草原和人工草场。根据工作部件的不同形式，可分为滚筒式搂草机、指轮式搂草机、旋转式搂草机。

三、打捆机

打捆机是指用来捆草的机械。分为液压打捆机和拖拉机拖挂式打捆机；从原料角度来讲又分为玉米秸秆打捆机、麦草打捆机、稻草打捆机等；从成品形状分为方草捆打捆机、圆草捆打捆机。

有如下特点：应用范围广，可对稻草、麦草、玉米秆、花生藤、豆秸、苜蓿等秸秆和牧草捡拾打捆；配套功能多，可直接捡拾打捆，也可先割草后捡拾打捆，还可以先粉碎再打捆；工作效率高，每天可捡拾打捆 120~200 亩，产量可达 20~50t。

四、牧草集垛机械

牧草集垛机械是指将铺放在地面的草条堆集成草垛的牧草收获机械。常用的是由拖拉机悬挂的液压推举式垛草机。

压缩式集垛机由连枷式捡拾抛送器、抛送筒、集垛箱、压缩盖棚和卸垛链板输送器等组成。作业时，捡拾抛送器将草条捡拾起来，通过抛送筒进入集垛箱。装满后机组停止前进，操纵压缩油缸使压缩盖棚向下运动，压缩箱内干草后再升起盖棚。机组继续前进捡拾草条。如此反复压缩 3~4 次，升起盖棚，启动卸垛链板输送器并打开集垛箱后门。将整个草垛送出机外。

非压缩式集垛机一般采用弹齿式捡拾器。拾起的干草经输送器送到切碎抛送装置，将干草切碎后抛入集垛箱，并借助高速抛送动作，使干草保持一定的紧密度。集满后卸在地面形成一个大草垛，草垛重量可达 5~8t。集垛机多配有运垛车，以便将整个草垛装运到使用或贮存地点。

第四节　饲草料加工机械

一、铡草机

主要用于铡切农作物秸秆和牧草等，因其切碎大都是粗饲料，适合养羊户使用。一般来说，铡草机分为电机和柴油机拖挂两种，也可配汽油机，柴油机。在使用过程中，日常维护和故障排查都需要养殖户们的注意。

铡草机使用注意事项：铡草机作业时，安全防护设备必须齐全。操作人员要充分了解机器性能，严禁酒后、带病或过度疲劳时开机作业，工作时人和物不得靠近运转部位。未满16周岁的青少年及未掌握机器使用规则的人不准单独作业。铡草机的工作场地应宽敞，并备有防火器材。投草时，操作者应站在喂料斗的侧面，严禁双手伸入投料斗的护罩内。同时要严格防止木棒、金属物、砖石等误入机内，以免损机伤人。严禁刀盘倒转。铡草机必须在规定的转速下工作，严禁超速、超负荷作业。更换动、定刀片的紧固件时，必须用8.8级螺栓以及8级螺母，不得用低等级的螺栓、螺母代替。工作时如发现异常响声，应立即停机检查。检查前必须切断动力，禁止在机器运转时排除故障。物料投入量应适当，过多易造成超载停转。当然也不能过少，过少会影响铡切效率。停止工作前，应先把变位手柄扳至"0"位，让机器空转2min左右，待吹净机内的灰尘、杂草后再停机。

二、揉丝机

秸秆揉丝机主要用于各种农作物秸秆及牧草的切碎加工，该设备可用电机、柴油机或30~56马力（1马力≈735W）拖拉机配套，主机由喂入机构、铡切机构、抛送机构、传动机构、行走机构、防护装置和机架等部分组成，具有结构合理、移动方便、自动喂料、安全可靠等特点。

揉丝机使用注意事项：为确保人身安全及秸秆揉丝机的正常工作，应指定专人负责保管和使用揉丝机，非工作人员不得随意操作机器。除按调试方法调试外，启动前必须仔细检查机器，本身及周围有无妨碍启动运转的物件，确认上机壳锁住。喂入台上除加工饲草外，不准放入任何东西。确保电气设备正常安全。闭合电源开关时，检查主轴运转方向是否符合机壳上箭头所指示的方向。工作前揉丝机空运转1~2min，检查转速是否符合要求，其他各部分是否有异常。喂入作物要均匀，不宜过多，以免堵塞。工作时操作者手不得靠近喂入传送带。当发生堵塞现象时，应马上停机，机器停稳后，打开上机罩壳，清理堵塞物后再重新启动。经常注意秸秆揉丝机运转中是否有异常声音。每班工作结束时，必须等喂入台上作物全部喂入后，出口不再有物料抛出时，再切断电源。

三、青贮机

适用于果实收获后的各种站立的干湿农作物秸秆的收割、粉碎。收获包括青黄贮玉米秸秆等高秆作物和大麦、燕麦、牧草、杂草等细软类饲料作物，甚至对倒伏的秸秆也可进行二次收割，粉碎后的农作物秸秆，可直接应用于养殖场、饲料厂青贮饲料或加工秸秆颗粒饲料。

四、裹包青贮机

一种新型的青贮饲料加工机械，它可以实现青贮饲料的专业化、规模化生产，商品化、产业化经营，从而大大提高农作物秸秆资源的饲料化利用。裹包机不仅改变了传统的地窖青贮需收获、切碎、运输、压实、封顶等复杂工艺，还解决了青饲料使用过程中二次氧化、腐烂和营养成分流失等问题，提高了青饲料品质与利用率，使青饲料更加优质安全。

技术要点：一要适时收割。一般来讲，对于青贮玉米收割的最佳时机是玉米籽粒乳熟末期、蜡熟前期，在玉米棒子蜡熟至70%完熟时，叶片尚未枯黄或玉米茎基部1~2片叶时开始。二要高密度打捆。用打捆机粉碎秸秆高密度压实打捆，将物料间的空气排出，最大限度地降低秸秆的氧化。三要密闭裹包。通过裹包机用优质的青贮塑料拉伸膜裹包起来，造成一个最佳的发酵环境，处于密闭状态，在厌氧条件下，经过2~3周，最终完成乳酸型自然发酵的生物化学过程，达到秸秆青贮的目的。

五、饲料粉碎机

饲料粉碎机主要用于粉碎各种饲料和各种粗饲料，饲料粉碎的目的是增加饲料表面积和调整粒度，增加表面积提高了适口性，且在消化道内易与消化液接触，有利于提高消化率，更好吸收饲料营养成分。

使用注意事项：粉碎机长期作业，应固定在水泥基础上。如果经常变动工作地点，粉碎机与电动机要安装在用角铁制作的机座上，如果粉碎机柴油作动力，应使两者功率匹配，即柴油机功率略大于粉碎机功率，并使两者的皮带轮槽一致，皮带轮外端面在同一平面上。粉碎机安装完后要检查各部紧固件的紧固情况，若有松动须予以拧紧。要检查皮带松紧度是否合适，电动机轴和粉碎机轴是否平行。粉碎机启动前，先用手转动转子，检查一下齿爪、锤片及转子运转是否灵活可靠，壳内有无碰撞现象，转子的旋向是否与机上箭头所指方向一致，电机与粉碎机润滑是否良好。不要随便更换皮带轮，以防转速过高使粉碎室产生爆炸，或转速太低影响工作效率。粉碎台启动后先空转 2~3min，没有异常现象后再投料工作。工作中要随时注意粉碎机的运转情况，送料要均匀，以防阻塞闷车，不要长时间超负荷运转。若发现有振动、杂音、轴承与机体温度过高、向外喷料等现象，应立即停车检查，排除故障后方可继续工作。粉碎的物料应仔细检查，以免铜、铁、石块等硬物进入粉碎室造成事故。操作人员不要戴手套，送料时应站在粉碎机侧面，以防反弹杂物打伤面部。

六、饲料粉碎搅拌一体机

饲料搅拌机由下方进料口加入需要混合的物料，由饲料搅拌机内的提升螺旋将搅拌物料从立式搅拌机的进料斗进入立式螺旋输送器，向上提升到达顶端后，再以伞状飞抛，从混料筒四周下落，从套筒底部的缺口处重新进入立式螺旋输送器，再次向上提升，如此循环搅拌混合直到混合均匀，打开出料口将物料卸出。

七、饲草料搅拌机

用于饲料搅拌机作业的设备，可将各种牧草、秸秆等纤维性饲料切碎并与精饲料混合搅拌均匀。可按照不同饲养阶段的营养需要，充分混合投喂，从而达到科学喂养的目的。投料顺序一般先粗后精，边加料边搅拌，物料加齐后再搅拌 4~6min，每批搅拌时间以 15min 左右为宜。饲草料搅拌机的推广使用可实现均匀投放饲料，保证每采食一口日粮都是精粗比例稳定、营养浓度一致的全价日粮，营养素能够被有效利用，节省饲料成本；饲养工不需要将精料、粗料和其他饲料分道发放，节约劳动力时间，减轻劳动强度，提高饲喂的效率。

第五节　其他机械设备

一、淋浴式药淋装置

通过机械对羊群进行药淋。药淋装置由机械和建筑两部分组成，圆形淋场直径为 8m，可同时容纳 250~300 只羊药浴。

药浴时，把羊赶入待淋羊圈。关闭待淋羊圈入口，开动药浴装置即行药淋。经过一段时间的药淋，药液渗透毛根，关闭水泵，待浴羊体药液基本流尽后打开出口栏放出浴羊，可进行重复药浴。这种药浴装置可以不用人工抓羊，节省劳力，降低了劳动强度，提高工效，避免羊只伤亡。但这种羊场药浴设施建筑费用高，一般适合大型羊场。

二、剪羊毛机

由剪头、中频微电机、电源开关和电缆线组成。剪羊毛前应先清除羊体的泥垢。操作时尽量使定刀片的整个宽度一条连接一条地剪，尽量减少重剪、漏剪；尽量贴紧羊皮剪切，以提高剪毛效率。在剪毛过程中，刀片不断由锐变钝，所以需经常检查刀片的使用情况，并经常磨刀片，使刀片在剪羊毛时发挥最大效能。

三、喷雾消毒设备

喷雾消毒设备使用高压柱塞容积泵压缩去除矿物质的水，高压水流通过喷嘴在一定压力下雾化成水雾，可以为一个或多个区域进行直接或间接喷雾。

四、焚烧炉

是无害化处理方面的一种无害化处理设备。利用煤、燃油、燃气等燃料的燃烧，将要处理的物体进行高温的焚毁碳化，以达到消毒的目的。

第十章 肉羊的饲养管理

第一节 羊饲养管理的一般原则

一、羊饲养的一般原则

（一）多种饲料合理化搭配

应以饲养标准中各种营养物质的建议量作为配合日粮的依据，并按实际情况进行调整。尽可能采用多种饲料，包括青饲料（青草、青贮料）、粗饲料（干草、农作物秸秆）、精饲料（能量饲料、蛋白质饲料）、添加剂饲料（矿物质、微量元素非蛋白氮）等，发挥营养物质的互补作用。

（二）切实注意饲料品质，合理调制饲料

要考虑饲料的适口性和饲用价值，有些饲料（如棉籽饼、菜籽饼等）营养价值虽高，但适口性差或含有害物质，应限制其在日粮中的用量，并注意脱毒处理。青、粗饲料及多汁饲料在羊的日粮中占有较大比例，其品质优劣对羊的生长发育影响较大，在日常饲养中必须引起足够重视，特别是秸秆类粗饲料，既要注意防霉变质，又要在饲喂前铡短或揉碎。

（三）更换饲料应逐步过渡

在反刍动物饲养中，由于日粮的变化处理不当而引起死亡的例子很多，尤其是羊，突然改变日粮成分则可能是致命的，至少会引起消化不良。这是因为反刍动物瘤胃微生物区系对特定日粮饲料类型是相对固定的，日粮中饲料成分变化，会引起瘤胃微生物区系的变化。当日粮饲料成分突然变化时，特别是从高比例粗饲料日粮突然转变为高比例精饲料日粮时，瘤胃微生物区系还未进行适应性改变，瘤胃中还不存在许多乳酸分解菌，最后由于产生过多的乳酸积累而引起酸中毒综合征。为了避免发生这种情况，日粮成分的改变应该逐渐进行，至少要过渡2~3周，过渡时间的长短取决于喂饲精饲料的数量、精饲料

加工的程度以及喂饲的次数。

（四）制定合理的饲喂制度

为了给瘤胃微生物群落创造良好的环境条件，使其保持对纤维素分解的最佳状况，繁殖生长更多的微生物菌体蛋白，在羊的饲养中除要注意日粮蛋白、能量饲料的合理搭配及日粮饲料成分的相对稳定外，还要制订合理的饲喂方式、饲喂量及饲喂次数。反刍动物瘤胃分解纤维素的微生物菌群对瘤胃过量的酸很敏感，一般 pH 值为 6.4~7.0 时最适合。如果 pH 值低于 6.2，纤维发酵菌的生长速率将降低；若 pH 值低于 6.0 时，其活动就会完全停止。所以在饲喂羊时，需要设法延长羊的采食时间和反刍时间，通过增加唾液（碱性的）分泌量来中和瘤胃中的酸，提高瘤胃液的 pH 值。合理的饲喂制度应该是定时定量，少食多餐，形成良好的条件反射，以提高饲料的消化率和饲料的利用率。

（五）保证清洁的饮水

羊场供水方式有分散式给水（井水、河水、湖塘水、降水等）和集中式给水（自来水供水）。提供饮水的井要建在没有污染的非低洼地方，井周围 20~30m 范围内不得设置渗水厕所、渗水坑、粪坑、垃圾堆和废渣堆等污染源。在水井 3~5m 的范围，最好设防护栏，禁止在此地带洗衣服、倒污水和脏物，水井至少距畜舍 30~50m。湖水、塘水周围应建立防护设施，禁止在其内洗衣或让其他动物进入饮水区。利用降水、河水时，应修建带有沉淀、过滤处理的贮水池，取水点附近 20m 以内，不要设厕所、粪坑和堆放垃圾。

二、羊管理的一般程序

（一）注意卫生，保持干燥

羊喜吃干净的饲料，饮清凉卫生的水。草料、饮水被污染或有异味，羊宁可受饿、受渴也不采食、饮用。因此，在舍内补饲时，应少喂勤添。给草过多，一经践踏或被粪尿污染，羊就不吃。即使有草架，如投草过多，羊在采食时呼出的气体使草受潮，羊也不吃而造成浪费。羊群经常活动的场所，应选高燥、通风、向阳的地方。羊圈潮湿、闷热，牧地低洼潮湿，寄生虫容易滋生，易导致羊群发病，使毛质降低，脱毛加重，腐蹄病增多。

（二）保持安静，防止惊吓

羊是胆量较小的家畜，易受惊吓。所以必须注意保持周围环境安静，以避免影响其采食等活动。

（三）夏季防暑，冬季防寒

绵羊夏季怕热，山羊冬季怕冷。绵羊汗腺不发达，散热性能差，在炎热天气相互间有借腹蔽荫行为（俗称"扎窝子"）。我国北方地区温度一般在 -10~30℃，故适于养羊，特别是适于养肉羊、细毛羊等。而在南方的高湿、高热地区，则适于饲养山羊。

一般认为羊对于热和寒冷都具有较好的耐受能力，这是因为羊毛具有绝热作用，既能阻止体热散发，又能阻止太阳辐射迅速传到皮肤，还能抵御寒冷空气的侵袭。相比之下，绵羊较为怕热而不怕冷，山羊怕冷而不怕热。在炎热的夏季绵羊常有停止采食、喘气和"扎窝子"等现象，应注意遮光避热。山羊对于寒冷具有一定的抵御能力。秋后羊体肥壮，皮下脂肪增多，羊皮增厚，羊毛长而密，能减少体热散发和阻止寒冷空气的影响。但环境温度过低，低于 3~5℃以下，则应注意挡风保暖。

（四）合理分群，便于管理

由于绵羊和山羊的合群性、采食能力和行走速度及对牧草的选择能力有差异，因而应首先将绵羊与山羊分开。绵羊属于沉静型，反应迟钝，行动缓慢，采食时喜欢低着头，采食短小、稀疏的嫩草。山羊属活泼型，反应灵敏，行动灵活，喜欢登高采食。

羊群的组织规模（一人一群的管理方式）一般是：种公羊群 20~50 只；细毛或半细毛育种母羊群 180~200 只；杂种母羊群 220~250 只；粗毛母羊群 300~350 只；青年羊群 300~350 只；断奶羔羊群 250~300 只；羯羊群 400~450 只。

（五）适当运动，增强体质

种羊和舍饲养羊必须有适当的运动。种公羊必须每天驱赶运动 2h 以上。舍饲养羊要有足够的畜舍面积和羊的运动场地，供羊自由进出，自由活动。山羊青年羊群的运动场内还可设置小山、小丘、供其踩踏，以增强体质。

第二节 不同生理阶段羊的饲养管理

一、种公羊的饲养管理

（一）影响公羊配种能力的因素

1. 遗传因素

一般种公羊的品种不同，配种能力不同。山羊种公羊配种能力比绵羊强，地方品种公羊配种能力比人工培育品种强，毛用羊配种能力比肉用羊强。

2. 营养因素

营养条件对公羊配种能力影响很大。其中富含蛋白质的饲料有利于精液的生成，是种公羊不可缺少的饲料，能量饲料不宜过少或过多。过少时，公羊体况消瘦、乏力、影响性欲。过多时，公羊肥胖，行动不便，同样影响性欲。食盐和钙、磷等矿物质元素对于促进消化机能、维持食欲和精液品质关系重大。一些必需脂肪酸（亚油酸、花生油酸、亚麻油酸和亚麻油烯酸）对于雄性激素的形成十分重要。胡萝卜素（维生素 A）不足容易引起睾丸上皮细胞角化，锰不足容易引起睾丸萎缩。

3. 气温因素

在夏季炎热时，有些品种有完全不育或配种能力降低的现象，表现为性欲不强、射精量减少、精子活率下降、数量减少、畸形精子或死精子的比例上升。家畜精子的生成需要较体温低的环境，阴囊温度较体温低。环境温度对公羊精子形成有直接影响。另外，气温通过对甲状腺活动的影响，间接抑制公羊的生殖机能。

4. 运动量

运动量与公羊的体质状况关系密切，若运动不足，公羊会很快发胖，使体质降低，行动迟缓，影响性欲。同时，使精子活力降低，严重时不射精。但运动量过大时，消耗能量过多，也不利于健康。

5. 年龄

公羊一般在 6~10 月龄时性成熟，开始配种以 12~18 月龄为宜。配种过早，会影响身体的正常生长发育，并降低以后的配种能力。公羊的配种能力通常在 5~6 岁时达到最高峰，7 岁以后配种能力逐渐下降。

（二）提高公羊配种能力的措施

1. 改善营养条件

种公羊应全年保持均衡的营养状况，不肥不瘦，精力充沛，性欲旺盛，即种用体况。种公羊的饲养可分为配种期和非配种期两个阶段。

（1）配种期。即配种开始前 45 天左右至配种结束这段时间。这个阶段的任务是从营养上把公羊准备好，以适应紧张繁重的配种任务。这时给公羊供应优质牧草，同时给公羊补饲富含粗蛋白质、维生素、矿物质的混合精饲料。蛋白质对提高公羊性欲、增加精子密度和射精量有决定性作用；维生素缺乏时，可引起公羊的睾丸萎缩、精子受精能力降低、畸形精子增加、射精量减少；钙、磷等矿物质也是保证精子品质和体质不可缺少的重要元素。据研究，一次射精需蛋白质 25~37g。1 只主配公羊每天采精 5~6 次，需消耗大量的营养物质和体力。所以，配种期间应喂给公羊充足的全价日粮。

种公羊的日粮应由种类多、品质好且为公羊所喜食的饲料组成。豆类、燕麦、青稞、黍、高粱、大麦、麸皮都是公羊喜吃的良好精饲料，干草以豆科青干草和燕麦青干草为佳。此外，胡萝卜、玉米青贮料等多汁饲料也是很好的维生素饲料，玉米籽实是良好的能量饲料，但喂量不宜过多，占精饲料量的1/4~1/3 即可。

公羊的补饲定额，应根据公羊体重、膘情和采精次数来决定。目前，我国尚没有统一的种公羊饲养标准。一般在配种季节每只每天补饲混合精饲料1.0~1.5kg，青干草（冬配时）任意采食，食盐 15~20g，采精次数较多时可加喂鸡蛋 2~3 个（带皮揉碎，均匀拌在精料中），或脱脂乳 1~2kg。种公羊的日粮体积不能过大，同时配种前准备阶段的日粮水平应逐渐提高，到配种开始时达到标准。

（2）非配种期。配种季节快结束时，就应逐渐减少精饲料的补饲量。转入非配种期以后，应以保持中等体况为准，日粮以干草为主，每天早、晚补饲混合精饲料 0.4~0.6kg、多汁料 1.0~1.5kg。夜间添加青干草 1.0~1.5kg。早、晚饮水各 1 次。

2. 加强公羊的运动

公羊的运动是配种期种公羊管理的重要内容。运动量的多少直接关系到精液质量和种公羊的体质。一般每天应坚持驱赶运动 2h 左右。公羊运动时，应快步驱赶和自由行走相交替。快步驱赶的速度以使羊体皮肤发热而不致喘气为宜。运动量以平均 5km/h 左右为宜。

3. 提前有计划地调教初配种公羊

如果公羊是初配羊，则在配种前 1 个月左右，要有计划地对其进行调教，一般调教方法是让初配公羊在采精室与发情母羊进行自然交配几次；如果公羊性欲低，可把发情母羊的阴道分泌物抹在公羊鼻尖上以刺激其性欲，同时每天用温水把阴囊洗干净、擦干，然后用手由上而下地轻轻按摩睾丸，早、晚各 1次，每次 10min，在其他公羊采精时，让初配公羊在旁边"观摩"。

有些公羊到性成熟年龄时，甚至到体成熟之后，性活动仍表现不正常，除进行上述调教外，配以合理的喂养及运动，还可使用外源激素治疗，提高血液中睾酮的浓度。方法是每只羊皮下或肌内注射丙酸睾酮 100mg，或皮下埋植 100~250mg；每只羊一次皮下注射孕马血清 500~1 200IU，或注射孕马血 10~15ml，可用两点或多点注射的方法；每只羊注射绒毛膜促性腺激素 100~500IU，还可以使用 LH 治疗。将公羊与发情母羊同圈饲养，以直接刺激公羊的性机能活动。

4. 确定合理的操作程序，建立良好的条件反射

为使公羊在配种期养成良好的条件反射，必须制定严格的种公羊饲养管理程序，其日程一般为：6: 00 舍外运动→7: 00 饮水→8: 00 喂精饲料 1/3，在草架上添加青干草→9: 00 按顺序采精→11: 30 喂精饲料1/3，鸡蛋，添青干草→13: 30 运动→15: 00 回圈，添青干草→15: 30 按顺序采精→17: 30 喂精饲料 1/3→18: 30 饮水，添青干草→21: 00 添夜草，查群。

5. 开展人工授精，提高优良种公羊的配种能力

自然交配时，公羊一次射精只能给 1 只母羊配种。采用人工授精，公羊一次射精，可给几只到几十只母羊配种，能有效提高公羊配种能力几倍到几十倍。

6. 加强品种选育，改善遗传品质

在公羊留种或选种时，要挑选具有较强的交配能力的种羊，或精液品质较好的种羊。

二、种母羊的饲养管理

母羊的饲养管理情况对羔羊的发育、生长、成活影响很大。按照繁殖周期：母羊的怀孕期为 5 个月，哺乳期为 4 个月，空怀期为 3 个月。

（一）空怀期母羊的饲养管理

空怀期即恢复期，母羊要在这 3 个月当中从相当瘦弱的状态很快恢复到满膘配种的体况是非常紧迫的。要保证胚胎充分发育及产后有充足的乳汁，空怀期的饲养管理是很重要的。只要母羊在配种前抓好膘，母羊都能整齐地发情受配。如有条件能在配种前给母羊补些精饲料，则有利于增加排卵数。

（二）怀孕期母羊的饲养管理

怀孕期母羊饲养管理的任务是保胎并使胎儿发育良好。受精卵在母羊子宫内着床后，最初 3 个月对营养物质需要量并不太大，一般不会感到营养缺乏，以后随着胎儿的不断发育，对营养的需要量增大。怀孕后期母羊所需营养物质比未孕期增加饲料单位 30%~40%，增加可消化蛋白质 40%~60%，此时期营养物质充足是获得体重大、毛密、健壮羔羊的基础。因此，要管理好、喂养好，早给予补饲。补饲标准根据母羊生产性能、膘情和草料储备多少而定，一般每只每天补喂混合精饲料 0.2~0.45kg。

对怀孕母羊饲养不当时，很容易引起流产和早产。要严禁喂发霉、变质、冰冻或其他异常饲料，禁忌空腹饮冰渣水，在日常管理中禁忌惊吓、急跑等剧烈动作，特别是在出入圈门或补饲时，要防止互相挤压。

母羊在怀孕后期不宜进行防疫注射。

（三）泌乳期母羊的饲养管理

母羊产后即开始哺乳羔羊。这一阶段的主要任务是要保证母羊有充足的乳供给羔羊。母羊每生产 0.5kg 乳，需消耗 0.3 个饲料单位、33g 可消化蛋白质、1.2g 磷和 1.8g 钙。凡在怀孕期饲养管理适当的母羊，一般都不会影响泌乳。为了提高母羊的泌乳力，应给母羊补喂较多的青干草、多汁饲料和精饲料。哺乳母羊的圈舍必须经常打扫，以保持清洁干燥。对胎衣、毛团、石块、碎草等要及时扫除，以免羔羊舔食引起疾病。应经常检查母羊乳房，如发现有奶孔闭塞、乳房发炎、化脓或乳汁过多等情况，要及时采取相应措施进行处理。羔羊断奶时，对母羊提前几天就要减少多汁料、青贮料和精饲料的补饲量，减少泌乳量以防乳房发炎。

三、羔羊的饲养管理

羔羊的饲养管理指断乳前的饲养管理。有的国家对羔羊采取早期断乳，然后用代乳品进行人工哺乳。目前，我国羔羊多采用 3~4 月龄断乳。

（一）羔羊的生理特点

初生时期的羔羊，最大的生理特点是前 3 个胃没有充分发育，最初起主要作用的是第四胃，前 3 个胃的作用很小。由于此时瘤胃微生物的区系尚未形成，没有消化粗纤维的能力，所以不能采食和利用草料。对淀粉的耐受力也很低。所吮母乳直接进入真胃，由真胃分泌的凝乳蛋白酶进行消化。随着日龄的增长和采食植物性饲料的增加，前 3 个胃的体积逐渐增大，在 20 日龄左右开始出现反刍活动。此后，真胃凝乳酶的分泌逐渐减少，其他消化酶逐渐增多，从而对草料的消化分解能力开始加强。

（二）造成羔羊死亡的原因

羔羊从出生到 40 日龄这段时间里，死亡率最高，分析死亡原因，主要是因为：①初生羔羊体温调节机能不完善，抗寒冷能力差，若管理不善，羔羊容易被冻死。这是冬羔死亡的主要原因之一。②新生羔羊由于血液中缺乏免疫抗体，抗病能力差，容易感染各种疾病，造成羔羊死亡。③羔羊早期的消化器官尚未完全发育好，消化系统功能不健全，由于饲喂不当，容易引起各种消化疾病，营养物质吸收障碍，造成营养不良，消瘦而死亡。④母羊在怀孕期营养状况不好，产后无乳、羔羊先天性发育不良、弱羔。⑤初产母羊或护子性不强的母羊所产羔羊，在没有人工精心护理的情况下，也很容易造成死亡。

（三）提高羔羊成活率的技术措施

1. 正确选择受配母羊，加强妊娠母羊管理

（1）正确选择受配母羊。①体型与膘情。体型与膘情中等的母羊，繁殖率、受胎率高，羔羊出生体重大、健康，成活率高。②母羊年龄。最好选用繁殖力高的经产母羊。初次发情的母羊，各方面条件较好的，在适当推迟初配时间的前提下也可选用。

（2）加强妊娠母羊管理。①妊娠母羊舍饲喂养，不吃霜草、冰碴草，不饮冷水。上下坡、出入圈门，都要缓步而行，避免母羊流产、死胎。②妊娠母羊及时补饲。母羊膘情不好，势必影响胎儿发育，致使羔羊体重小，体弱多病，对外界适应能力差，易死亡。母羊膘情不好，哺乳阶段缺奶，直接影响羔羊的成活。

2. 做好产羔准备和羔羊的护理工作

（1）准备产羔室。产羔室要选在光线充足，空气流通的屋子。用 5% 来苏尔彻底消毒，地上铺好干草。若是寒冷季节，产羔室的温度应保证在 5℃以上。

（2）及时接、助产。依妊娠母羊配种记录，算好临产日期，还要注意观察临分娩的表现，尽量避免母羊难产、初生羔羊假死、饿死等非正常死亡。①巧助产。产羔时若胎儿较大，母羊顺产情况下遇到胎儿过大母羊无力产出时，用手握住羊羔两前肢，随母羊努责，轻轻向下方拉出。遇有胎位不正时，要把母羊后躯垫高，将胎儿露出部分送回，手入产道，纠正胎位。羔羊产出后要用碘酒涂擦其脐带头，以防发生脐炎。②救假死。羔羊生下来时会因天气或缺氧出现假死，要立即抢救。办法是：先将羔羊呼吸道内的黏液和胎水清除

掉，擦净鼻孔。向鼻孔吹气，将羔羊放在前低后高的地方仰卧，手握其前肢，反复前后屈伸，用手轻拍胸部两侧，或向羔羊鼻孔喷烟，刺激羔羊喘气。对受凉冻僵的羔羊，应立即进行温水浴，洗浴时将羔羊头露出水面，水温由30℃渐升至40℃，水浴时间为20~30min。③护好羔。分娩完毕，给羔羊擦干后，首先把母羊奶头擦洗干净，挤出初乳，协助羔羊吃到初乳。如遇母羊缺奶，要人工哺乳喂一些奶粉。有的初产母羊，不认自生羔羊。遇此情况可将羔羊身上的黏液抹在母羊鼻端、嘴内，诱使母羊舔羔。

3. 羔羊喂养

精心、合理饲喂羔羊，提高羔羊对外界环境的适应能力。初生羔羊在产羔室生活7~10d，过了初乳期，就要放到室外进行饲养管理。

羔羊及时开草开料。出生后10~40d，应给羔羊补喂优质的饲草和饲料，一方面使羔羊获得更完全的营养物质；另一方面锻炼采食，促进瘤胃发育，提高采食消化能力。对弱羔可选用黑豆、麸皮，干草粉等混合料饲喂，日喂量由少到多。另外，在精饲料里拌些食盐（每天1~2g）。从出生后30d起，还可用切碎的胡萝卜混合饲喂。羔羊到40~80日龄时已学会吃草，但对粗硬秸秆尚不能适应，要控制其进食量，使其逐渐适应。

4. 搞好疫病的防治，提高羔羊成活率

羔羊疫病应以预防为主，在母羊怀孕后期，即在母羊产羔前30~40d时，对母羊肌内注射三联四防氢氧化铝菌苗进行羔羊痢疾、猝狙、肠毒血症及快疫免疫。羔羊生后12h内每羔均口服广谱抗菌药物土霉素0.125~0.25g，以提高抗菌能力和预防消化系统疾病。羔羊生后3~5d再服1∶4大蒜酊1小勺，10~15d灌服0.2%高锰酸钾溶液8~10ml进行胃肠消毒，30~45d再按每千克体重灌服丙硫咪唑15mg驱虫。羔羊棚舍以及周围环境，都要定期清扫消毒，勤换垫草保持羊舍干燥。

一旦羔羊发生疾病，应抓紧治疗，尤其是羔羊体温调节机能不够完善，羔羊感冒和肺炎两种疾病对其威胁最大。治疗用抗生素或磺胺类药物效果很好。另外，羔羊痢疾和白肌病对羔羊危害也较大，羔羊发病、死亡率较高。羔羊痢疾：可用痢特灵及复方敌菌净治疗，也可用土霉素0.2~0.3g/只灌服，每天3次，效果较好。羔羊白肌病：对10日龄以内的羔羊用0.1%亚硒酸钠2ml，口服维生素E胶囊100mg/次，5d后重复治疗1次；10日龄以上者0.1%亚硒酸钠4mg，口服维生素E胶囊100mg/次，每隔7d皮下注射1次，共2~3次为宜。

四、育成羊的饲养管理

育成羊是指断乳后到第1次配种的幼龄羊，即5~18月龄的羊。育成羊在第1个越冬期往往由于补饲条件差，轻者体重锐减，减到它们断乳时的体重，重者造成死亡。所以，此阶段要重视饲养管理，备好草料，加强补饲，避免造成不必要的损失。

冬羔羊由于出生早，断乳后正值青草萌发，可以采食青草，秋末体重可达35kg左右。春羔羊由于出生晚，断奶后采食青草时间不长，即进入枯草期，首先要保证有足够干草或秸秆，其次每天补给混合精饲料200～250g，种用小母羊500g，种用小公羊600g。

为了检查育成羊的发育情况，在1.5岁以前，从羊群抽出5%～10%的羊，固定下来，每月称重，检验饲养管理和生长发育情况，出现问题要及时采取措施。

第三节　商品肉羊的饲养管理

一、商品肉羊及特点

（一）育肥羊的来源。

1. 早期断奶的羔羊

一般指1.5月龄左右的羔羊，育肥50～60天，4月龄前出售，这是目前世界上羔羊肉生产的主流趋势。该育肥胴体质量好，价格高。

2. 断奶后的羔羊

3～4月龄羔羊断奶后肥育是当前肉羊生产的主要方式，因为断奶羔羊除小部分选留到后备羊群外，大部分要进行育肥出售处理。

3. 成年淘汰羊

主要指秋季选择淘汰老母羊和瘦弱羊为育肥的羊，这是目前我国牧区及半农半牧区羊肉生产的主要方式。

（二）育肥羊的生长发育

羔羊早期育肥是充分利用羔羊早期生长发育快，胴体组成部分（肌肉、骨骼）的增加大于非胴体部分，脂肪沉积少，瘤胃利用精料的能力强等有利因素，故此时育肥羔羊既能获得较高屠宰率，又能得到最大的饲料报酬。断奶后羔羊育肥：①对体重小或体况差的进行较长时间的适度育肥，让其进行一定的补偿生长发育。②对体重大或体况好的进行短期强度育肥，再发挥其生长潜力。成年羊育肥一般按照品种、活重和预期增重等指标确定肥育方式和日粮标准，在育肥成年羊的增重成分中，脂肪所占比例较大，饲料报酬不理想。

（三）影响羊育肥的因素。

1. 品种

品种因素是影响羊肥育的内在遗传因素。充分利用国外培育的专门化肉羊品种，是追求母羊性成熟早、全年发情、产羔率高、泌乳力强，以及羔羊生长发育快、成熟早、饲料报酬高、肉用性能好等理想目标的捷径。

2. 品种间的杂交

品种间的杂种优势大小直接影响羊的育肥效果，利用杂种优势生产羔羊肉在国外羊肉生产国普遍采用。他们把高繁殖率与优良肉用品质结合，采用 3 个或 4 个品种杂交，保持高度的杂种优势。据测定，2 个品种杂交的羔羊肉产量比纯种亲本提高约 12%，在杂交中每增加 1 个品种，产肉提高 8%~20%。

3. 育肥羊的年龄

年龄因素对育肥效果的影响很大。年龄越小，生长发育速度越快，育肥效果越好。羔羊在生后最初几个月内，生长快、饲料报酬高、周转快、成本低、收益大。同时。由于肥羔具有瘦肉多、脂肪少、肉品鲜嫩多汁、易消化、膻味小等优点深受市场欢迎。

4. 日粮的营养水平

同一品种在不同的营养条件下，育肥增重效果差异很大。

二、肉羊育肥技术

（一）育肥前的准备工作。

1. 肥育羊群的组织

根据育肥羊的来源，一般应按品种（或类别）、性别、年龄、体重及育肥方法等分别组织好羊群。羊群的大小，因采用的育肥方法而定。

2. 去势

去势后的绵羊，性情温驯，便于管理，容易育肥，同时还可减少膻味，提高羊肉品质。凡供育肥的羔羊，一般在生后 2~3 周龄去势。

但是，必须指出，国内外许多育肥羊的单位，对育肥公羔不予去势，其增重效果比去势的同龄公羔快，而且膻味与去势的羔羊无多大差别，故不少饲养单位对供育肥用的公羔不主张去势。

3. 驱虫

为了提高肉羊的增重效果，加速饲草料的有效转化，便于对育肥羊群的管理，在进入育肥期前，应对参加育肥的羊进行至少 1 次体内外寄生虫的驱虫工作。现在，驱虫药物很多，应当选用低毒、高效、经济的药物为主。驱虫时间、驱虫药物用量、排虫地点及有关注意事项，均应按事先制订的计划在兽医师指导下进行。

4. 消毒

对育肥羊舍及其设备进行清洁消毒，在羊进入圈舍育肥前，用3%~5%的火碱水或10%~20%石灰乳溶液或其他消毒药品，对圈舍及各种用具、设备进行彻底消毒。

5. 贮备充分的饲草饲料

确保整个育肥期不断草料。

（二）舍饲育肥

按饲养标准配制日粮，是肥育期较短的一种育肥方式，舍饲肥育效果好，肥育期短，能提前上市，适于饲草料资源丰富的农区。

羔羊包括各个时期的羔羊，是舍饲育肥羊的主体。大羊主要来源于育肥羊群，一般是认定能尽快达到上市体重的羊。

舍饲肥育的精饲料可以占到日粮的45%~60%，随着精饲料比例的增高，羊育肥强度加大，故要注意预防过食精饲料引起的肠毒血症和钙、磷比例失调引起的尿结石症等。料型以颗粒料的饲喂效果较好。圈舍要保持干燥、通风、安静和卫生。育肥期不宜过长，达到上市要求即可出售。

（三）育肥计划。

1. 进度与强度

绵羊羔育肥时，一般细毛羔羊在8~8.5月龄结束，半细毛羔羊7~7.5月龄结束，肉用羔羊6~7月龄结束，若采用强化育肥，育肥期短，且能获得高的增重效果。

2. 日粮配合

日粮中饲料应就地取材，同时搭配上要多样化，精饲料和粗饲料比例以45%和55%为宜。能量饲料是决定日粮成本的主要饲料，配制日粮时应先计算粗饲料的能量水平满足日粮能量的程度，不足部分再由精饲料补充调整；日粮中蛋白质不足时，要首先考虑饼、粕类植物性高蛋白质饲料。

肉羊育肥期间，每只每天需料量取决于羊个体状况和饲料种类。如淘汰母羊每天需干草1.2~1.8kg、青贮玉米3.2~4.1kg、谷类饲料0.34kg；而体重14~50kg的当年羔羊日需量则分别为0.5~1.0kg、1.8~2.7kg和0.45~1.4kg。但在以补饲为主时，精饲料的每天供给量一般是：山羊羔200~250g，绵羊羔500~1000g。

育肥羊的饲料可以草、料分开，也可精、粗饲料混合后喂给。精、粗饲料混合而成的日粮，因品质一致，羊不易挑拣，故饲喂效果较好，这种日粮可以做成粉粒状或颗粒状。粗饲料（如干草、秸秆等）不宜超过30%，并要适当粉碎，颗粒直径1~1.5cm。粉粒饲料饲喂应适当拌湿喂羊。粗饲料比例一般羔羊不超过20%，其他羊可加到60%。羔羊饲料的颗粒直径1~1.3cm，成年羊1.8~2.0cm。羊采食颗粒料育肥，日增重可提高25%，也能减少饲料浪费，但易出现反刍次数减少而吃垫草或啃木头等，使胃壁增厚，但不影响育肥效果。

3. 待育肥羊管理

收购来的肉羊当天不宜饲喂，只给予饮水和喂给少量干草，并让其安静休息。之后按瘦弱状况、体格大小、体重等分组、称重、驱虫和注射疫苗。育肥开始后，要注意针对各组羊的体况、健康状况和育肥要求，调整日粮和饲养方法。最初2~3周，要勤观察羊的表现，及时挑出伤、病、弱的羊。先检查有无肺炎和消化道疾病，并改善环境和注意预防。

4. 羔羊隔栏补饲

在母羊活动集中的地方设置羔羊补饲栏，为羔羊补料，目的在于加快羔羊生长速度，缩小单、双羔羊及出生稍晚羔羊的大小差异，为以后提高育肥效果（尤其是缩短育肥期）打好基础，同时也减少羔羊对母羊索奶的频率，使母羊泌乳高峰期保持较长时间。

需要隔栏补饲的羔羊包括：计划2月龄提前断奶的羔羊、计划2年3产母羊群的羔羊、秋季和冬季出生的羔羊、纯种母羊的羔羊、多胎母羊的羔羊、产羔期后出生的羔羊。

规模较大的羊群一般在羔羊2.5~3周龄开始补料。如产羔期持续较长，羔羊出生不集中，可以按羔羊大小分批进行。规模较小的羊群可选在发现羔羊有舔饲料动作时开始，最早的可以提前到羔羊10日龄时。

羔羊补饲的粗饲料以苜蓿干草或优质青干草为好，用草架让羔羊自由采食；1月龄前的羔羊补喂的玉米以大碎粒为宜，此后则以整粒玉米为好，应在料槽内饲喂。要注意根据季节调整粗饲料和精饲料的饲喂量。早春季节羔羊补饲时间在青草萌发前，干草要以苜蓿为主，同时混合精饲料以玉米为主；而晚春季节羔羊补饲时间在青草盛期，可不喂干草，但混合精饲料中除玉米以外，要加适量的豆饼，以保持日粮蛋白质水平不低于15%。

在不具备饲料加工条件的地区，可以采用玉米60%、燕麦20%、麸皮10%、豆饼10%的配方。每10kg混合料中加金霉素或土霉素0.4g。整粒装匀。

在具备饲料加工条件的地区，可以采用玉米20%、燕麦20%、豆饼10%、骨粉10%、麸皮10%、糖蜜30%的配方。每10kg精饲料加入金霉素或土霉素

0.4g。把以上原料按比例混合制成颗粒料，直径以 0.4~0.6cm 为宜。

隔栏面积按每只羔羊 0.15m² 计算；进、出口宽约 20cm，高 38~46cm，以不挤压羔羊为宜。对隔栏进行清洁与消毒。开始补饲时，白天在饲槽内放些玉米和豆饼，量少而精。每天不管羔羊是否吃净饲料，都要全部换成新料。待羔羊学会吃料后，每天再按日进食就投料。一般最初的日进食量为每只 40~50g，后期达到 300~350g，全期消耗混合料 8~10kg。投料时，以每天放料 1 次、羔羊在 30min 内吃净为佳。时间可安排在早上或晚上，但要有较好的光线。饲喂中，若发现羔羊对饲料不适应，可以更换饲料种类。

5. 饲喂与饮水

饲喂时避免羊拥挤和争食，尤其要防止弱羊采食不到饲料。一般每天饲喂 2 次，每次投料量以吃净为好。饲料一旦出现湿霉或变质时不要饲喂。饲料变换时，精饲料变换应新旧搭配，在 3~5d 换完；粗饲料换成精饲料应以精饲料先少后多、逐渐增加的方法，在 10d 左右换完。

羊饮水要干净卫生。每只羊每天的饮水量随气温变化而变化，通常在气温 12℃时为 1.0kg，15~20℃时为 1.2kg，20℃以上时为 1.5kg。饮用水夏季要防晒，冬季要防冻，雪水或冰水应禁止饮用。

（四）肉羊育肥。

1. 羔羊早期育肥

1.5 月龄断奶的羔羊，可以采用各种谷物类饲料进行全精饲料育肥，但玉米等高能量饲料效果最好。饲料配合比例为，整粒玉米 83%、豆饼 15%、石灰石粉 1.4%、食盐 0.5%、维生素和微量元素 0.1%。其中维生素和微量元素的添加量按千克饲料计算：维生素 A 为 5 000IU、维生素 D 为 1 000IU、维生素 E 为 20IU，硫酸锌为 150mg、硫酸锰为 80mg、氧化镁为 200mg、硫酸钴为 5mg、碘酸钾为 1mg。若没有黄豆饼，可用 10%鱼粉替代，同时把玉米比例调整为 88%。

羔羊自由采食、自由饮水，饲料的投给最好采用自制的简易自动饲槽，以防止羔羊四肢踩入槽内，造成饲料污染，降低饲料利用率，扩大球虫病与其他病菌的传播。饲槽离地高度应随羔羊日龄增长而提高，以饲槽内饲料不堆积或不溢出为宜。如发现某些羔羊啃食圈墙时，应在运动场内添设盐槽，槽内放入食盐或加等量的石灰石粉，让羔羊自由采食。饮水器或水槽内应始终有保持清洁的饮水。

羔羊断奶前 0.5 月龄实行隔栏补饲；或让羔羊早、晚一定时间与母羊分开，独处一圈活动，活动区内设料槽和饮水器，其余时期仍母子同处。羔羊育肥期常见的传染病是肠毒血症和出血性败血症。肠毒血症疫苗可在产羔前给母羊注射或断奶前给羔羊注射。一般情况下，也可以在育肥开始前注射快疫、猝疽和肠毒血症三联苗。

断奶前补饲的饲料应与断奶后育肥饲料相同。玉米粒不要加工成粉状，可以在刚开始时稍加破碎，待习惯后则以整粒饲料喂为宜。羔羊在采食整粒玉米的初期，有吐出玉米粒的现象，反刍次数增加，此为正常现象，不影响育肥效果。

育肥期一般为 50~60d。此间不断水、不断料。育肥期的长短主要取决于育肥的最后体重，而体重又与品种类型和育肥初重有关，因此合适的屠宰体重应视具体情况而定。

哺乳羔羊育肥时，羔羊不提前断奶，保留原有的母子对，提高隔栏补饲水平。3 月龄后挑选体重达到 25~27kg 的羔羊出栏上市，活重达不到此标准者则留群继续饲养。其目的是利用母羊全年繁殖，安排秋季和冬季产羔，供节日特需的羔羊肉。

2. 断奶后羔羊育肥

（1）断奶羔羊育肥的注意事项。在预饲期，每天喂料 2 次，每次投料量以 30~45min 内吃净为佳，不够再添，量多则要清扫；料槽位置要充足；加大喂量和变换饲料配方都应在 3d 内完成。断奶后羔羊运出之前应先集中，空腹 1 夜后次日早晨称重运出；入舍羊应保持安静，供足饮水 1~2d 只喂一般易消化的干草；全面驱虫和预防注射。要根据羔羊的体格强弱及采食行为差异调整日粮类型。

（2）预饲期。预饲期大约为 15d，可分为 3 个阶段。第一阶段 1~3d，只喂干草，让羔羊适应新的环境。第二阶段 7~10d，从第三天起逐步用第二阶段日粮更换干草，日粮第七天换完喂到第十天。日粮配方为玉米粒 25%、干草 65%、糖蜜 5%、油饼 4%、食盐 1%、抗生素 50mg。此配方含蛋白质 12.9%、钙 0.78%、磷 0.24%、精饲料和粗饲料比为 36：64。第三阶段 10~14d，日粮配方为玉米粒 39%、干草 50%、糖蜜 5%、油饼 5%、食盐 1%、抗生素 35mg。此配方含蛋白质 12.2%、钙 0.62%、精饲料和粗饲料比为 50：50。预饲期于第十五天结束后，转入正式育肥期。

（3）正式育肥期日粮配制。

精饲料型日粮。精饲料型日粮仅适于体重较大的健壮羔羊肥育用，如初期重 35kg 左右，经 40~55d 的强度育肥，出栏体重达到 48~50kg。日粮配方为：玉米粒 96%、蛋白质平衡剂 4%，矿物质自由采食。其中，蛋白质平衡剂的成分为上等苜蓿 62%、尿素 31%、黏固剂 4%、磷酸氢钙 3%，经粉碎均匀后制成直径 0.6cm 的颗粒；矿物质成分为石灰石 50%、氯化钾 15%，硫酸钾 5%，微量元素和盐成分是在日常喂外，再加入食盐。本日粮配方中，1kg 风干饲料含蛋白质 12.5%。总消化养分 85%。

管理上要保证羔羊每只每天食入粗饲料 45~90g，可以单独喂给少量秸秆，也可用秸秆当垫草来满足。进圈羊活重较大，绵羊为 35kg 左右，山羊 20kg 左右。进圈羊休息 3~5d 注射三联疫苗，预防肠毒血症，再隔 14~15d 注射 1 次。保证饮水，从外地购来的羊要在水中加抗生素，连服 5d。在用自动饲槽时，要保持槽内饲料不出现间断，每只羔羊应占有 7~8cm 的槽位。羔羊对饲料的适应期一般不低于 10d。

粗饲料型日粮。粗饲料型日粮可按投料方式分为两种。一种作普通饲槽用，把精饲料和粗饲料分开喂给；另一种作自动饲槽用，把精饲料和粗饲料合在一起喂给。为减少饲料浪费，对有一定规模化的肉羊饲养场，采用自动饲槽用粗饲料型日粮。自动饲槽口粮中的干草应以豆科牧草为主，其蛋白质含量不低于 14%。按照渐加慢换原则逐步转到肥育日粮的全喂量。每只羔羊每天喂量按 15kg 计算，自动饲槽内装足 1d 的用量，每天投料 1 次。要注意不能让槽内饲料流空。配制出来的日粮在质量上要一致。带穗玉米要碾碎，以羔羊难以从中挑出玉米粒为宜。

青贮饲料型日粮。以玉米青贮饲料为主，可占到日粮的 67.5%~87.5%，不宜应用于肥育初期的羔羊和短期强度肥育羔羊，可用于育肥期在 80d 以上的体小羔羊。育肥羔羊开始应喂预饲期日粮 10~14d，再转用青贮饲料型日粮。严格按口粮配方比例混合均匀，尤其是石灰石粉不可缺少。要达到预期日增重 110~160g，羔羊每天进食量不能低于 2.30kg。

配方可以选用：①碎玉米粒 27%、青贮玉米 67.5%、黄豆饼 0.5%、石灰石 0.5%、每千克饲料中维生素 A 为 1 100IU、维生素 D 为 110IU、抗生素 11mg。此配方中，风干饲料含蛋白质 11.31%、总消化养分 70.9%、钙 0.47%、磷 0.29%。②碎玉米粒 8.75%、青贮玉米 87.5%、蛋白质补充料 3.5%、石灰石 0.25%，每千克饲料中维生素 A 为 825IU、维生素 D 为 83IU、抗生素 11mg。此配方风干饲料中含蛋白质 11.31%、总消化养分 63.0%、钙 0.45%、磷 0.21%。

3. 成年羊育肥

（1）采用补饲型。夏季成年羊以放牧育肥为主，适当补饲精饲料，其日采食青绿饲料可达 5~6kg，精饲料 0.4~0.5kg，合计折合成干物质 1.6~1.9kg、可消化蛋白质 150~170g，育肥日增重 120~140g。秋季主要选择淘汰老母羊和瘦弱羊为育肥羊，育肥期一般 80~100d，日增重偏低。可采用使淘汰母羊配上种，怀胎肥育 60d 左右宰杀；或将羊先转入秋草场或农田茬子地放牧，待膘情转好后，再转入舍饲育肥。这种育肥方式的典型日粮配方有：①禾本科干草 0.5kg、青贮玉米 4.0kg、碎谷粒 0.5kg。②禾本科干草 1.0kg，青贮玉米 4.0kg、碎谷粒 0.7kg。③青贮玉米 4.0kg、碎谷粒 0.5kg、尿素 10g、秸秆 0.5kg。④禾本科干草 0.5kg、育贮玉米 3.0kg、碎谷粒 0.4kg、多汁饲料 0.8kg。

（2）颗粒饲料型。适于有饲料加工条件的地区和饲养的肉用成年羊和羯羊。颗粒饲料中，秸秆和干草粉可占 55%~60%，精饲料 35%~40%。典型日粮配方有：①禾本科草粉 35.0%、秸秆 44.5%、精饲料 20.0%、磷酸氢钙 0.5%。②禾本科草粉 30.0%、秸秆 44.5%、精饲料 25.0%、磷酸氢钙 0.5%。此配方饲料中含干物质 86%、粗蛋白质 7.4%、钙 0.49%、磷 0.25%、饲料的代谢能 7.106MJ/kg。

选择最优配方并严格按比例称量饲料。充分利用天然牧草、秸秆、灌木枝叶、农副产品以及各种下脚料，扩大饲料来源。合理利用尿素和各种添加剂。成年羊日粮中尿素可占到 1%，矿物质和维生素可占到 3%。安排合理的饲喂制度，成年羊日粮的日喂量依配方不同而有差异，一般为 2.5~2.7kg，每天投料 2 次，日喂量的调节以饲槽内基本不剩为宜。

喂颗粒料时，最好采用自动饲槽投料，雨天不宜在敞圈中饲喂，午后适当喂些青干草（按每只羊 0.25kg），以利于反刍。

第十一章　肉羊的繁殖

第一节　羊的生殖器官构造及功能

一、公羊的生殖器官构造及功能

公羊的生殖器官由睾丸、附睾、阴囊、输精管、副性腺、尿生殖道和阴茎等七部分组成。

（一）睾丸

睾丸为雄性生殖腺体，具有产生精子及合成和分泌雄性激素的功能。成年公羊的睾丸呈长卵圆形，左右各一，悬垂于腹下。绵羊的睾丸重 $400 \sim 500g$，山羊的睾丸重 $120 \sim 150g$。正常的睾丸触摸时，坚实，有弹性，阴囊和睾丸实质光滑而柔软。睾丸间质细胞分泌的雄激素能使公羊产生性欲和性行为，刺激第二性征，促进阴茎和副性腺的发育。

（二）附睾

附睾贴附于睾丸的背后缘，由头、体、尾三部分组成，是精子成熟和贮存的场所，并为精子提供营养。

（三）阴囊

阴囊是由腹壁形成的囊袋，有 2 个腔，2 个睾丸分别位于其中。阴囊具有温度调节作用，以保证精子正常生成。当外界温度下降时，借助内膜和睾外提肌的收缩作用，使睾丸上举，紧贴腹壁，阴囊皮肤紧缩变厚，保持一定温度；当外界温度升高时，阴囊皮肤松弛变薄，睾丸下降，阴囊皮肤表面积增大，以利散热降温。阴囊腔温度通常为 $34 \sim 36℃$。

（四）输精管

输精管是由附睾管延续而来，具有发达的平滑肌纤维，输精管平滑肌强力的收缩作用产生蠕动，将精子从附睾尾输送到壶腹，同时与副性腺分泌物混合，然后经阴茎射出。

（五）副性腺

副性腺有精囊腺、前列腺和尿道球腺三种。射精时它们和输精管壶腹的分泌物一起混合形成精清，精清与精子共同形成精液。

（六）尿生殖道

尿生殖道起自膀胱颈末端，终于龟头，可分为骨盆部和阴茎部。尿生殖道为尿液和精液的共同通道。

（七）阴茎

阴茎是公羊的交配器官，可分成根、体和龟头（或尖）三部分，其末端藏于包皮内。阴茎的功能是排尿和输送精液到母羊生殖道里。阴茎平时缩于包皮内，在配种或采精时受外界刺激，阴茎充血便勃起，由于尿生殖道的平滑肌发生收缩，精子从附睾进入输精管内与精清混合后从尿道生殖道排出。

二、母羊的生殖器官构造及功能

母羊的生殖器官由卵巢、输卵管、子宫、阴道、尿生殖前庭、阴门六部分组成。

（一）卵巢

卵巢位于腹腔肾脏后下方，由卵巢系膜悬挂在腹腔靠近体壁处，后端由卵巢固有韧带连接子宫角。卵巢左右各 1 个，呈杏仁形，长 1.0 ~ 1.5cm，宽 0.5 ~ 0.8cm，能够产生卵细胞，分泌雌性激素的功能，雌性激素激发第二性征的发育和性周期的变化。一定量的雌激素可以导致母羊发情、排卵，排卵后形成黄体，黄体细胞产生孕酮，促使子宫黏膜增厚，维持正常妊娠。

（二）输卵管

输卵管位于输卵管系膜内，是弯曲状的管道，两侧各有 1 条，靠近卵巢一端膨大呈漏斗状，称输卵管漏斗，边缘为花边状，称输卵管伞。输卵管前端粗而长，称为输卵管壶腹部，为受精场所。输卵管后端较短，细而直，称输卵管峡部，末端逐渐变细与子宫角前端相连接，无明显分界。输卵管是输送卵子到子宫的管道，也是受精的场所，受精卵或早期胚胎沿着输卵管运行到子宫。

（三）子宫

子宫大部分位于骨盆腔内或耻骨前缘部，背侧为直肠，腹侧为膀胱，前接输卵管，后接阴道，借助于两侧子宫阔韧带悬附于骨盆腔内。子宫由子宫角、子宫体和子宫颈构成。子宫角有 1 对，长 10~20cm，其尖端分别与两条输卵管相连接，前端卷曲呈绵羊角状，两子宫角后部与结缔组织等相连，形成伪体。子宫体较短，长约 2cm。子宫角和子宫体黏膜上有许多丘形隆起，称子宫阜，是胎膜和子宫壁结合的部位。子宫颈壁厚，管腔狭窄，长约 4cm，末端突入阴道，称子宫颈阴道部。子宫颈外口黏膜形成辐射状的皱褶，形似菊花，不发情和妊娠阶段子宫颈口紧闭。

（四）阴道

阴道是一伸缩性很大的管道，位于骨盆腔，背侧为直肠，腹侧为膀胱和尿道，前接子宫，后接尿生殖前庭，以尿道外口和阴瓣为界。羊的阴道长 10~14cm。阴道是母羊的交配器官和分娩时胎儿的产道，又是子宫颈、子宫黏膜和输卵管分泌物的排出管道。

（五）尿生殖前庭

尿生殖前庭位于骨盆腔内，连接阴道与阴门之间的一段，前高后低，稍微倾斜，底壁有不发达的前庭小腺，开口于阴蒂的前方。在尿道外口的腹侧有一盲囊，称尿道憩室。两侧壁有前庭大腺及其开口，为分支管状腺，发情时分泌物增多。尿生殖前庭是交配、排尿和分娩的通道。

（六）阴门

阴门位于肛门之下，是通入尿生殖前庭的入口，由左右两侧阴唇构成，其上、下两端分别为阴唇的上、下联合。上联合呈钝圆形，下联合突而尖。阴蒂较短，埋藏在阴蒂窝内。阴蒂由弹力组织和海绵组织构成，富含神经。因此，阴蒂是母羊的交配感觉器。发情时阴唇充血肿胀，阴蒂充血、外露。

第二节　羊的繁殖规律

一、性成熟及适宜初配年龄

羔羊生长到一定年龄，生殖机能达到比较成熟的阶段，此时生殖器官已经发育完全，并出现第二性征，能产生成熟的生殖细胞（精子或卵子），且具有繁殖后代的能力，此时称为性成熟。一般公羊在 6~10 月龄，母羊在 6~8 月龄，体重达成年体重的 70% 左右达性成熟。早熟品种 4~6 月龄性成熟，晚熟品种 8~10 月龄才达性成熟。公羊性成熟的年龄要比母羊稍大一些。我国的地方绵山羊品种 4 月龄时就出现性活动，如公羊爬跨、母羊发情等。但由于公、母羊的生殖器官尚未完全发育成熟，过早交配对本身和后代的生长发育都不利。羊的初配年龄一般在 12~18 月龄，早熟的品种、饲养条件较好的母羊可以提前配种。羔羊断奶后，公、母羊要分开饲养，防止早配或近亲交配。

二、发情与配种季节

绵羊、山羊均为短日照季节性多次发情动物，在夏末和秋季发情，且以秋季发情较为旺盛。除光照因素外，纬度、海拔、气温、营养状况等因素也影响发情。

粗放条件下饲养的绵羊、山羊，其发情季节性明显。饲养条件好的绵羊、山羊，一年四季都可以发情配种。公羊的性活动以秋季最高，冬季最低；精液的品质与温度和昼夜长短也有关，持续或交替的高温、低温变化，都会影响精液质量，因此公羊的利用期最好选择秋季和春季。母羊有较为严格的配种季节，尤其是季节性繁殖的母羊。年产 1 胎的母羊，有冬季产羔和春季产羔两种情况。其中，冬季产羔的母羊要在 8~9 月配种，在第二年 1~2 月产羔，春季产羔的母羊应在 11—12 月配种，在第二年 4—5 月产羔。两年产 3 胎的母羊，一般是第一年 5 月配种，10 月产羔；第二年 1 月配种，6 月产羔；9 月配种。第三年 2 月产羔。一年产两胎的母羊，要严格控制或缩短产后配种时间，可安排在 4 月配种，当年 9 月产羔；第二胎要在 10 月配种，翌年 3 月产羔。

三、发情与发情周期

性成熟后，母羊会有一系列性行为表现，并在一定时间排卵，这种现象称为发情。

（一）正常发情

1. 发情症状

母羊发情时由于发育的卵泡分泌雌激素，并在少量孕酮的协同作用下，刺激神经中枢，引起兴奋，使母羊表现出兴奋不安，对周围外界的刺激反应敏感，常鸣叫，举尾拱背，频频排尿，食欲减退，放牧的母羊离群独自行走，主动寻找和接近公羊，愿意接受公羊交配，并摆动尾部，后肢叉开，后躯朝向公羊，当公羊追逐或爬跨时站立不动。泌乳母羊发情时，泌乳量下降，不照顾羔羊。

2. 生殖道变化

母羊外阴部充血、肿胀、松软，阴蒂充血勃起。阴道黏膜充血、潮红、湿润并有黏液分泌，发情初期黏液分泌量少且稀薄透明，中期黏液增多，末期黏液稠如胶状且量较少。子宫颈口松弛、开张，充血肿胀，腺体分泌增多。

3. 卵巢变化

母羊发情开始前，卵巢卵泡已开始生长，至发情前 2~3d 卵泡发育迅速，卵泡内膜增生，到发情时卵泡已发育成熟，卵泡液分泌不断增多，使卵泡容积更加增大，此时卵泡壁变薄并突出卵巢表面，在激素的作用下促使卵泡壁破裂，致使卵子被挤压而排出。

（二）异常发情

母羊异常发情多见于初情期后、性成熟前以及繁殖季节开始阶段，也有因营养不良、内分泌失调、疾病以及环境温度突然变化等引起的异常发情。常见有以下几种。

1. 安静发情

由于雌激素分泌不足，发情时缺乏明显的发情表现，卵巢上卵泡发育成熟但不排卵。

2. 短促发情

由于发育的卵泡迅速成熟并破裂排卵，也可能卵泡突然停止发育或发育受阻而缩短了发情期。如不注意观察，就极容易错过配种期。

3. 断续发情

母羊发情延续时间很长，且发情时断时续，常发生于早春及营养不良的母羊。其原因是排卵机能不全，以致卵泡交替发育，一侧卵巢内卵泡发育，产生雌激素使母羊发情，但当卵泡发育到一定程度后萎缩退化，而另一侧卵巢又有卵泡发育，产生雌激素，母羊又出现发情。如果调整饲养管理并加强营养，母羊可以恢复正常发情，并正常排卵，配种也可受孕。

4. 孕期发情

大约有3%的绵羊母羊怀孕中期的有发情现象。其主要原因是由于激素分泌失调，怀孕黄体分泌孕酮不足，而胎盘分泌雌激素过多所致。母羊在怀孕早期发情，卵泡虽然发育，但不发生排卵。

（三）发情周期

母羊出现第一次发情以后，其生殖器官及整个机体的生理状态有规律地发生一系列周期性变化，这种变化周而复始，一直到停止繁殖的年龄为止，这称为发情的周期性变化。发情周期的计算，一般从这一次发情开始到下一次发情开始为一个发情周期。一般绵羊为14~20d，平均为16d；山羊为18~23d，平均为20d。母羊从发情开始至发情结束所经过的时间称为发情持续期，一般绵羊为24~36h，山羊为24~48h。

四、排卵与适时配种

绵羊和山羊均属自发性排卵动物，即卵泡成熟后自行破裂排出卵子。排卵时间，绵羊在发情开始后20~30h；山羊在24~36h。配种一般应在发情开始后12~24h。在实际生产中，一般上午发现发情母羊，16:00—17:00进行第一次交配或输精，第二天上午进行第二次交配或输精；如果是下午发现发情母羊，则在第二天8:00—9:00进行第一次交配或输精，下午进行第二次交配或输精。

五、受精与妊娠

（一）受精

受精是指精子进入卵细胞，二者融合成一个细胞（合子）的过程。受精的过程大体分为以下3个阶段。

1. 精子由射精部位运行至受精部位

由于羊属于阴道射精型动物，即在交配时公羊的精液射在阴道内子宫颈口的周围。因此，精子首先要进入子宫颈，然后再进入子宫和子宫角，最后进入输卵管。在输卵管的蠕动作用下，精子运行到输卵管峡部。

2. 精子进入卵子

由于卵子周围有大量的卵丘细胞，因而使精子的接触目标变大。当精子进入卵丘细胞时，一方面靠本身的活力，另一方面靠精子头部的顶体释放出透明质酸酶和蛋白质分解酶，分解卵丘细胞之间的黏合基质，使精子进入透明带。

3. 原核形成和配子融合

当精子的头部与卵黄膜相接触，便激活了卵子，使卵细胞从休眠中开始发育，卵黄膜表面出现突起，精子的头部便由此入卵。精子入卵后，引起卵黄紧缩，并排出液体至卵黄膜间隙。此时，精子的头部膨大，失去原来的特异形状，尾部脱落，核内形成许多核仁，继而融合。绵羊、山羊从精子入卵到完成受精的时间为16~21h。

（二）妊娠

受精结束后就是妊娠的开始。从精子和卵子在母羊生殖道内形成受精卵开始，到胎儿产出时所持续的日期称为妊娠期，通常从最后一次配种或输精的那一天算起至分娩之日止。绵羊的妊娠期为146~157d，平均为150d；山羊的妊娠期为146~161d，平均为152d。妊娠期的长短与品种、年龄及胎儿数、性别以及外界环境因素等有关，一般本地羊比杂种羊短些，青壮年羊比老、幼龄羊短些。

六、妊娠母羊形态和生殖器官的变化

母羊妊娠后，随着胚胎的生长发育，母体的形态和生理发生许多变化。

（一）母羊的生长

母羊怀孕后，新陈代谢旺盛，食欲增进，消化能力提高。因此，怀孕母羊由于营养状况的改善，体重增加，毛色光亮。青年母羊的继续生长不受妊娠的影响，在适当的营养条件体重增加，但营养不足时则体重下降，甚至造成胚胎早期死亡，尤其是在妊娠前期，营养水平的高低直接影响胎儿的发育。妊娠末期，母羊因不能消化足够的营养物质以供胎儿的发育，需要消耗妊娠前半期贮存的营养物质，在分娩前常常消瘦。因此，在妊娠后期更需加强营养，保证母羊本身和胎儿发育的需要。

（二）卵巢变化

母羊受孕后，胚胎开始形成，卵巢上的黄体成为妊娠黄体继续存在，从而中断发情周期。

（三）子宫变化

随着怀孕期的进展，在雌激素和孕酮的协同作用下，子宫逐渐增大，使胎儿得以伸展。子宫的变化有增生、生长和扩展三个时期。子宫内膜由于孕酮的作用而增生，主要变化为血管分布增加、子宫腺增长、腺体卷曲及白细胞浸润；子宫的生长是胚胎附植后开始，主要包括子宫肌肥大、结缔组织基质的广阔增长、纤维成分及胶原含量增加；子宫的生长和扩展，首先是由子宫角和子宫体开始的。怀孕时子宫颈内膜的脉管增加，并分泌一种封闭子宫颈管的黏液，称为子宫颈栓，使子宫颈口完全封闭。

（四）阴户及阴道的变化

怀孕初期，阴唇收缩，阴户裂禁闭。随着妊娠期进展，阴唇的水肿程度增加，阴道黏膜的颜色变为苍白，黏膜上覆盖由子宫颈分泌出来的浓稠黏液；妊娠末期，阴唇、阴道变为水肿且柔软。

（五）子宫动脉的变化

由于子宫的生长和扩展，子宫壁内血管也逐渐变得较直，由于供应胎儿的营养需要，血量增加，血管变粗，同时由于动脉血管内膜的皱褶增高变厚，而且因它与肌肉层的联系疏松，所以，血液流过时造成的脉搏从原来清楚的跳动变成间隔不明显的颤动，这种间隔不明显的颤动，叫作怀孕脉搏。

第三节 羊的发情鉴定和妊娠鉴定

一、发情鉴定

发情鉴定是绵羊、山羊繁殖工作中一项重要的技术环节。通过发情鉴定可以掌握母羊发情情况，确定配种适期，做到及时配种或人工授精，提高受胎率。发情鉴定方法有试情法、外部观察法、阴道检查法、直肠检查法和实验室检查法等，生产中常以试情法为主，结合外部观察法进行。

（一）试情

试情公羊（结扎输精管或腹下戴布兜）按一定比例（一般1∶40），每日一次或早晚各一次定时放入母羊群中。可以在试情公羊的胸部绑上涂有颜料的印板，当公羊爬跨时将标志印在母羊臀部，从而认出发情母羊。

（二）外部观察

母羊发情后，主动接近公羊，摇尾示意，求偶要求明显，当公羊用前蹄轻踢其腹部和爬跨时，母羊静立不动或回顾公羊。山羊的发情征状比绵羊明显，表现出兴奋不安、不断鸣叫、强烈摇尾、外阴部潮红肿胀、爬胯其他母羊等行为。绵羊的发情征状不明显，仅有不安、摇尾，阴唇轻微肿胀、充血，黏膜湿润等表现。

二、妊娠鉴定

配种后常对母羊进行妊娠诊断，其目的是确定母羊是否妊娠，以便按妊娠母羊的要求，加强饲养管理，维持母羊健康，保证胎儿的正常发育，防止胚胎早期死亡或流产。如果确定没有妊娠，则应密切注意下次发情，做好再次配种准备，并及时找出未孕的原因。目前，妊娠诊断常采用以下方法。

（一）外部检查法

母羊妊娠以后，一般表现为周期发情停止，食欲增进，营养状况改善，毛色润泽光亮，性情变得温顺、安静。妊娠 3 个月以后腹部明显增大，右侧比左侧更为突出，乳房胀大。右侧腹壁可以触诊到胎儿，在胎儿胸壁紧贴母体腹壁时，可以听到胎儿的心音。根据这些外部表现诊断是否妊娠。

（二）阴道检查法

母羊怀孕 3 周后，当开膣器刚打开阴道时，阴道黏膜为白色，几秒钟后即变为粉红色。

（三）孕酮含量测定法

配种后，如果未妊娠，母羊血浆孕酮含量因黄体退化而下降，而妊娠母羊则保持不变或上升。这种孕酮水平差异是母羊早期妊娠诊断的基础。配种后 20～25d，妊娠绵羊血浆中孕酮含量大于 1.5ng/ml；妊娠奶山羊乳汁孕酮含量大于或等于 8.3ng/ml，血浆孕酮含量大于或等于 3ng/ml。准确率可达 90%～100%。

第四节　羊的人工授精技术

人工授精是用人工方法将公羊精液采出，经稀释等处理后输入发情母羊体内使其受孕的方法。

一、人工授精优点

（一）提高优良种公羊的利用率

绵山羊如自然交配，每只公羊交配一次，只能使 1 只母羊受孕，一个配种季节，1 只种公羊只能配 50～80 只母羊。如果采用人工授精的方法，可以把 1 只公羊一次射出的精液稀释后对几十只母羊人工授精，种公羊的利用率可提高 20 倍左右。在当前绵山羊改良过程中良种公羊不足的情况下，采用人工授精技术，就可以大大提高种公羊的利用率，用较少的良种公羊，繁殖大量优质或杂交羊，加快良种推广速度。

（二）少养种公羊

节省饲料、饲草和饲养管理费用，降低养羊成本，特别是在肉用种公羊主要靠国外引进的情况下，可以减少种羊进口，节省大量外汇。

（三）提高母羊的受胎率

人工授精可以将种公羊的精液准确地输入到发情母羊的子宫或子宫颈内，增加了卵子受精机会，克服了母羊因子宫颈位置不正或阴道疾病造成的不易受孕的问题，提高受胎率。

（四）防止疾病传染

自然交配公母羊直接接触，容易传播某些传染病和生殖器官疾病，而采用人工授精，公母羊不直接接触，疫病不易传播。

（五）延长和扩大种公羊精液的利用年限和供种范围

精液通过稀释、保存，特别是冷冻精液可以长期保存和远距离运输，不受时间和地域的限制，解决了种公羊不足地区母羊的配种问题。

二、人工授精器械和常用药品

（一）器械

干燥箱、恒温箱、显微镜、盖玻片、载玻片、擦镜纸、血细胞计数器、pH试纸、长柄镊子、酒精灯、滤纸、假阴道外壳、假阴道内胎、气嘴、胶塞、集精瓶、凡士林、量筒、玻璃棒、温度计、采精架、开膣器、注射器或输精器、输精调节器、手电筒、磁盘、脸盆、毛巾、肥皂等。

（二）药品

0.9%氯化钠溶液、柠檬酸三钠、葡萄糖、EDTA（乙二胺四乙酸二钠）、氢氧化钠、乳糖、果糖、新鲜鸡蛋、青霉素、链霉素、蒸馏水。

三、采精场所的准备

采精一般要在固定的采精场或采精室进行。采精场所应该宽敞、平坦、安静、清洁、挡风避雨，并注意地面防滑，设有采精架保定台羊，供公羊爬跨，便于采精。台羊可以用同品种活母羊或公羊，也可以用假台羊。采精架可以用木材做成塔井形，上有活闩，架高 50~60cm，上闩宽 20cm 左右，下闩宽 25cm 左右，也可根据不同品种的体型而定。

四、采精前的准备

（一）器材的清洗与消毒

凡是采精、输精及与精液接触的一切器械、用具，都必须做到清洁、无菌、干燥。不管是新购进的器具，还是已使用过的器具，都要仔细洗刷干净，然后消毒，存放在清洁的橱柜或搪瓷盘内，用消毒过的纱布盖好备用。

常用的洗涤剂是2%~3%的碳酸氢钠溶液，也可用洗洁精。器材用洗涤剂洗刷后，必须立即用清水多次冲洗以不留残迹，然后严格消毒备用。各种器材消毒方法如下：

玻璃器材：最好采用电热鼓风干燥箱进行高温干燥消毒，温度控制在130~150℃，持续消毒20~30min，待温度降至60℃以下时，方可开箱取出使用。也可采用高压蒸汽消毒。

橡胶制品：一般采用75%的酒精棉球擦拭消毒（最好再用95%酒精棉球擦拭一次，以加速挥发残留在橡胶上面的水分和酒精）然后用生理盐水冲洗。

金属器械：可用新洁尔灭等消毒溶液浸泡，然后用生理盐水等冲洗干净，也可以用75%的酒精棉球擦拭或用酒精灯火焰消毒。

溶液：如润滑剂、生理盐水等，可隔水煮沸20~30min或用高压蒸汽消毒，消毒时为了避免玻璃瓶爆裂，瓶盖要取下或在橡胶皮塞上插上大号注射针头，瓶口用纱布包扎。

（二）假阴道的准备

假阴道是采精的主要工具。采精成功与否取决于假阴道的温度、压力和润滑度。采精前，在假阴道灌入50℃左右的温水150~180ml，然后用消毒过的玻璃棒蘸上凡士林等润滑剂，均匀地涂在内胎的前1/2~2/3的地方，增加润滑度。再从活塞孔吹入适量空气，当假阴道内胎口呈三角形时，即表示压力合适。假阴道内胎的温度，以保持到39~41℃为宜。羊对假阴道内的温度比压力更敏感。因此，要特别注意温度的调节。

五、采精

采精是人工授精的第一步，包括采精技术操作和采精频率等。

（一）采精操作

将公羊引到台羊前，采精员半蹲在台羊后部右侧，右手持已准备好的假阴道。当公羊爬胯台羊时，迅速将阴茎导入假阴道内。采精员在采精时要注意假阴道倾斜的角度与公羊阴茎伸出方向成一直线。公羊射精时间非常短促，用力向前一冲时即行射精，因此要求采精员动作敏捷准确，注意防止阴茎导入时突然弯折而损伤，要紧紧握住假阴道，防止掉落。射精后，采精员即将假阴道的集精杯一端朝下，以便精液流入集精杯中。当公羊跳下时，假阴道随着阴茎后移，不要抽出。阴茎由假阴道自行脱出后，即将假阴道直立，筒口向上，并立即送至化验室，取下集精杯，以备检查。

（二）采精频率

合理安排公羊的采精频率，对维持公羊正常的性机能、保持健康的体质和最大限度地提高采精数量和质量都是十分重要的。1.5 岁左右的公羊，如初次参加配种，每天 1~2 次；2 岁半以上公羊，每天则可采 3~4 次，分上下午进行。也可以第一次采精后隔 5~10min 再采第二次。因第一次采精时，性兴奋未消除，第二次射精量较大，且活力更强。

种公羊隔天采精 1 次的方式，利用率明显不足。据有关试验结果看，采精频率 1d 1 次时，持续采精 5d 休息 1d，经两个反复，与隔天采精 1 次比较，公羊性欲、精液品质均无大变化，而个体采精量显著提高。在持续 3d 的不同采精频率中，1d 2 次采精的采精量高于 1d 1 次采精量，1d 3 次采精量又高于前两者。在母羊发情配种季节里，初步认为采精方式以 1d 采精 1 次，持续 5d，或 1d 采精 2 次，隔日持续 3d 的方式较为适宜。

六、精液品质检查

精液品质检查的目的是鉴定精液品质的优劣。评定的各项指标既是确定新鲜精液进行稀释、保存的依据，又可以反映公羊饲养管理水平和生殖器官机能是否正常。因此，精液品质鉴定是诊断公羊不育或确定种用价值的重要手段。同时也是辨别精液在稀释、保存、冷冻和运输过程中的品质变化及处理效果的重要依据。

（一）影响精子存活的各种因素

1. 温度

温度影响精子的运动和生存。37~38℃环境中，精子能正常活动。随着温度的升高，精子活力加强，在 45~50℃时，精子活动异常激烈。54~56℃时，精子迅速死亡。温度下降精子活动缓慢，10℃以下，精子呈摆动状态，5℃左右即停止活动。

2. 渗透压

精子只能在等渗溶液中才能保持正常的形态和活力。羊的精液渗透压为

0.64℃（0.55~0.70℃）。溶液的渗透压高，精子内部水分被吸出而发生皱褶，迅速死亡；溶液渗透压低，则溶液内的水分进入精子体内，而使精子体发生膨胀，甚至破裂。因而在操作过程中，应尽量避免将水混入精液中，所用的稀释液也要与精液等渗。

3. 酸碱度（pH 值）

酸性溶液能抑制精子活动，弱碱性溶液则可增强其活动。适于精子存活的pH 值为 7.0 左右。

4. 光照

阳光中的紫外线可造成精子受精能力下降，为了减少紫外线对精子的伤害，精液应贮藏在有色瓶内，处理时应在室内进行。

5. 化学药品及气味

药品、纸烟、酒精等对精子均有危害。因此，在操作过程中要避免有挥发性和特殊气味的药物混入精液中。

（二）精液检查

操作的基本原则是采得的精液要迅速置于 30℃ 左右的恒温水浴或保温瓶中，以防温度下降，对精子造成低温应激。精液的实验室检查要保持室温在 18~30℃ 和显微镜周围 37~38℃ 下进行；检查精液时要求动作迅速；取样要有代表性，要求从全部并轻轻摇动的精液中取样；操作过程中不应使精液品质受到损害和其他异物的影响。对精液品质检查项目很多，主要项目要重点检查与定期全面检查，有些重要项目必要时应重复 2~3 次，取其平均值作为结果。对 1 只公羊精液品质和种用价值的评价，不能以少数几次检查的结果，而应以多次评定记录作为综合分析的依据。

（三）精液品质鉴定的项目及其方法

羊的精液品质鉴定指标包括：射精量、色泽、气味、云雾状、活力和密度等；定期检查指标包括：精子形态、抵抗力测定、存活时间等。

1. 精液的外观检查

精液量、色泽、气味、云雾状等可以用肉眼检查。羊的精液呈乳白色，浓厚而不透明，肉眼观察时，可见精子翻动呈云雾状，每次射精量 0.5~2.5ml，一般 1ml 左右。凡带有腐败臭味、红色、褐色、绿色的精液，不能用于输精，射精量突然过多或过少都应停止采精并及时查明原因。

2. 精子的活力检查

精液中呈前进运动的精子所占的百分率，称为活力。鲜精子活力在 0.6 以下的精液一般不用于配种。常用的精子活力检查方法是目测评定法，在光学显微镜下（放大200~400倍），对精液样品检查标本进行目测评定。精液活力检查标本的制作有三种方法。①平板压片法。在普通的玻璃片上滴一滴精液，然后用盖玻璃片均匀盖着整个液面，做成压片检查标本。②悬滴法。在盖玻璃片中央滴一滴精液，然后翻转覆盖在凹玻片的凹窝处。即制成悬滴检查标本。③精液检查板法。精液检查板是由日本西川义正等设计，可使被检查的精液样品厚度均匀地保持在50μm，观察时不易产生误差。使用时将精液滴在检查板中央，过量的精液将会自动流向四周，再盖上盖玻片，即制成检查标本。羊的原精液密度大，可用生理盐水、5%葡萄糖溶液或其他等渗稀释液稀释后再进行制片。

3. 精子密度检查

精子密度通常是指每毫升精液中所含精子数。根据精子密度可以计算出每次射精量中的总精子数，再结合精子活率和每个输精量中应含有效精子数，即可确定精液合理的稀释倍数和可配母羊数，一般只需在采精后对新鲜精液作一次性密度检查。测定精子密度的主要方法是目测法、血细胞计计数法和光电比色测定法。

（1）目测法（又称估测法）。在检查精子活力时同时进行，在显微镜下可根据精子稠密程度，粗略地分为"稠密""中等""稀薄""无"四个等级。这种方法简便但主要凭经验，主观性较大，因此误差也较大。

羊的精子密度按每毫升20亿~30亿个划分等级的标准大致如下：25亿个以上为"密"，20亿~25亿个为"中"，20亿个以下为"稀"。

（2）血细胞计计数法。这是一种比较准确地测定精子密度的方法，所需设备比较简单，但操作步骤较多，故一般只在对公羊精液品质作定期检查时采用。其操作方法如下。

用血细胞吸管吸取精液至"0.5"，然后再吸入3%氯化钠溶液至"101"刻度，稀释200倍。以拇指及食指分别按住吸管的两端，充分摇动使精液和3%氯化钠溶液混合均匀，然后弃去吸管前端数滴，将吸管尖端放在计数板与盖玻板之间的空隙边缘，

使吸管中的精液流入计数室，充满其中。在400~600倍显微镜下观察，以计数器数出5个大方格内精子数。计数时以精子头部为准，在方格四边线条上的精子，只计算上边和左边的，避免重复。选择的5个大方格，应位于一条直角线上或四角各取1个，再加上中央1个。求得5个大方格的精子总数后，乘上1 000万或加7个零，即可得每毫升精液所含精子数（图11-1）。

（3）光电比色计精子密度测定法。其原理是精子密度越高，其精液越浓，以至透光性越低，从而使用光电比色计通过反射光或透射光能准确地测定精液样品中的精子密度。其优点是准确、快速，使用精液量少，仪器不昂贵且经久

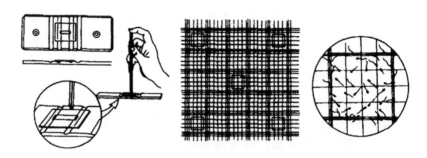

图 11-1　采用血细胞计计数精子方法示意

注：左为将稀释后的精液从吸管滴入计数室；中为血细胞计数板的计算方格（粗线格为应计数的方格）；右为计数精子的顺序和方法（只计数头部为黑色的精子）。

耐用，操作简便，一般技术人员均可掌握。其方法是事先将原精液稀释成不同倍数，并用血细胞计计数其精子密度，从而制成已知系列各级精子密度的标准管，然后使用光电比色计测定其透光度，根据透光度求出每相差 1% 透光度的级差精子数，编制成精子密度查数表备用。一般检查精液样品时，只需将原精液按 1：（80~100）的比例稀释后，先用光电比色计测定其透光值，然后根据透光法查对精子密度查数表，即可从中找出其相对应的精子密度值。

4. 精子形态的检查

精子的形态与受胎率有着密切关系。如果精液中形态异常的精子所占的比例过大，不仅影响受胎率，甚至可能造成遗传障碍，所以有必要进行精子形态的检查。特别是冷冻精液，对精子的形态检查更有必要。一般绵山羊品质优良的精液，其精子畸形率不超过 14%，普通的也不能超过 20%，超过 20% 以上者，则会影响受精率，表示精液品质不良，不宜用作输精。

（1）畸形精子分类。①头部畸形，如头部巨大、瘦小、细长、圆形、轮廓不明显、皱褶、缺损、双头等；②颈部畸形，如颈部膨大、纤细、屈折、不全，带有原生质滴、不鲜明、双颈等；③体部畸形，如体部膨大、纤细、不全，带有原生质滴、弯曲、屈折、双体等；④尾部畸形，如尾部弯曲、屈折、回旋、短小、长大、缺损、带有原生质滴、双层等。一般头、颈部畸形较少，体、局部畸形较多。

（2）精液中大量畸形精子出现的原因。①精子的生成过程中受到破坏；②副性腺及尿道分泌物有病理变化；③由精液射出起至检查时，或保存过程中，因没有遵守技术操作规程，精子受到外界不良影响。

（3）畸形精子检查方法。先将精液用生理盐水或稀释液作适当稀释，做成涂片。干燥后，浸入 96% 酒精或 5% 福尔马林中固定 2~5min，用蒸馏水冲洗。阴干后可用伊红（亚甲蓝、龙胆紫、红墨水也可以）染色 2~5min，用蒸馏水冲洗，即可在 600~1 500 倍显微镜下检查，总数不少于 300 个。畸形精子率的计算：

$$畸形精子率（\%）= \frac{畸形精子数}{精子总子} \times 100$$

在日常精液检查中，不需要每天检查，只有在必要时才进行。

（4）精子顶体异常检查方法。绵羊、山羊冷冻精液的品质是影响受胎率的重要因素之一。近年来，有些研究者认为，用精子顶体完整率来评定精液品质及受精力比用活力评定理想。先检查精子畸形率，然后制成抹片，待自然干燥后在福尔马林磷酸固定液中固定 15min，用清水冲洗，然后用吉姆萨缓冲液染色 1.5~2.0h，再用水冲洗，干燥后用树脂封装，置于 1 000 倍以上普通显微镜下随机观察 500 个精子，即可计算出顶体异常率。

（5）福尔马林磷酸盐固定液的配制。先配制 0.89% NaCl 溶液。取 2.25g $Na_2HP_4 \cdot 12H_2O$ 和 0.55g $NaH_2PO_4 \cdot 2H_2O$ 放入容量瓶中，加入 0.89%NaCl 溶液约 30ml。在 30℃左右待磷酸盐全部溶解，加入经 $MgCO_3$ 饱和的甲醛 8ml。再用 0.89% NaCl 溶液配制到 100ml，静止 24h 后即可使用。

（6）吉姆萨原液的配制。取吉姆萨染料 1g，甘油 66ml，甲醛 66ml。先将吉姆萨粉剂溶于少量甘油中，在研钵内研磨，直至无颗粒为止，再将全部甘油倒入，置于 56℃恒温箱中静置 2h，然后加入甲醛，密封保存于棕色瓶中。

5. 精液存活时间和存活指数的测定

精子存活时间是指精子在一定外界环境下的总生存时间；存活指数是指精液内精子的平均存活时间，即表示精液内精子活率下降的速度。精子存活时间越长，活率下降速度越慢，说明精子生活力越强，精液品质越高。

七、精液的稀释

绵羊、山羊的精液密度大，一般 1ml 原精液中约有 25 亿个精子，但每次配种，只要输入 5 000 万~8 000 万个精子就可使母羊受胎，精液稀释以后不仅可以扩大精液量，增加可配母羊只数，更重要的是稀释液可以中和副性腺分泌物，缓解对精子的损害作用，同时供给精子所需要的营养，为精子生存创造一个良好的环境，延长精子存活时间，便于精液的保存和运输。

（一）稀释液的主要成分及作用

供给能量的有糖类，如葡萄糖、乳糖、果糖、蔗糖、蜂蜜等；缓冲剂类，如柠檬酸钠、磷酸二氢钾、磷酸氢二钠、明胶等；防冷抗冻物质，如卵黄、牛奶、羊奶、甘油、乙二胺四乙酸（EDTA）；抗菌类，如青霉素、链霉素、氨苯磺胺等；改善精子生存环境和母羊生殖道生理机能的添加剂，如过氧化氢酶、催产素、PGE、ATP、维生素 B_1、维生素 B_2、维生素 B_{12}、维生素 C、维生素 E 等。

（二）稀释倍数

精液进行适当倍数的稀释可以提高精子的存活力。绵山羊的精液一般稀释比例为 1：（20~40）；精子密度在 25 亿个/ml 以上的精液可以 1：40~50 稀释。根据试验，山羊精液以 1：10 稀释的常温精液受胎率达 96.16%，甚至以 1：20、1：30、1：40、1：50、1：80、1：100 等 6 种稀释比例，输精后的情期受胎率均在 80% 以上。其中 1：20~40 的情期受胎率达 91.74%~97.23%，1：50~100 的情期受胎率达 81.82%~89.38%。

（三）精液稀释的方法

精液在稀释前必须进行活力和密度检查，然后确定稀释倍数。为了防止精液温度突然变化，应将精液和稀释液同时置于 30℃ 左右的水浴锅或恒温箱中，做片刻同温处理。稀释时，将稀释液沿杯（瓶）壁缓缓加入精液中，然后轻轻摇动或用灭菌玻璃棒搅拌，使之混合均匀。如做 20 倍以上高倍稀释时，应分两步进行，先加入稀释液总量的 1/3~1/2 做低倍稀释，稍等片刻后再将剩余的稀释液全部加入。稀释完毕后，再次进行活力检查，如稀释前后活力一样，即可进行分装与保存。

（四）精液分装

需在无菌环境下操作，用 0.25cm 滴管吸取稀释好的精液，插入已剪去尾盖部的包装袋（需要留一定距离，以便再封口），并取下尾盖的一次性输精器，用手将塑料管弯成"U"形的一端开口处，沿管壁徐徐灌入稀释好的精液，输入量 0.5ml。拔出滴管，平衡"U"形管，即两端开口处离精液面各 2cm（呈空管），然后再盖上盖，贴上标签，套进包装袋。

八、精液的保存

精液保存时暂时抑制精子运动，降低其代谢速度，减缓其能量消耗，延长其存活时间，避免丧失受精能力。常用的保存方法是低温保存和冷冻保存。

（一）低温保存

一般是放在冰箱内或装有冰块的广口保温瓶中冷藏，温度在 0~5℃。其方法是待精液稀释分装后，先用数层纱布或药棉包裹容器，并以塑料袋包装防水，然后置于0~5℃的低温环境中。在整个保存期间应尽量保持温度恒定，防止温度升高或忽高忽低。常用的稀释液有：①100ml的蒸馏水加2.8g二水柠檬酸钠、0.8g葡萄糖溶解过滤后消毒，冷却后加入25ml新鲜蛋黄，每毫升再加入青霉素1 000U，链霉素1 000μg，适用于绵羊精液稀释。②100ml蒸馏水加2.7g二水柠檬酸钠、0.35g氨基乙酸，溶解过滤、消毒，降至室温后每毫升加入青霉素1 000U、链霉素1 000μg，适用于绵羊精液稀释。③100ml蒸馏水加10g奶粉，溶解后用多层纱布过滤，然后在水浴锅中加热至92~95℃，维持15min，冷却至室温，每毫升加入青霉素1 000单位、链霉素1 000μg，适用于绵羊、山羊精液稀释。

（二）冷冻保存

稀释精液经处理后保存在液氮中的方法，详见本章第五节。

九、输精

输精是利用输精器械将精液输入母羊生殖道内。

（一）常用输精方法

1. 开膣器法

此法适用于体型比较大的母羊。将待配母羊固定在配种架上，洗净并擦干母羊的外阴部，把已消毒的开膣器插入阴道并轻轻摇动找到母羊的子宫颈，然后将输精器通过开膣器插入子宫颈内0.5~1cm，用拇指轻压输精器的管塞，将0.05~0.1ml精液注入子宫颈内即可。开膣器和输精器在使用前后，都应清洗干净并消毒。

2. 输精管阴道插入法

鉴于本地绵羊、山羊阴道狭小，使用开膣器插入阴道内困难，可模拟自然交配的方法，把精液用输精管输到阴道的底部。具体方法是把山羊两后腿提起倒立，用两腿夹住羊的前躯进行保定。输精员用手拨开母羊阴户，输精管沿母羊背部插入到阴道底部输精，这种方法克服了用开膣器输精困难的障碍，并有良好的输精效果。

（二）输精注意事项

1. 输精适期

母羊排卵时间，通常在发情末期24~36h卵子排出，卵子受精能力能保持12~24h。从子宫颈口输入的精子30min到2h，便可进入输卵管。精子在子宫颈内存活的时间为24~48h（平均36h），进入输精管的精子，一般可存活5~

8h。输精最迟应在排卵前 8~12h 进行。一般适宜输精的时间是母羊发情后的 20~30h。

2. 输精次数

一般采取一次试情、两次输精，即当天上午试情后下午进行第一次输精，第二天早上重复输精一次；下午试情，第二天上午、下午各输精一次。也可以只在发情后的第二天输精一次。一次输精的有效精子数：绵羊一般要求 7 500 万个以上，山羊 5 000 万个以上。

第五节　冷冻精液及其应用

精液的冷冻保存解决了精液长期保存和运输困难的问题，可以极大地提高优良种公羊的利用率。冷冻精液的操作如下。

一、精液的采集

按常规方法用假阴道采集公羊的精液，并进行品质鉴定，检查射精量、原精活力、精子密度等项目。原精活力在 0.7 以上方可冻精。

二、精液的稀释

配制羊的冷冻精液专用稀释液，以 1 :（2~5）倍的比例稀释。

（一）绵羊精液常用的稀释液

（1）100ml 蒸馏水，加 5.5g 乳糖、3.0g 葡萄糖、1.5g 柠檬酸钠，取上液 75ml 加新鲜卵黄 20ml、甘油 5ml，加青霉素、链霉素各 10 万 U。

（2）55ml 蒸馏水，加 2.25g 葡萄糖、1.13g 柠檬酸钠、4.13g 乳糖、0.003g B 维生素族、0.11g 磷酸氢二钠、0.021g 磷酸二氢钾，加 15ml 卵黄、10ml 脱脂乳、15ml 羊血清、5ml 甘油，再加青霉素、链霉素各 10 万 U。

（3）74ml 蒸馏水，加 1.7g 柠檬酸、1.25g 果糖、3.028g 三基，加卵黄 20ml、甘油 6ml，再加青霉素、链霉素各 10 万 U。

（4）11% 的乳糖溶液 75ml，加卵黄 20ml、甘油 5ml，青霉素、链霉素各 10 万 U。

（二）山羊精液常用的稀释液

（1）乳糖 6g、柠檬酸钠 1.5g、蒸馏水 100ml，加青霉素、链霉素各 10 万 U。

（2）乳糖 3.8g，葡萄糖 2.6g，柠檬酸钠 1.3g，蒸馏水 100ml，加青霉素、链霉素各 10 万 U。

三、精液的平衡

精液稀释后，需在 1~5℃条件下进行平衡，方法同低温保存，静置平衡 2~4h。

四、颗粒或细管冻精的制作

颗粒冻精的制作最为简便，所需设备少。但缺点是不能单独做标记，容易混杂，且解冻时需一粒粒进行，速度很慢。细管冻精在冷冻和解冻过程中细管受温均匀，冷冻效果较好，并便于标记和保存。操作方法：冷冻颗粒多采用铝板或氟板在离液氮面 2~3cm 熏蒸，然后把稀释好的精液滴在板面上冷冻。颗粒的大小一般在 0.1ml 左右，即每毫升约滴 10 粒。滴满后，停留 2~3min，便可把颗粒精液全部浸入液氮中，停留片刻，便可制成颗粒冷冻精液。然后取出 1~2 粒，解冻后检查精子活力。活力在 0.3 以上者，注明品种、批号，收集于塑料瓶或装青霉素的空瓶内保存。

冷冻细管精液多采用液氮熏蒸法。把精液细管平放在特制的架子或纱网上，放在盛有液氮绝热容器内，在液氮面上离 30cm 然后依次下降到 20cm、15cm、10cm、4cm 先熏蒸 8~10min，再浸入液氮。

五、冷冻精液的保存和运输

冷冻精液必须放在液氮贮精罐内贮存。在贮存期间，如不取用精液，不要随便打开罐盖。同时，还需定期检查罐内液氮消耗量，不足 60% 时，应及时补充液氮。如用干冰保存，则可用热水瓶，先装入约 1/3 的干冰，把盛有颗粒精液的小瓶置于干冰上，随即覆盖干冰，加盖瓶塞，然后放进干冰保存箱中保存。

六、冷冻精液的解冻和输精

颗粒冻精的解冻，可将 2.2%~2.9% 的柠檬酸钠溶液 0.1ml 注入消毒的小玻璃瓶内，并放入 70~75℃（绵羊冻精液）或 45~60℃（山羊冻精液）的温水杯中，然后取出颗粒精液一枚，投入解冻液内，并轻轻摇动；细管冻精可直接解冻，经过 10~15s 后立即取出，以防精子被烫死。解冻后的精液，应立即输入发情母羊。

因羊的精液代谢水平较高，不耐冷冻，冷冻后的精液受胎率相对较低，绵羊冷冻精液的情期受胎率为 55%~60%，山羊冷冻精液的情期受胎率为 60%~65%。羊的精液冷冻保存技术进展缓慢。

第六节　同期发情

对母羊发情周期进行同期处理的方法称为同期发情。通常利用激素制剂人为地控制并调整群体母羊发情周期，使之在预定的时间内集中统一发情和排卵，以便创造适宜于人工授精或胚胎移植的有利条件，达到合理配种、受精或适时移植胚胎的目的。

一、孕激素处理法

孕酮抑制脑垂体释放 FSH，每天肌注孕酮 10~20mg 或采用阴道海绵栓法给予孕酮（或其类似物）50~60mg 处理 12~18d，停药后孕酮抑制作用消失，卵巢上即有卵泡发育，一般停药后 2~3d 同时发情。

二、前列腺素类处理法

前列腺素类药及类似物有抑制黄体和溶解黄体的作用。一般采用皮下注射法，一次注射量为 80~120μg，也可以直接投放子宫颈口，用孕马血清促性腺激素（PMSG）作处理，效果更佳。

三、三合激素处理法

应用三合激素（ITC）处理时，当羊群出现 5% 左右的自然发情母羊时开始用药。每只羊颈部皮下注射三合激素 1ml，处理后 24h 开始有母羊发情，第 2~3 天大部分母羊集中发情，有的母羊要在第 4~5 天发情。

第七节　胚胎移植技术

一、胚胎移植的基本原则

胚胎移植的生理基础：母羊发情后生殖器官孕向发育，无论配种与否都将为妊娠作准备；同时，早期胚胎处于游离状态，加之受体对胚胎没有排斥作用，可使移植的胚胎继续发育。在进行胚胎移植时，以下的原则是必须遵循的。

（一）生殖内环境一致性

胚胎移植前后供体和受体的生殖内环境应该是相同或相近的，具体包括以下 3 个方面。

1. 供体和受体在种属上必须一致

供体和受体二者属同一物种，但这并不排斥种属不同但在进化史上血缘关系较近、生理和解剖特点相似个体之间胚胎移植成功的可能性。一般来说，在分类学上亲缘关系较远的物种，由于胚胎的组织结构、胚胎发育所需条件以及发育进程差异较大，移植的胚胎绝大多数情况下不能存活或只能存活很短时间。例如，将绵羊、猪、牛的早期胚胎移植到兔的输卵管内，仅可存活几天。可以利用这种方法临时保存一下胚胎。

2. 供体和受体母羊在生理上必须同期化

即受体母羊在发情的时间上同供体母羊发情的时间一致。一般相差不超过24h，否则移植成功率显著下降。一旦胚胎的发育与受体生理状况的变化不一致或因某种原因导致受体生理状况发生紊乱，结果将导致胚胎死亡。

3. 供体胚胎收集的部位和受体胚胎移植部位应一致

即从供体输卵管内收集到的胚胎应该移植到受体的输卵管内，从供体子宫内收集到的胚胎应该移植到受体的子宫内。

胚胎移植之所以要遵循上述同一性原则，是因为发育中的胚胎对于母体子宫环境的变化十分敏感。子宫在卵巢类固醇激素作用下，处于时刻变化的动态之中。在一般情况下，受精和黄体形成几乎是在排卵后相同时间开始的，受精后胚胎和子宫内膜的发育也是同步的。胚胎在生殖道内的位置随胚胎的发育而移动，胚胎发育的各个阶段需要相应的特异性生理环境和生存条件。生殖道的不同部位（输卵管和子宫）具有不同的生理生化特点，与胚胎的发育需求相一致。了解上述胚胎发育与母体生理变化的原理，就不难理解受体母羊与供体母羊生理状况同期化的重要性。

（二）收集胚胎和移植的时间适宜

胚胎的收集和移植的时间必须在黄体期的早期以及胚胎附植之前进行。因此，胚胎的收集时间最长不能超过发情配种后第7d，最好是在发情配种后3~4d进行。

（三）胚胎发育正常

在收集和移植胚胎时，应尽量不使其受到物理、化学和生物方面的影响。同时，胚胎移植前需进行鉴定，确定其发育正常者才能进行移植。

二、胚胎移植准备工作

（一）检胚设备

检胚吸管多是自制的。用长 8cm 左右，外径 4~6mm 的壁厚质硬无气泡的玻璃管，把玻管在酒精喷灯上转动加热，待玻管软化呈暗红色时，迅速从火焰上取下，两手和玻璃管保持直线均匀用力拉长。使中间拉长部分的外径达到 1.0~1.5cm，从中间割断，将断端在火焰上烧光，尖端内径 250~500μm 即符合要求。

吸管拉好后，将尖端向上，竖放在洗液中浸泡一昼夜，取出后先用常水冲洗，再用蒸馏水将吸管内外冲洗干净、烘干，包好，临用前再进行干烤灭菌，用时给吸管粗端接一段内装玻璃珠的乳胶管或橡皮吸球，即可以用来进行输卵管移卵。但多数操作者实际上在检胚时不用橡皮吸球，而是直接用嘴来吸，相当利索。

（1）回收管：带硅胶管的 16 号针头（钝形）。

（2）肠钳（套乳胶管）。

（3）注射器 20ml 或 30ml。

（4）集卵杯。

（5）体视显微镜。

（6）培养皿（35mm×15mm，90mm×15mm）。

（7）巴氏吸管。

（二）移植设备

（1）微量注射器、12 号针头。

（2）移植管。内径 200~300μm 玻璃吸管，自制。子宫内移植时，需先用一针头在子宫壁上扎一个小洞，然后插入移卵管。也有采用套管移植的方法，即取 12 号针头一根，将与注射器连接的接头去除。同时将其尖端磨平，变成一个金属导管，接上一段细的硅胶管与吸管相连，也可用于移植操作。

（3）内窥镜。

（三）手术器械和设备

（1）毛剪，外科剪（圆头、尖头）。

（2）活动刀柄、刀片、外科刀。

（3）止血钳（弯头、直头）、创巾夹、持针器、手术镊（带齿、不带齿）、缝合针（圆刃针、三棱针）、缝合线（丝线、肠线）、创巾若干。

（4）手术保定架。

（5）蒸馏水装置一套，离子交换器一台。

（6）烘箱一台。

（7）高压消毒锅一台。

（8）滤器若干，0.22μm 滤膜。

（9）0.25ml 塑料吸管。

（10）pH 计一台。

以上有些设备是普通实验室设备，不是胚胎移植独有，不必单独准备的。

（四）药品及试剂

（1）FSH、促黄体素释放激素 A3（LHRH-A3）和 PMSG 等超排激素。

（2）速眠新、陆醒灵。

（3）抗生素及其他消毒液、纱布、药棉等。

（五）冲卵液和保存液的制作

冲卵液有很多种，目前常用的是杜氏磷酸盐缓冲液（PBS）以及 199 培养液。这些全合成的培养液不但用于冲洗收集胚胎，还可用于体外培养、冷冻保存、解冻胚胎等处理程序。

（1）杜氏磷酸盐缓冲液是比较理想而通用的冲卵液和保存液，室内和野外均可使用，配制比较方便。杜氏磷酸盐缓冲液和 199 培养液或其他培养液有成品出售。

（2）改良杜氏磷酸盐缓冲液（DPBS）配制成分见表 11-1。配制方法：在容量瓶内依次加入下列试剂：氯化钠、氯化钾、磷酸二氢钠、磷酸二氢钾、牛血清白蛋白、葡萄糖、丙酮酸钠、青霉素、链霉素，再加入 700ml 三蒸水配成 I 液；称取无水氯化钙溶于 100ml 三蒸水中配成 II 液；再称取氯化镁溶于三蒸水中配成 III 液。最后将这三种溶液混合，用碳酸氢钠或盐酸调 pH 值至 7.2 之后定容为 1 000ml。最后用 G6 滤器抽滤灭菌。以上操作过程要严格遵守无菌操作的规程。密封后该液可在 4℃保存 3~4 个月，不可在低温冰箱中保存。

表 11-1　冲卵液（DPBS）的配制

药品	含量	含量
NaCl	136.87mmol/L	8.00g/L
KCl	2.68mmol/L	0.20g/L
$CaCl_2$	20.90mmol/L	0.10g/L
KH_2PO_4	1.47mmol/L	0.20g/L

（续表）

药品	含量	含量
$MgCl_2 \cdot 6H_2O$	0.49mmol/L	0.10g/L
Na_2HPO_4	8.09mmol/L	1.15g/L
丙酮酸钠	0.33mmol/L	0.036g/L
葡萄糖	5.50mmol/L	1.00g/L
牛血清白蛋白		3.00g/L
青霉素		100μ/ml
链霉素		100μ/ml
双蒸水		加至1 000ml

（3）在无条件配制DPBS且胚胎在体外保存时间又非常短的时候，也可以采用生理盐水作为冲卵液，但只有在保存时间很短时才能用此法。

（六）场所和人员准备

手术室要清扫洁净消毒。金属器械用化学消毒法消毒，即在0.1%新洁尔灭溶液内加0.5%亚硝酸钠浸泡30min或用纯来苏尔液浸泡1h。玻璃器皿和敷料、创布等物品以及其他用具必须进行高压灭菌。施术人员首先要将指甲剪短，并锉光滑，除去各个部位的油污再用氨水——新洁尔灭浸泡消毒，也可以用肥皂水——酒精法消毒。

（七）供体羊的选择和超排前准备

进行胚胎移植的供体母羊应具有优良的遗传特性和较高的育种价值。在育种中，可以用后裔测定、同胞测定等方法鉴定出优秀的母羊。这些选择出的供体母羊必须是健康的。要经过血检，证明布鲁氏菌病、结核、副结核、蓝舌病、肉用山羊黏膜综合征、钩端螺旋体病、传染性鼻气管炎等均为阴性。供体母羊生殖系统机能应正常。因此，对供体羊的生殖系统要进行彻底检查，如生殖器官发育是否正常，有无卵巢囊肿、卵巢炎和子宫炎等疾病，有无难产史和屡配不孕史。如有上述情况者不能用作供体。此外，膘情要适中，过肥或过瘦都会降低受精率。

（八）受体母羊的选择与同期发情前的准备

（1）受体羊应是价格便宜的青年母羊，最好是本地品种，数量比较多，体型比较大。每头供体羊需准备数头受体羊。

（2）受体羊应具有良好的繁殖性能，无生殖器官疾患。子宫和卵巢幼稚病、卵巢囊肿等不能作受体。

（3）受体羊要具有良好的健康状态。检疫和疫苗接种与供体羊相同。

（4）受体羊要隔离饲养，以便防止流产或其他意外事故。

（九）供体和受体母羊的同期化处理

在大批量的移植过程之前，应对供体和受体进行发情同期化处理，以提高胚胎移植的成功率。在集约化程度较高的羊场，通过同期化处理，可以使母羊的配种、移胚、妊娠、分娩等过程相对集中，便于合理组织大规模的畜牧业生产和科学化的饲养管理，节省人力、物力和费用，同时由于同期化过程能诱导乏情母羊发情，因此还可以提高繁殖率。

1. 常用的同期发情药物

（1）抑制卵泡发育和发情的药物，如孕酮、甲孕酮、甲地孕酮、氟孕酮、18-甲基炔诺酮等。

（2）使黄体提早消退、导致母羊发情、缩短发情周期的药物，如前列腺素（PGF）。

（3）促进卵泡生长发育和成熟排卵的药物，如 PMSG、FSH、人绒毛膜促性腺激素（HCG）、LH。

2. 同期发情处理。

在同期发情的不同阶段，生殖器官的内分泌环境、生化和组织学特性，对不同发育阶段的胚胎有不同的影响。所以胚胎从供体羊的哪一部位取出的，就应移植到受体羊的相应部位，才有利于其继续发育。鲜胚移植时，要对受体进行同期发情处理。山羊供体和受体的发情同步误差允许有 1d 的差异，但以同一天的成功率较高。供体在发情后的 4~5d 回收的胚胎，移植于比供体发情早 1d 的输卵管，妊娠率为 50%；而移植给同日或晚一日发情的受体，妊娠率分别为 69% 和 67%。2~4 个细胞的胚胎，即使输入到完全同期的受体输卵管内，其妊娠率也只有 25% 左右。

受体的发情处理要和供体的超排处理同时进行。由于山羊的发情持续期在个体之间差别很大，所以以发情终止时间来计算同期化程度比较合理。因为对山羊来说，无论其发情持续时间多久，其排卵时间一般是在发情终止前 4~6h 或在发情终止后。同期发情可以根据实际情况，选用如下药物和处理方法：阴道栓塞法，孕酮能够抑制腺垂体释放 FSH。肌内注射用量为每天 10~20mg。经阴道海绵栓给予孕酮或其类似物 50~60mg，处理 12~18d 即可以抑制卵泡发育。撤除阴道海绵栓后，孕酮的抑制作用消失，卵巢上即有卵泡开始发育，从而使受体羊发情。通常地，母羊会在停止注射或撤除海绵栓后 2~3d 发情。受体的撤栓时间应比供体提前 1d。这是肉用山羊常使用的一种方法。用海绵或泡沫塑料做成长、宽和厚度均为 2~3cm 的方块（海绵直径和厚度可根据肉用山羊的个体大小来定），太小易滑脱，太大易引起母羊努责而被挤出来。海绵拴上细线，线的一端引垂阴门之外，便于结束时拉出。用灭菌后的海绵浸激素制剂溶液，用长柄钳和开膣器将其塞入阴道深处放置。这种方法在发情季节内较有效。有部分母羊虽然发情，但卵泡上无卵泡发育成熟，更不形成黄体。在发情季节来临之前或是为了提高排卵的效率，孕激素处理结束的前 1d，给予小剂量的促性腺激素是非常必要的。

孕激素处理法的优点是费用低，缺点是处理持续时间长，受体妊娠率低。

口服法：每天将孕酮、甲孕酮、甲地孕酮、氟孕酮、18-甲基炔诺酮等中的一种按一定量的药物均匀地拌入饲料中，持续 12~14d。甲孕酮每天用量与海绵法相同。使用此种方法应注意，药物拌得要均匀，采食量要一致，少则不起作用，多则有不良影响。

注射法：PGF2a 或其类似物有溶解黄体的作用，黄体溶解后，卵巢上就会有卵泡发育继而发情。一般说来，PGF2a 诱导同期发情，卵巢上需有黄体存在，且处于发育的中后期。在母羊排卵后的 1~5d，由于黄体上尚未形成 PGF2a 受体，故对其处理不起反应。

在繁殖季节，如不能确定受体的发情周期，可采用两次注射法。受体羊第一次注射后，凡卵巢上有功能黄体的个体即可在注射后发情，选出发情个体作为受体。其余的羊间隔 10~12d 再行第二次注射。一般母羊在 PGF2a 注射（1~2mg）后发情率可达 100%。使用 PGF2a 诱导同期发情，可在供体开始超排处理的第 2d 给受体注射。利用这种方法处理方便可靠，但费用较高。

每天按一定量皮下或肌内注射药物，持续一定天数后也能取得同样效果。有人将一次剂量分两次注射，间隔 3~4h，可提高同期发情效果。

三、供体羊超数排卵与受精

（一）供体母羊的超数排卵

在母羊发情周期某一时期，以外源促性腺激素对母羊进行处理，促使肉用山羊卵巢上多个卵泡同时发育，并且排出多个具有受精能力的卵子，这一技术称为超数排卵，简称"超排"。

供体羊通常都是通过选择的优良品种或生产性能好的个体，通过超数排卵，充分发挥其繁殖潜力，使其在生殖年龄尽可能多得留一些后代，从而更好地发挥其优良的生产性能，生产实践意义很大。

1. 超排常用药物

促性腺激素常用 PMSG 和 FSH。辅助激素常用 LH、HCG 和促性腺激素释放激素（GnRH）。

2. 超排处理方法

（1）在发情周期第 16～18 天，一次肌内注射或皮下注射 PMSG 750～1 500IU；或每天注射两次 FSH，连用 3～4d，出现发情后或配种当日再肌内注射 HCG 500～700IU。效果还可以。

（2）在发情周期的中期，即在注射 PMSG 之后，隔日注射 PGF2a 或其类似物。如采用 FSH，用量为 20～30mg（或总剂量 130～180IU），分 3d 6～8 次注射。第五次同时注射 PGF2a。

用 PMSG 处理羊仅需注射一次，比较方便，但由于其半衰期太长，因而使发情期延长，使用 PMSG 抗血清可以消除半衰期长的副作用，但其剂量仍较难掌握。目前多采用 FSH 进行超排，连续注射 3～5d，每天 2 次。剂量均等递减，效果较好。

3. 影响超排效果的因素

超数排卵是胚胎移植技术的重要环节。超排处理得当，可以充分发掘优良母畜的繁殖潜力，获得更多的优秀后代，加速良种繁育。

影响山羊超数排卵效果的因素很多，主要可以概括为 3 类：首先是供体方面的因素，主要包括供体羊的品种、个体遗传差异、年龄、生理和营养状况等；其次是药物方面的因素，主要指超排的处理时间、激素的种类、制造公司、生产批次、投药间隔以及药剂的保存方法和处理程序、激素制剂中的 FSH/LH 比例、剂量等；最后是环境方面的因素，包括季节、天气、光照等因素。

（1）供体因素。个体差异是影响供体超排效果的主要因素之一。一般繁殖力高的品种对促性腺激素的反应比繁殖力低的品种好，成年羊比幼龄羊反应好，营养状况好的羊比营养差的反应好。

遗传的差异也可导致不同物种或品种超排获得的卵子或胚胎数的差异。不同品种的个体对同一药物的敏感性存在着差异，同一品种的不同个体对同一药物的敏感性也不同。

洪琼花等（2004）研究表明经产母羊排出的卵子质量要好于育成母羊，但两者的同期发情率、获胚平均数差异不显著。张锁林等（2001）认为在性周期的第 9～10 天对波尔山羊进行超排，效果最好。而代相鹏等（2003）在进行波尔山羊胚胎移植时发现，在性周期的 12～14d 超排比 12d 以前超排获得的胚胎质量好。

供体膘情和体况对超排效果具有显著的影响（表 11-2）。上等膘情的供体羊和下等膘情的供体羊只均获胚数、只均可用胚数和可用胚率均显著低于中等膘情的供体羊（$P<0.05$），而上等膘情的供体羊和下等膘情的供体羊间各指标差异均不显著（$P>0.05$）。

表 11-2 膘情对超排效果的影响

膘情	试验羊数（只）	获胚数（枚）	只均获胚数（枚）	可用胚数（枚）	只均可用胚数（枚）	可用胚率（%）
上等	5	68	13.60[a]	61	12.20[a]	89.17[a]
中等	13	203	15.62[b]	192	14.77[b]	94.58[b]
下等	5	64	12.80[a]	57	11.40[a]	89.06[a]

注：同列数据标不同字母表示差异显著（$P<0.05$），相同字母表示差异不显著（$P>0.05$）。吴细波，2007。

（2）环境因素。季节、天气、环境状况的变化也是影响超排效果的重要因素。即使在同一季节，气候条件及营养状况下也有很大的差别，如遇天气突然变化，降温或连阴、雨雪，都会造成供体发情迟缓、不发情或排卵障碍。这可能与光照改变、气温降低和供体采食受到影响有关。山羊是季节性的繁殖动物，且繁殖旺季出现在秋季。季节对山羊的超排反应是有影响的，尽管用孕酮处理可消除季节对超排反应的影响，但大量的试验证明，仍以繁殖季节的超排反应较好。超排宜在凉爽的春秋时节进行，炎热和寒冷都会对超排产生不利影响。超排处理时的天气状况也影响超排效果，阴雨或大风天气都不利于超排。

代相鹏等（2003）研究表明如果超排时处于阴雨雪天气，但结束时天气转好，则对供受体发情没有明显影响。俞颂东等（2002）在生产实际中发现高温的夏季波尔山羊超排时排卵率仅为春秋季的 70%～80%，可用胚为40%～50%。

洪琼花等（2004）试验表明春、秋两季波尔山羊超排效果差异不显著。生活环境的改变，包括转圈、换饲养员、饲料改变、圈舍周围施工、机器轰鸣、人员骚动等各种引起供体产生应激的因素，都会对动物发情和超排效果产生不利影响。

（3）药物因素。激素药物的种类是影响超排效果的一个方面，用 FSH 进行超排处理排卵率、受精率、优质胚产量上要优于 PMSG。桑润滋等（2003）、杨昇等（2005）对激素的最佳剂量进行了研究，但由于激素的生产厂家、生产批号不同，供体的状况也有差别，因此不能得到统一的标准。激素制剂中 FSH/LH 的比例在刺激卵巢反应中起着重要作用。山羊开始超排处理的时间一般在黄体中期效果较好，可以得到较好的排卵率。

超数排卵的效果与超排药物的选择有直接关系，无论黄体的数量质量、超排发情时间是否集中，排卵胚胎回收数量及胚胎可用程度等都与药物成分和纯度有关。应用同一种超排程序，不同的个体之间超排结果差异较大，除了个体本身的因素外，激素的应用也起着很大的作用。黄俊成等（1998）认为，在一定的剂量范围内，外源 FSH 可促进卵巢中卵泡的发育、成熟，但到达一定剂量后，超排效果并不随外源 FSH 量的增加而增加，因此，在取得同样超排效果的前提下，以用最小 FSH 剂量为好，以节约成本。激素剂量过大，卵巢上发育的卵泡数和排卵数量过多，会导致卵巢体积的异常增大和卵子接受过程的机械障碍，经输卵管伞接受的卵子数量却有限。剂量不足，则达不到预期的超排效果。

激素注射途径的不同也影响着供体的超排反应。在羊上，肌内注射 LH 或 HCG 时，促排反应慢且排卵同期化较差，而静脉注射时，激素作用快，羊排卵同期化好，而且静脉注射比肌内注射激素用量要少。俞颂东等（2002）报道激素肌内注射部位选在臀部的效果明显好于颈部。关于在羊的超数排卵处理中是否应该配合使用 LH 或其类似物协助排卵反应的进行，至今尚无统一的结论。王光亚等（1993）认为，在牛和羊，超排后如能表现发情，内源 LH 足以诱导大多数卵泡排卵，增加外源性 LH 似乎不能提高排卵效果。不适当的注射 LH 还有可能促使非成熟卵泡排卵，而使卵子失去受精能力，甚至导致排卵障碍和卵巢囊肿。余文莉等（1997）在对绒山羊进行超排时，每只山羊应用 FSH 150IU 配合 LH 130IU 进行肌内注射，超排效果较好且卵巢很少出现大卵泡。杨永林等（1997）认为，在羊超排处理中，发情前或发情时注射 LHRH-A3 或 LH 可补充内源 LH 的不足，血液中 FSH 和 LH 的协同作用增加，超排效果较好。

吴细波等（2007）用如下 4 种不同处理方法对供体羊进行超排：对照组，采用阴道孕酮栓+FSH+前列腺素法；孕酮组，在对照组方法基础上，供体采胚前 3d 注射孕酮 10mg/只，2 次/d；LHRH-A3 组，在对照组方法基础上，供体发情后注射 LHRH-A3 25μg/只；孕酮+LHRH-A3 组，在对照组方法基础上，供体发情后注射 LHRH-A3 25μg/只，采胚前 3d 注射孕酮 10mg/只，2 次/d。

表 11-3　不同处理方法对超排效果的影响

处理方法	试验羊数（只）	获胚数（枚）	只均获胚数（枚）	可用胚数（枚）	只均可用胚数（枚）	可用胚率（%）
对照	8	102	12.75[a]	90	11.25[a]	88.24[a]
孕酮	6	82	13.67[ab]	77	12.83[ab]	93.90[b]
LHRH-A3	6	84	14.00[ab]	75	12.50[ab]	89.29[a]

（续表）

处理方法	试验羊数（只）	获胚数（枚）	只均获胚数（枚）	可用胚数（枚）	只均可用胚数（枚）	可用胚率（%）
孕酮+LHRH-A3	8	125	15.63[b]	118	14.75[b]	94.40[b]

注：同列数据标不同字母表示差异显著（$P<0.05$），相同字母表示差异不显著（$P>0.05$）。吴细波（2007）。

试验结果表明：对于只均获胚数（15.63 和 12.75）及只均可用胚数（14.75 和 11.25），孕酮+LHRH-A3 组均显著高于对照组（$P<0.05$），其他各组间差异不显著（$P>0.05$）；对于可用胚率，孕酮组（93.90% 和 88.24%）和孕酮+LHRH-A3 组（94.40% 和 88.24%）均显著高于对照组（$P<0.05$），其他各组差异不显著（$P>0.05$）。

（二）超排羊配种

超排母羊的排卵持续期可达 10h 左右，且精子和卵子的运行也发生某种程度的变化，因此要严密观察供体的发情表现。当观察到超排供体母羊接受爬跨时，即可进行人工授精。人工授精的剂量应较大，间隔 6~12h 后进行第二次人工授精。如配种三次以上仍表现发情并接受交配的母羊，多为卵泡囊肿的表现，这类羊通常不容易回收胚胎；对少数超排后发情不明显的母羊应特别注意配种。通常上午发现发情可进行第一次输精，也可以下午输精，视具体情况而定。

如果是自然交配，则公羊应该控制好，只有配种时才将公羊放入母羊群，不要将公羊一直放在母羊群中。

四、超排程序

胚胎移植时间安排见表 11-4。

表 11-4　胚胎移植时间安排

时间	供体	受体
第 1 天	埋置阴道孕酮栓	埋置阴道孕酮栓
第 9 天	换阴道孕酮栓	
第 15 天	7:00、19:00，FSH 1.2ml	
第 16 天	7:00、19:00，FSH 1ml	
第 17 天	7:00、19:00，FSH 1ml	
第 18 天	7:00，FSH 1ml 撤栓 19:00，FSH	PMSG 250IU 撤栓

（续表）

时间	供体	受体
第 19 天	试情、配种	试情
第 20 天	配种	试情
第 21 天		
第 22 天		
第 23 天		
第 24 天		
第 25 天	空腹	空腹
第 26 天	冲胚	移植

供体和受体比例 1∶8 比较合适。超排后胚胎移植剩余胚胎可以采用常规冷冻保存。

五、胚胎收集和操作

（一）胚胎收集

鲜胚在移植时，胚胎回收时间以 3~7d 内都可以，以 7d 为宜。若进行胚胎冷冻保存或胚胎分割移植为目的时，胚胎的回收时间可以适当延长，但不要超过配种后 7d。

1. 供体羊术前准备

在胚胎回收手术前 1d 或当天，有条件时可进行腹腔镜检查，观察卵巢的反应情况，以确定是否适宜于用手术法进行采卵。对于卵巢发育良好、适宜于手术的供体，应在术前一日停止饲喂草料而只给少量饮水，否则由于腹压过大，会造成手术的困难和供体生殖器官的损伤。饲喂干草的母羊，饥饿时间不得少于 24h，饲喂青草或在草地上放牧的羊，停饲时间可以减少至 18h。

最好在术前 1d 术部剃毛，常有许多剃断的毛黏附于皮肤，很难清除干净，手术中易带入创口造成污染。如果有必要在术前剃毛，用干剃法或者湿剃法效果都可以。干剃法是把滑石粉涂于要剃毛的部位，再用剃刀剃毛，然后用干毛刷将断毛清除干净。湿剃法就是用湿毛巾将术部打湿，用剃刀剃毛。注意用刀方法，不要将皮肤割破。

手术前的麻醉可用局部浸润或硬膜外麻醉。硬膜外麻醉需在手术台绑定以前进行，用 9 号针头（体型较大的羊针头号可再大一些）垂直刺向百会穴（位于脊椎中线和髂结节尖端连线的交叉点上，即最后腰椎与荐椎的椎间孔），针刺入的深度为 3~5cm，当刺穿弓间韧带时，会感到一种刺穿窗户纸的感觉，且阻力骤减。接上吸有 20% 盐酸普鲁卡因的注射器，如推送药液时感觉阻力很小，轻按时即可将药液注入，说明部位正确。如有阻力，说明针头位置不在硬膜外腔，需调整针头的位置。通常根据羊的大小，药液剂量选在 6~8ml 的范围内。注射后 10s 即出现站立不稳的现象。麻醉持续时间可达 2h 以上。

亦可将静松灵和阿托品结合使用。每头羊颈部皮下一次肌注 2ml 静松灵，再注射 0.5ml 阿托品，5~10min 可产生麻醉效果。

术部皮肤一般在腹中线，乳房前 3~5cm 处先用 2%~4% 碘酒消毒，晾干后再用 75% 的酒精棉球涂擦脱碘。

手术开始，按层次分离组织，用外科刀一次切开皮肤，成一直线切口，切口长 4~6cm。肌肉用钝性分离的方法沿肌纤维走向分层切开，最后切开腹膜。切开过程中注意及时止血。全部分开，腹内脏器暴露后，最好再铺上一块消过毒的清洁创布。

术者将食指及中指由切口伸入腹腔，在与盆腔与腹腔交界的前后位置触摸子宫角，子宫壁由于有较发达的肌肉层。故质地较硬，其手感与周围的肠道及脂肪组织很容易区分。摸到子宫角后，就用二指夹持，因势利导牵引至创口表面，先循一侧的子宫角至该侧的输卵管，在输卵管末端转弯处，找到该侧的卵巢，不直接用手去捏卵巢，也不要去触摸充血状态的卵泡，更不要去用力牵拉卵巢，以免引起卵巢出血，甚至被拉断的事故。

观察卵巢表面的排卵点和卵泡发育情况并做记录，如果卵巢上没有排卵点，该侧就不必冲洗。若卵巢上有排卵点表明有卵排出，即可开始采卵。

2. 采卵的方法

通常有冲洗输卵管法和冲洗子宫法，现分述如下。

（1）冲洗输卵管法。先将冲输卵管的一端由输卵管伞的喇叭口插入 2~3cm 深（用钝圆的夹子或用丝线打一活结扣固定或助手用拇指和食指固定），冲卵管的另一端下接集卵皿。用注射器吸取 37℃ 的冲卵液 2~4ml。在子宫角与输卵管相接的输卵管一侧，将针头沿着输卵管方向插入。控紧针头，为防止冲卵液倒流，然后推压注射器，使冲卵液经输卵管流至集卵皿。冲卵操作要注意下述几点。①针头从子宫角进入输卵管时必须仔细。要看清输卵管的走向，留心输卵管与周围系膜的区别，只有针头在输卵管内进退通畅时，才能冲卵。如果将冲卵液误注入系膜囊内，就会引起组织膨胀或冲卵液外流，使冲卵失败。②冲洗时要注意将输卵管、特别是针头插入的部位应尽量撑直，并保持在一个平面上。③推注冲卵液的力量和速度要持续适中，过慢或停顿，卵子容易滞留在输卵管弯曲和皱襞内，影响取卵率。若用力过大，可能造成输卵管壁的损伤，可使固定不牢的冲卵管脱落和冲卵液倒流。④冲卵时要避免针头刺破输卵管附近的血管，把血带入冲卵液，给检胚造成困难。⑤集卵皿在冲卵时所放的位置要尽可能地比输卵管端的水平面低。同时，要使集卵皿中不要起气泡。

冲洗输卵管法的优点，是卵的回收率较高，用的冲卵液较少。因此检查卵也不费时间。缺点是组织薄嫩的输卵管（特别是伞部）容易造成手术后粘连，甚至影响繁殖能力。

（2）冲洗子宫法。在子宫角的顶端靠近输卵管的部位用针头刺破子宫壁上的浆膜，然后由此将冲卵管导管插入子宫角腔，并使之固定，导管下接集卵杯。在子宫角与子宫体相邻的远端用同样的方法，即先刺破子宫浆膜，再将装有 10~20ml 冲卵液并连接有钝性针头的注射器插入，用力捏紧针头后方的子宫角，迅速推注冲卵液，使之经过子宫角流入集卵管。集卵杯的位置同上。冲洗子宫法卵子回收率要比冲洗输卵管法低。也无法回收输卵管内的受精卵。所需冲卵液比较多。检查卵前需要先使集卵管静置一段时间，等卵沉降至底部后，再将上层的冲卵液小心移去，才能检查下层冲卵液，所以花费时间比较多。

（3）输卵管、子宫分别冲洗法。这种冲洗的目的在于期望最大限度地回收受精卵，可以有两种操作方法。一种是先后将上述两种方法各行一次。另一种是先固定子宫角的远端，而由输卵管伞部向子宫方向注入一定量的冲卵液，使输入管内的卵被带入子宫内，然后再用冲洗子宫法回收。在一侧冲洗完毕后，再依同样的方法冲洗另一侧。

整个操作过程中，要尽量避免出血现象和创伤，防止造成手术后生殖器粘连之类的繁殖障碍，这对供体羊说来是甚为重要的。生殖器官裸露于创口外的时间要尽量缩短。因此，要求冲卵动作熟练，配合默契。并要注意器官在裸露期间内防止干燥，用喷壶每 20s 喷一次生理盐水，避免用纱布与棉花之类的物品去接触它。

冲卵结束后，不要在器官上散布含有盐酸普鲁卡因的油剂青霉素，因为普鲁卡因对组织有麻痹作用，它对器官活动的抑制作用容易导致粘连的发生。为防止粘连，操作过程中，最好用 37℃的灭菌生理盐水散布于器官上。一些品质优良的供体羊可考虑散布低浓度的肝素钠稀释液。

生殖器全部冲洗完毕、复位后，即行缝合。腹膜和腹壁肌肉可用肠线作螺旋状连续缝合。腹底壁的肌肉层进行锁扣状的连续缝合，丝线和肠线均可。皮肤一律用丝线作间断性的结节缝合。皮肤缝合前，可撒一些磺胺粉等消炎防腐药。缝合完毕，在伤口周围涂以碘酒，最后用酒精作消毒。

（二）胚胎检查和评定

1. 胚胎检查

回收到的冲洗液盛于玻璃器皿中，37℃静置 10min，待胚胎沉降到器皿底部，移去上层液就可以开始检胚，检查胚胎发育情况和数量多少。在性周期第 7 日回收的山羊胚胎直径约 140μm。因回收液中往往带有黏液，甚至有血液凝块，常把卵裹在里面，由于不容易识别而被漏检；血液中的红细胞将胚胎藏住而不容易看到，可用解剖针或加热拉长的玻璃小细管拨开或翻动以帮助查找。

检胚室的温度保持在 25~26℃，对胚胎有好处。温度波动过大对于胚胎不利。所以，空调要早一点打开，门窗开后要快速关上。尽量让检胚室的温度比较稳定。

检胚杯要求透明光滑，底部呈圆凹面，这样胚胎可滚动到杯的底部中央，便于尽快地将卵检出。

在实体视显微镜下看到胚胎后，用吸胚管把胚胎移入含有新鲜 PBS 的小培养皿中。待全部胚胎吸出后，将吸出胚胎移入新鲜的 PBS 中洗涤 2~3 次，以除去附着于胚胎上的污染物。洗涤时每次更换液体，用吸胚管吸取转移胚胎，要尽量减少吸入前一容器内的液体，以防止将污染物带入新的液体中。胚胎净化后，放入含有新鲜的并加有小牛血清的 PBS 中培养直到移植。在移植前如果贮存时间超过 2h，应每隔 2h 更换一次新鲜的培养液。

经鉴定认为可用的胚胎，可短期保存在新鲜的培养液中等待移植。在 25~26℃ 的条件下，胚胎在 PBS 中保存 4~5h 对移植结果没有不良影响。要想保存更长的时间，就要对胚胎进行降温处理。胚胎在液体培养基中，逐渐降温至接近 0℃ 时，虽然细胞成分特别是酶活性不太稳定，但仍可保存 1d 以上。

2. 胚胎鉴定

胚胎鉴定的目的是选出发育正常的胚胎进行移植，这样可以提高移植胚胎的成活率。鉴定胚胎可以从如下几个方面着手：①形态；②匀称性；③胚内细胞大小；④胞内胞质的结构及颜色；⑤胞内是否有空泡；⑥细胞有无脱出；⑦透明带的完整性；⑧胚内有无细胞碎片。

正常的胚胎，发育阶段要与回收时应达到的胚龄一致，胚内细胞结构紧凑，胚胎呈球形。胚内细胞间的界限清晰可见，细胞大小均匀，排列规则。颜色一致，既不太亮也不太暗。细胞质中含有一些均匀分布的小泡，没有细颗粒。有较小的卵黄周隙，直径规则。透明带无皱纹和萎缩，泡内没有碎片。检胚时要用拨卵针拨动受精卵，从不同的侧面观察，才能了解确切的细胞数和胞内结构。

未受精卵无卵周隙，透明带内为一个大细胞，细胞内有比较多的颗粒或小泡；桑椹胚可见卵周隙，透明带内为一细胞团，将入射光角度调节适当时，可见胚内细胞间的分界；变性胚的特点是卵周隙很大，内细胞团细胞松散，细胞大小不一或为很小的一团，细胞界限不清晰。

处于第一次卵裂后期的受精卵其特点是透明带内有一个纺锤状细胞。胞内两端可见呈带状排列的较暗的杆状物（染色体）；山羊 8 细胞以前的单个卵裂球，具有发育为正常羔羊的潜力，早期胚胎的一个或几个卵裂球受损，并不影响其后的存活力。

回收到的冲洗液盛于玻璃器皿中，37℃静置 10min，待胚胎沉降到器皿底部，移去上层液就可以开始检胚，检查胚胎发育情况和数量多少。在性周期第七日回收的山羊的胚胎直径约 140μm。

（三）胚胎冷冻保存

胚胎冷冻保存就是对胚胎采取特殊的保护措施和降温程序，使之在 -196℃下代谢停止而进行保存，同时升温后其代谢又得以恢复，这样可以将胚胎进行长期保存。英国学者 Whittingham（1971）最早发明胚胎冷冻保存技术的慢速冷冻法，并用该方法成功地保存了小鼠胚胎，标志着胚胎冷冻保存技术基本成熟。1985 年，Rall 等（1985）开发了玻璃化冷冻法，成为该技术发展的又一里程碑。自 1972 年来，世界各地已有牛、大鼠、兔、绵羊、山羊、马等动物的胚胎或卵子冷冻获得成功。

1. 胚胎冷冻的用途及潜在优越性

①可减少同期发情受体的需要量；②贮存肉用山羊非配种季节的胚胎在最适宜时间移植；③可在世界范围内运输优良的肉用山羊种质；④可以通过运输、胎代替运输活羊以降低成本；⑤可以建立种质库；⑥有利于保种。胚胎冷冻保存能使胚胎移植在任何时间、任何地点进行，有利于胚胎移植技术在生产中的应用。该技术可以实现快速而廉价的胚胎远距离运输，以代替活畜的引种，减少疾病传播，促进国际良种动物的交流。胚胎冷冻研究在程序上经历了由繁到简的过程，主要表现在所需设备的简化，冷冻时间的缩短，而冷冻方法经历了慢速冷冻，常规快速冷冻和超快速冷冻三个阶段。

2. 肉用山羊的胚胎保存

分为短期保存和冷冻保存。使用新鲜胚胎，从冲卵到移植只要在 1h 或几小时内就可完成，这段时间保存在室温（25~26℃）环境里受胎率没有多大影响。鲜胚的移植受胎率目前可以达到 60%~90%，而冻胚在一般情况下，可以达到的最高妊娠率为 50%，但一般低于这个比率。1992 年，国内有人报道将胚胎冷冻后并解冻移植，获得了 60.5%的妊娠率和 39.7%的产羔率。冷冻保存是今后的方向，如同冻精一样，冻胚可以长期保存，应用价值很大。胚胎冷冻以 7~8d 的受精卵为好。

目前对肉用山羊胚胎冷冻保存试验虽有多种经过改进的方法，但基本程序如下。添加低温保护剂并进行平衡；将胚胎装进细管里，放进降温器里，诱发结晶；慢速降温；投入液氮（-196℃）中保存；升温解冻；稀释脱除胚胎里冷冻保存剂。现行肉用山羊胚胎冷冻法主要有以下两种。

（1）快速冷冻法。目前最成熟的方法。与一步法相比，虽然操作烦琐，且需要专门的冷冻仪器，但胚胎冷冻解冻后移植成活率高，为目前生产中最常用的方法。其操作步骤如下。

胚胎的收集：收集方法同前述，并将采得的胚胎在含有20%小牛血清的PBS中洗涤两次。

加入冷冻液：洗涤后的胚胎在室温条件下加入含有1.5mol/L甘油或DMSO的冷冻液中平衡20min。

装管和标记：胚胎经冻前处理后即可以装管。一般用0.25ml的精液冷冻细管，将细管有棉塞的一端插入装管器，将无塞端伸入保护液中吸一段保护液（Ⅰ段）后吸一小段气泡，再在显微镜下仔细观察并吸取含有胚胎的保护液（Ⅱ段），然后再吸一个小气泡，再吸一段保护液（Ⅲ段）。把无棉塞的一端用聚乙烯醇塑料沫填塞，然后向棉塞中滴入保护液和解冻液。冷冻后液体冻结时两端即被封。

冷冻和诱发结晶：快速冷冻时，要先做一个对照管，对照管按胚胎管的第Ⅰ、第Ⅱ段装入保护液。把冷冻仪的温度传感电极插入Ⅱ段液体中上部，放入冷冻器内，如果使用RPE冷冻仪，可以调节冷冻室和液氮面的距离，使冷冻室温度降至0℃并稳定10min后，将装有胚胎的细管放入冷冻室，平衡10min，然后调节冷冻室外至液氮面的距离，以1℃/min降至-7～-5℃，此时诱发结晶（可以由室外温度开始以同样的速度降至-7～-5℃）。诱发结晶时，把试管用镊子提起，用预先在液氮中冷却的大镊子夹住含胚胎段的上端，3～5s即可以看到保护液变为白色晶体，然后再把细管放回冷冻室。全部细管诱发结晶完成后，在此温度下平衡10min。在此期间，可见温度仍在下降，在-10～-9℃时温度突然上升至-6～-5℃，接着缓慢下降。这种现象是因为对照管未诱发结晶，保护液在自然结晶时放出的热所致。10min后，温度可能降至-12℃左右，此时重新调节冷冻仪至液氮面的距离，以0.3℃/min的速率降至-40～-30℃后再投入液氮保存。

解冻和脱除保护剂：试验证明，冷冻胚胎的快速解冻优于慢速解冻，快速解冻时，使胚胎在30～40s内由-196℃上升至30～35℃，瞬间通过危险温区来不及形成冰晶，因而不会对胚胎造成大的破坏。

解冻的方法：预先准备30～35℃的温水，然后将装有胚胎的细管由液氮中取出，立即投入温水中，并轻轻摆动，1min后取出，即完成解冻过程。

胚胎在解冻后，必须尽快脱除保护剂，使胚胎复水，移植后才能继续发育。目前多用蔗糖液一步或两步法脱除胚胎里的保护剂。用PBS配制成0.2～

0.5mol/L 的蔗糖溶液，胚胎解冻后，在室温下放入这种液体中保持 10min，在显微镜下观察，胚胎扩张至接近冻前状态，即认为保护剂已被脱除，然后移入 PBS 中准备检查和移植。

（2）一步冷冻法。一步冷冻法以添加 20% 犊牛血清的 PBS 液为基础液，配制 10% 的甘油、20% 的 1,2-丙二醇的混合 I 液和 25% 的甘油、25% 的 1,2-丙二醇的混合 II 液作为玻璃化液，胚胎先在室温移入 I 液中平衡 10min，再移入 II 液中。取 0.25ml 的冷冻细管一支，两端分别装入含有 1mol/L 蔗糖的 PBS 稀释液，中间装入 II 液，然后将 I 液中的胚胎直接移入 II 液中，封口，标记。同时从液氮罐中提出充满液氮的提斗，将细管垂直缓慢地插入液氮中。解冻时，将含有胚胎的细管从液氮中取出，立即缓慢插入预先准备好的 20℃ 的水浴中，数秒钟后用棉球将细管外的水擦干，剪去两端，将其中的液体一起吹入培养皿，再移入含有 20% 小牛血清的 PBS 液中，反复冲洗 3 遍。此法移植时操作简便，受胎率可达 50% 以上。

冷冻胚胎在解冻后移植前要经过活力鉴定和培养鉴定后方可进行移植。

（3）玻璃化冷冻法。Rall 等（1985）首次报道了用玻璃化方法来冷冻保存小鼠胚胎。这种方法不仅大大简化了冷冻过程，而且减少了由于细胞冰晶形成所引起的一系列物理及化学损伤。玻璃化冷冻液属于高浓度溶液，常温下对胚胎细胞的毒性较大，所以需要尽量降低玻璃化溶液的毒性。

目前，玻璃化冷冻技术已日趋成熟，常用的冷冻方法是细管法。细管法冷冻液含量较多，降温速度相对较慢（2 000℃/min）。Kasai 等（1990）采用细管一步法，以 EFS 为玻璃化液冷冻保存小鼠桑葚胚，存活率达到 97%~98%。

Vajta 等（1998）发明了 OPS（Open Pulled Straw）法，该法对牛卵母细胞冷冻后，体外受精获得了 25% 的囊胚率，是当时世界上报道的牛卵母细胞冷冻的最好结果。OPS 法冷冻液的含量只有 1μl，冷冻速度提高到 20 000℃/min，是细管法的 10 倍。OPS 由 0.25ml 细管加热变软后拉制而成，其内径为 0.8mm、管壁厚度为 0.07mm。冷冻时，将 OPS 的细小端浸入含有胚胎的冷冻液小滴，利用虹吸效应将胚胎以及冷冻液装入 OPS，然后直接投入液氮保存。解冻时，只要将 OPS 细端浸入一定温度解冻液，1~2s 冷冻液融化后，解冻液进入 OPS 细端，将胚胎由 OPS 细管中吹出。

3. 影响胚胎冷冻效果的因素

（1）保护液和冷冻方法。玻璃化液是一种含有高浓度抗冻剂的溶液，会对胚胎产生毒性作用。最早用于胚胎保存的玻璃化液以二甲基亚砜、乙酰胺、丙二醇、聚乙二醇等作为保护剂，这些溶液毒性很大，且平衡过程又很复杂，需要时间也长。试验发现乙二醇是可透过性保护剂中毒性最小的一种。目前，冷冻保护液多采用乙二醇作保护剂，且选用多种保护液组合而成的玻璃化液

（Kasai et al., 1990），对玻璃化液的研究主要集中在向其中添加各种物质，如糖类、抗冻蛋白、透明质酸、松弛素、盐等，以提高冷冻效果。

吴细波（2007）采用细管玻璃化冷冻方法和OPS玻璃化冷冻方法对马头山羊超数排卵获得的胚胎进行冷冻。一个月后，将胚胎解冻后进行体外发育培养。试验结果（表11-5）表明，细管玻璃化冷冻和OPS玻璃化冷冻的胚胎，解冻后胚胎形态正常率（84.09%和81.08%）、囊胚发育率（63.51%和60.00%）与细管玻璃化冷冻效果基本相同（P>0.05）。

表11-5 不同冷冻方法对胚胎冷冻后发育效果的影响

冷冻方法	冷冻液	冷冻胚胎数（枚）	回收胚胎数（%）	形态正常胚胎数（%）	囊胚发育数（%）
细管玻璃化	EFS40	93	88（94.62）	74（84.09）[a]	47（63.51）[a]
OPS	EFS40	41	37（90.24）	30（81.08）[a]	18（60.00）[a]

注：同列数据标不同字母表示差异显著（P<0.05），相同字母表示差异不显著（P>0.05）。吴细波，2007。

（2）环境温度与平衡时间。玻璃化冷冻前胚胎在玻璃化液的平衡过程中，对环境温度变化很敏感。温度高时，平衡时间短成活率高。温度低时，冷冻液毒性降低，胚胎能耐受较长平衡时间，但乙二醇渗透性降低，需平衡较长时间。乙二醇的渗透量与环境温度和平衡时间有关。室温高，细胞膜通透性好，乙二醇进入细胞速度则快，所需平衡时间则短。

（3）解冻方法。在解冻过程中脱除保护剂是必要的，因为冷冻保护剂对胚胎有一定的毒性，而在常温下毒性更大。但将含有较高浓度保护剂的细胞移入等渗培养液中，由于细胞内外存在较高的渗透压差，大量水分子进入细胞而使其膨胀或崩解。

吴细波（2007）对马头山羊超排获得的胚胎经细管玻璃化冷冻后，分别采用25℃和37℃水浴进行解冻，胚胎解冻后进行体外发育培养试验，结果（表11-6）表明，37℃水浴解冻后的胚胎发育效果略好于25℃水浴解冻，但解冻后胚胎的形态正常率（83.78%和81.48%）和囊胚发育率（64.52%和59.09%）没有差异（P>0.05）。

表11-6 解冻时不同水浴温度对胚胎冷冻后发育效果的影响

冷冻方法	水浴温度	冷冻胚胎数（枚）	回收胚胎数（%）	形态正常胚胎数（%）	囊胚发育数（%）
细管玻璃化（EFS40）	25℃	29	27（93.10）	22（81.48）[a]	13（59.09）[a]

（续表）

冷冻方法	水浴温度	冷冻胚胎数（枚）	回收胚胎数（%）	形态正常胚胎数（%）	囊胚发育数（%）
细管玻璃化（EFS40）	37℃	39	37（94.87）	31（83.78）[a]	20（64.52）[a]

注：同列数据标不同字母表示差异显著（$P<0.05$），相同字母表示差异不显著（$P>0.05$）。吴细波（2007）。

（4）动物种类与胚胎发育阶段

不同种动物或同种动物的不同发育时期的胚胎是影响玻璃化冷冻效果的一个重要因素。玻璃化冷冻时要根据胚胎品种和发育情况来决定适宜的冷冻液以及处理时间和方法。

4. 影响冷冻胚胎移植妊娠率的因素

胚胎着床涉及胚胎和受体子宫之间的相互作用，是一种高度进化和完善的生理过程。胚胎的质量、受体的生理状况、子宫内环境、母畜的健康状况、年龄以及胚胎与子宫生理状态的同步程度等诸多因素都影响着冻胚移植妊娠率。

冷冻胚胎与冻精不同，冻精有足够数量的精子，而且解冻后精子活力很容易判断，但胚胎质量的判断就比较困难，因此，冻胚解冻后必须进行质量鉴定，凡透明带破裂、细胞团分离、颜色发黑的胚胎为不可用胚胎，要淘汰。

正确的操作是保证胚胎能继续发育的必要条件，胚胎解冻过程直接影响胚胎的复苏率，解冻温度要严格控制。严格按操作程序进行保护液脱除，保存在细管中的冻胚处于高浓度保护液中呈高渗萎缩状态，必须按一定梯度进行脱除冷冻保护剂，否则急剧的渗透压变化会导致胚胎细胞死亡。解冻后的胚胎应保持恒温，在移入受体前不能受冷热及强光刺激，要封闭保存。不同发育阶段的胚胎移植到子宫的位置不一样。

移植后的胚胎要在其体内完成着床及生长发育直至产出体外，因此，受体的选择及饲养管理对于提高胚胎移植妊娠率及产羔（羔）率起着至关重要的作用。受体的遗传型、营养状况、健康状况、生理状况，卵巢黄体状况，发情周期的同步化等因素是胚胎移植中受体受孕率高低的关键。胚胎发育阶段与受体子宫内环境的生理和生化状态的准确同步，有利于移植胚胎的附植。

（四）胚胎分割

早期胚胎的每一个卵裂球都有独立发育成个体的全能性，所以可以通过对胚胎进行分割，人工制造同卵双生或同卵多生。它极大地扩大了胚胎的来源。

20 世纪 30 年代，Pinrus 等首次证明兔 2 细胞胚的单个卵裂球在体内可发育成体积较小的胚泡。之后，Tarkowski 等人的试验胚胎学研究成果进一步证明哺乳动物 2 细胞胚的每一个卵裂球都具有发育成正常胎儿的全能性。20 世纪 70 年代以来，随着胚胎培养和移植技术的发展和完善，哺乳动物胚胎分割取得了突破性进展。Mullen 等于 1970 年分割 2 细胞期鼠胚，通过体外培养及移植等程序，获得了小鼠同卵双生后代。我国从 20 世纪 80 年代初开始这方面的研究工作，之后相继获得小鼠、山羊的同卵双生后代，还获得了四分胚的牛犊。胚胎分割主要有显微操作仪分割法和手工分割法两种。

1. 显微操作仪分割法

显微操作仪的左侧有固定吸管可固定胚胎，在右侧将切割刀（针）的切割部位放在胚胎的正上方，并垂直施加压力，当触到平皿底时，稍加来回抽动，即可将胚胎的内细胞团从中央等分切开，也可只在透明带上做一切口，切割并吸出半个胚胎。此法成功率高，但对仪器设备要求较高。

2. 手工分割法

此法先需自制切割刀片。市售刮胡刀刀片的刀口部分折成 30° 后，用砂轮将其尖端背侧磨薄，用医用止血钳夹住刀片即可以进行操作。切割时需先用 0.1%~0.2% 链霉蛋白酶软化透明带，在实体显微镜下，用自制的切割刀直接等分切割胚胎。通常是将胚胎置于微滴中进行切割，这样可以有效地防止胚胎在切割时滑动。切开后要及时加入液体。这种方法比较简单，但对操作的经验方面要求较高。

以上两种方法获得的半胚可以分别装入空透明带中，或者直接进行移植。必须注意的是，若分割胚为囊胚，则必须沿着等分内细胞团的方向分割胚胎。

试验证明，分割后的半胚在冷冻后再解冻并进行移植，仍然具有发育成新个体的能力。这样获得的后代在育种上称为异龄双生后代，具有重要的利用价值。所以将胚胎移植技术与胚胎冷冻技术结合起来，不仅可以获得大量的胚胎，而且使胚胎移植能随时随地进行，极大地促进胚胎移植技术的推广。

六、胚胎移植操作

（一）移植适宜时间

移植胚胎给受体，胚胎的发育必须和子宫的发育相一致。既要考虑供体和受体发情的同期化，又要考虑子宫发育与胚胎的关系。而子宫的发育有经验者多根据黄体的表型特征来鉴定。实际上，由于供体羊提供的是超排卵，其单个卵子排出的时间往往有差异，因此，不能只考虑发情同期化。在移植前，要对受体肉用山羊仔细进行检查，如果黄体发育到所要求的程度，即使与发情后的天数不吻合也可以移植，反之，就不能移植。

（二）移植时受体处理

受体羊在移胚前应证实卵巢上有发育良好的黄体。有条件时可进行腹腔镜检查，确定黄体的数量、质量以及所处的位置，移植时不必再拉出卵巢进行检查。受体羊在术前应饥饿20h左右，并于手术前一日剃毛。

（三）移植操作

移植分为输卵管移植和子宫移植两种。由输卵管获得的胚胎，应由伞部移入输卵管中；经子宫获得的胚胎，应当移植到子宫角前1/3处。

吸胚胎时，先用吸管吸入一段培养液，再吸一个小气泡，然后吸取胚胎，胚胎吸取后，再吸一个小气泡，最后吸一段培养液。这样可以防止在移动吸管时丢失胚胎。

输卵管法移植前要注意输卵管前近伞部处往往因输卵管系膜的牵连，形成弯曲，不利于输卵。因此术者应使伞部的输卵管处于较直的状态，以便于移卵者能见到牵出的输卵管部分处于输管系膜的正上面，并能见到喇叭口的一侧。此时，移卵者将移卵管前端插入输卵管，然后缓缓加大移卵管内的压力，把带有胚胎的保存液输入输卵管内。如果原先移卵管内液体过多，则多量的液体进入输卵管时会引起倒流，卵子容易流失。移卵后要保持输卵内的指压，抽出移卵管。若在输卵管内放松指压，移卵管内的负压就会将输卵管内的胚胎再吸出来。输卵后还要再镜检移卵管，观察是否还有胚胎的存在，若没有，说明已移入，及时将器官复位，并做腹壁缝合。

子宫移卵时，可以使用自制的移卵管。移卵时，将要移的胚胎吸入移卵管后，直接用钝性导管插入母羊的子宫角腔，当移卵管进入子宫腔内时，会有插空的手感。此时，稍向移卵管内加压，若移卵管已插入子宫腔，移卵管内的液体会发生移动。若不能移动，需调整钝性导管或移卵管的方向或深浅度，再行加压，直至顺利挤入液体为止。

七、胚胎移植后母羊的饲养管理

（一）母羊术后护理

经过胚胎移植手术后，无论是供体羊还是受体羊都要接受3~5d的特别护理。将术后母羊单独组群，防止其他羊只的干扰和剧烈运动。给予优质的青绿饲料和精料，给予充分的清洁饮水。在此护理期间不放牧，只是在羊舍运动场让其自由活动。

（二）妊娠诊断

山羊的妊娠期平均为 150d（146～160d）。我们非常关心胚胎移植是否成功，及时、准确的妊娠诊断可及早发现空怀母羊，可采取补配措施，并对怀孕母羊加强饲养管理，避免流产，这是提高羊受胎率和繁殖率的有效措施。妊娠诊断的方法如下。

1. 外部观察法

母羊妊娠后，表现为周期性发情停止，食欲成倍增加，膘情逐渐变好，毛色光润，性情逐渐变温顺，行动谨慎安稳等；到妊娠 3～4 个月，腹围增大，妊娠后期腹壁右侧较左侧更为突出，乳房胀大。单纯依靠母羊妊娠后的表现进行诊断的准确性有限，需要结合另外两种方法来做出诊断。养羊也经常使用试情公羊对配种后的母羊进行试情，若配种后 1～2 个情期不发情，则可判定母羊妊娠。

2. 超声波诊断法

这种方法是通过用超声波的物理特性，通过探测羊的胎动、心跳及子宫动脉的血流来判断母羊是否妊娠。目前国内外开发出多款 B 型超声波诊断仪，其诊断准确率较高，可对羊的皮下脂肪厚度和背最长肌的直径进行活体检测。国外有研究表明，在配种后 20d 就可用 B 超进行直肠检测。

3. 孕酮测定法

怀孕后的母羊血液中的孕酮含量会有所增加，生产实践中常以配种后 20～25d 母羊血液内的实测孕酮含量为判断依据。具体判断指标：山羊每 1ml 血液中孕酮含量大于 3ng 判为妊娠阳性。

（三）母羊预产期的推算方法。

配种月加 5，配种日期减 2 或减 4。如果妊娠期包含 2 月，预产日期应减 2，其他月减 4。例如：一只母羊在 2009 年 11 月 3 日配种，该羊的产羔日期为 2010 年 4 月 1 日。在这个预产期到来之前，应该充分做好接产的准备，以迎接胚胎移植的羔羊的出生。这是我们非常期盼的时刻。

第八节　提高母羊繁殖力的主要方法

一、肉羊繁殖力的表示方法

繁殖力是表示羊只维持正常繁殖机能而生育后代的能力。通常用以下几种方法表示：

（一）受配率

受配率指本年度内参加配种的母羊数与羊群内适龄繁殖母羊数的百分率。主要反映羊群内适龄繁殖母羊的发情和配种情况。

$$受配率（\%）=\frac{配种种母羊}{适龄母羊数}\times100$$

（二）总受胎率

指本年度末受胎母羊数占本期内参加配种母羊的百分率。反映母羊群中受胎母羊数的比例。

$$总受胎率（\%）=\frac{受胎母羊数}{配种母羊数}\times100$$

（三）情期受胎率

指在一定的期限内受胎母羊数占本期内参加配种的总发情母羊的百分率。反映母羊发情周期的配种质量。

$$情期受胎率（\%）=\frac{受胎母羊数}{情期配种母羊数}\times100$$

（四）产羔率

指产羔母羊的产羔数占分娩母羊的百分率。反映母羊妊娠及产羔情况。

$$产羔率（\%）=\frac{产出羔羊数}{分娩母羊数}\times100$$

（五）羔羊成活率

指在本年度内，断奶成活的羔羊数占出生羔羊的百分率。

$$羔羊成活率（\%）=\frac{成活羔羊数}{产出羔羊数}\times100$$

（六）繁殖成活率

指本年度内断奶成活的羔羊数占适龄繁殖母羊数的百分率。

$$繁殖成活率（\%）=\frac{断奶成活羔羊数}{适龄繁殖母羊数}\times100$$

二、提高繁殖力的途径

羊的繁殖力，首先决定于品种本身的遗传特性，其次是人为地采取相关的技术措施使之充分发挥繁殖潜力。只要正确掌握绵羊、山羊的繁殖规律，采取先进的技术措施，其繁殖力就可以大大提高。

（一）选择多胎羊的后代留作种用

羊的繁殖力具有遗传特性，选择多胎羊的后代留作种用可提高繁殖力，特别是选择具有较高生产双羔或多羔潜力的公羊留作种羊进行配种，比选择母羊更为有效。

（二）提高种公羊和繁殖母羊的营养水平

提高种公羊和繁殖母羊的营养水平，加强饲养管理，是保证肉羊繁殖力的物质基础，任何先进的繁殖技术都是无法替代的。

日粮营养水平不足，会阻碍公母羊生殖器官的正常发育，使初情期和性成熟延迟，母羊发情不正常或不发情，排卵率和受胎率低，胚胎早期死亡、死胎或出生羔瘦小，死亡率高。营养水平过高，对母羊的繁殖率也有一定影响。当日粮能量水平过高时，可使母羊体内脂肪沉积过多，造成卵巢周围脂肪浸润，阻碍卵泡的正常发育，影响受精和着床。

饲养管理不当会影响种公羊的性欲、精液质量，所以必须根据绵羊、山羊的品种、年龄、生产性能等制定科学的饲养管理制度和相应的饲养标准，满足公母羊对能量、蛋白质、维生素、矿物质及微量元素的需求。种公羊要多喂含蛋白质的饲料，控制膘情，使种公羊有良好的体况。对营养中、下等和瘦弱的母羊要在配种前1个月给予必要的补饲，对妊娠后期及哺乳期的母羊要加强饲养管理，以提高母羊的繁殖力。

（三）缩短母羊的产羔间隔

缩短母羊产羔间隔可以打破羊只季节性繁殖的限制，使繁殖母羊每年生产更多的羔羊。为了缩短母羊产羔间隔，常对羔羊采取早期断奶，据许多试验证明，羔羊5~6周龄断奶，其成活率不受影响。

（四）控制光照及温度

绵羊、山羊是秋冬季配种的动物，通常又称"短日照动物"。缩短光照和降低温度会促进羊的性腺活动，所以可利用控制光照的方法，来改变母羊的季节性发情。

（五）克服胚胎的早期死亡和不孕症

研究证明，细菌、病毒及营养不足等原因都可导致胚胎早期死亡，各种各样的生殖障碍对繁殖率的威胁也很大，所以要加强胚胎早期死亡和不孕症的研究。

（六）应用繁殖新技术。

1. 诱发产多羔技术

诱发产多羔是指人为地改善母羊的生殖生理环境，促使母羊每窝产双羔或双羔以上的技术。

目前，一般以人工合成的外源性类固醇激素作抗原，刺激母羊体内产生生殖激素抗体，中和外周血液中相应的内源类固醇，增强垂体前叶 FSH 和 LH 的分泌，加速滤泡的发育与成熟，从而提高母羊的排卵率。目前，生产中使用的激素主要是澳大利亚生产的双羔素和国产的双羔苗两种。双羔素的使用方法是在母羊配种前 4~7 周颈部皮下注射一次，也可以在配种前 2~3d 再注射一次，每只每次 2ml。双羔苗水剂可在母羊配种前 2~5 周颈部皮下注射，每只每次 1ml。油剂可在母羊配种前 2 周，臀部肌内注射一次，每只每次 2ml。

2. 超数排卵和胚胎移植（MOET）技术

（1）超数排卵：应用外源促性腺激素诱发母羊卵巢多个卵泡发育并排出具有受精能力的卵子的方法，称为超数排卵，简称"超排"。进行胚胎移植时，为了获得更多的胚胎，需要对供体母羊进行超排。

目前，用作超排的促性腺激素药物主要有两种。一种是 PMSG，在供体母羊发情周期的第 16 天，按每千克体重 25~30IU，一次皮下注射 PMSG，可收到较好的超排效果。另一种是 FSH，在供体母羊发情后第 9~10 天，肌内注射 FSH，1 天 2 次，每次剂量为 40~50IU，也可以不等量连续注射 5d，如果发现发情即停止注射。在开始注射 FSH 后 48h，要肌内注射前列腺素（PGF2α）15~20mg，发情时再静脉注射促性腺激素（HCG）1 000U，以取得良好的超排效果。在实际处理中，因供体母羊个体之间排卵数的差异很大，可能受个体反应、年龄、胎次、超排时期、品种、季节等因素的影响，实践中应逐渐摸索总结。

（2）胚胎移植：详见本章第七节。

3. 胚胎的冷冻保存与分割技术

（1）冷冻保存是将收集的胚胎经冷冻保护和降温处理后，放入液氮（-196℃）中保存的方法。目前美国、英国、法国、加拿大、澳大利亚等国已将冷冻胚胎技术应用于畜牧生产，并建立了商业性的冷冻胚胎库，向世界各地出售冷冻胚胎。我国于 1982 年首次将绵羊的冷冻胚胎移植获得成功。随后，山羊的冷冻胚胎移植获得成功。

（2）胚胎分割技术是使用显微操作仪将胚胎分割开来的一种技术。胚胎分割一般在 2-细胞至 16-细胞期进行。通过分割，可将一枚胚胎分成几个遗传性能相同的分割胚，成倍地增加胚胎数量。

第十二章　肉羊的饲料配制

第一节　羊的营养需要

一、能量需要

（一）碳水化合物需要

碳水化合物是一类由碳、氢、氧元素构成的有机物。在饲料化学分析时，常把它分为无氮浸出物和粗纤维。无氮浸出物又可分为糖类和淀粉，粗纤维又可分为纤维素、半纤维素和木质素。糖类和淀粉的营养价值高，易被羊消化吸收，又称易溶性碳水化合物。粗纤维是羊不可缺少的饲料，是羊饲粮的主要成分。纤维素还能起到填充胃肠的作用，使羊有饱感，并能刺激胃肠道的蠕动，有利于消化饲料和排出粪便。山羊的耐粗性较绵羊好，对粗纤维的消化率可达50%~90%，但饲料中的粗纤维含量不能过高，一般应控制在 16%~18%；为了便于消化，可将粗饲料适当切短，一般以切成 3~4cm 为好。碳水化合物占植物性饲料总干物质的 75% 左右，其营养功能是：在羊体内形成组织，为组织器官的不可缺少的成分；供给维持机体正常体温和生命活动所需的热能；供给热能后剩余部分在体内转化为体脂储存起来，作为能量储备，以备饥饿时使用；保证瘤胃微生物的繁殖，供应充足的碳水化合物，可减少蛋白质分解，起到节约蛋白质的作用。

（二）脂肪需要

脂肪和碳水化合物一样，也是碳、氢、氧元素构成的。饲料中的脂肪包括脂肪、油和类脂化合物，总称为粗脂肪。羊的主要饲料是青草、干草、树叶、秸秆等，这些饲料中含有饱和脂肪酸和不饱和脂肪酸，而以不饱和脂肪酸为主。

脂肪是含能量最高的营养物质，是热能的主要来源，饲料中的脂肪被羊体消化吸收后，可氧化供能，多余部分则转为脂肪储存备用。

因此，又是沉积体脂的营养物质之一；是构成羊体组织如神经、肌肉、血液的重要部分；是脂溶性维生素 A、维生素 D、维生素 E、维生素 K 的溶剂，脂肪缺乏时，会引起维生素 A、维生素 D、维生素 E、维生素 K 的缺乏症；脂肪还可起到防止热散失、保蓄体温等作用。

二、蛋白质需要

蛋白质是含有氮的有机物。氨基酸是合成蛋白质的单位，是一种含氨基的有机酸。羊对蛋白质的需要量在一定程度上取决于蛋白质的品质，即氨基酸的平衡。氨基酸的种类很多，构成蛋白质的氨基酸有 20 多种，其中必需氨基酸有精氨酸、异亮氨酸、苯丙氨酸、苏氨酸、色氨酸、亮氨酸、赖氨酸、甘氨酸、缬氨酸和色氨酸，它们在玉米中含量较低，在豆科植物饲料中含量较高，两者合理搭配，可使整个日粮的蛋白质利用率大大提高。在低蛋白日粮中适当添加尿素等非蛋白氮，可以补充蛋白质的不足。蛋白质是羊机体的重要营养要素。蛋白质是建造机体组织细胞和组织更新、修补的主要原料，也是机体内功能物质的主要成分。当机体营养不足时，蛋白质也可分解供能，维持机体的代谢活动；当摄入蛋白质过多时，也可以转化为糖、脂肪和分解产热。当蛋白质缺乏时，羊患营养缺乏症，幼龄羊、羔羊生长发育受阻，成年羊机体消瘦、哺乳母羊泌乳量下降，妊娠母羊胎儿发育不良，种公羊精液质量差，受胎率降低。

三、维生素需要

维生素是一类理化特征互不相同、生理作用差别很大的有机化合物。虽其含量甚微且相互之间存在着复杂的关系，但作用重大。主要是调节生理功能、保持健康和预防疾病。目前，已确定的维生素有 14 种，按溶解性将其分为脂溶性维生素和水溶性维生素两大类。脂溶性维生素有维生素 A、维生素 D、维生素 E、维生素 K 4 种；水溶性维生素有维生素 B_1（硫胺素）、维生素 B_2（核黄素）、维生素 B_6、维生素 B_{12}、烟酸、泛酸、生物素、叶酸、胆碱、维生素 C 等。B 族维生素可由羊消化道中的微生物合成，其他维生素一般都由植物性饲料和酵母中获得。维生素 A 类胡萝卜素，一般青绿饲料中含量较高，如胡萝卜、黄玉米中含胡萝卜素丰富。羊主要通过小肠将胡萝卜素转化为维生素 A。维生素虽然不是形成机体各种组织器官的原料，也不是能量物质，但它在机体新陈代谢能量转换和神经调节上起重要作用。

四、矿物质需要

矿物质又叫无机盐。在饲料化学分析时称粗灰分。矿物质是羊机体组织、细胞、骨骼和体液的重要部分。目前已证明羊体必需的有 15 种矿物质，其中常量元素有 7 种，包括钠、氯、钙、磷、镁、钾和硫；微量元素有 8 种，包括碘、铁、铜、钼、钴、锰、锌和硒。机体内矿物质缺乏，会引起神经、消化系统、肌肉运动、营养输送、血液凝固和酸碱平衡等功能紊乱，直接影响羊体健康、生长发育、繁殖和产品质量，严重时引起死亡。矿物质中又以钙、磷和钠、氯最为重要。钙和磷占矿物质总量的 70% 左右。钙、磷不足会引起胚胎发育不良、佝偻病、骨软化等。植物性饲料中所含的钠和氯不能满足山羊的需要，必须在饲料中补充氯化钠（即食盐）。同时，补充食盐又可以刺激羊的食欲。一般可将食盐和其他补充矿物质制成舔砖悬挂在羊舍，任其舔食。肉用商品羊在牧草丰盛、质量较好的放牧季节，可以少补或不补充钙、磷。妊娠或哺乳母羊、种公羊和青年羊以及舍饲期都需要补充一定量的钙、磷。钙、磷含量丰富的矿物质饲料主要有骨粉、磷酸钙等。缺乏某些矿物质元素，易得代谢病、贫血、皮肤病、消化道疾病、生殖机能障碍甚至死亡等。

五、水的需要

水是羊体最重要、最必需的营养物质之一。体内营养物质的运输、消化、吸收和代谢物的排出，体温的调节，关节和器官的润滑都离不开水的参与。羊体含水量很多，占体重的 50%~60%；其中血液中含水 80% 以上，肌肉中含水 72%~78%；骨骼中含水 45%。幼龄羊比成龄羊体内含水量高，肥羊比瘦羊含水量高。因此，羊生存的每时每刻都不能缺水。若羊体缺水，健康受到损害，产乳量下降。羊体失水 10%，代谢紊乱；失水 20%，羊只有死亡的危险。羊体的水主要来自饮水、青绿饲料中的水和体组织有机物质代谢过程中形成的内源代谢水。所以要保证水的供给和注意饮水卫生，一般山羊每食 1kg 干饲料需 3~4kg 水。

第二节　羊的常用饲料

羊是草食家畜，可采食的饲料，尤其是植物性饲料很多，按照行业分类，羊的常用饲料可分为八大类：青饲料、青贮饲料、粗饲料、能量饲料、蛋白质饲料、矿物质饲料、维生素饲料、添加剂饲料。

一、青饲料

青饲料是指天然水分含量较大的植物性饲料，以其富含叶绿素而得名。包括天然草地牧草、栽培牧草、田间杂草、幼枝嫩叶、水生植物及菜叶瓜藤类饲料等。青饲料能较好地被家畜利用，且品种齐全，具有来源广、成本低、采集方便、加工简单、营养全面等优点。

（一）青饲料的营养特点。

1. 蛋白质含量丰富

以干物质计算，青饲料中粗蛋白质含量比禾本科籽实中的还要多，例如，苜蓿干草中粗蛋白质含量为20%左右，相当于玉米籽实中粗蛋白质含量的2.5倍，约为大豆饼的一半。不仅如此，由于青饲料都是植物体的营养器官，其中所含的氨基酸组成也优于禾本科籽实，尤其是赖氨酸、色氨酸等含量更高。因此，青饲料的蛋白质生物学价值较高，一般为70%~80%，远远高于其他植物饲料。

2. 富含多种维生素

青饲料富含有多种维生素，包括B族维生素以及维生素C、维生素E、维生素K等，特别是胡萝卜素，每千克青饲料中含有50~80mg胡萝卜素，是各种维生素廉价的来源。

3. 体积大，水分含量高，适口性好

新鲜青饲料水分含量一般在75%~90%，水生植物则高达95%左右。一方面，它是羊摄入水分的主要途径之一；而另一方面也反映了青饲料的营养浓度较低，特别是消化能每千克鲜重仅含1 250~2 500kJ。因此，仅以青饲料满足羊所有的营养是不够的。青饲料柔软多汁，纤维素含量较低，适口性好，能刺激羊采食量，而且由于其营养均衡，日粮中含有一定青饲料还能提高整个日粮的利用率。

4. 含有多种矿物质

青饲料含有各种矿物质，其种类和含量因植物品种、土壤条件、施肥情况等不同而不同。青饲料的利用有一定季节性，春、夏、秋季生长茂盛，草产量高，应合理利用。此外，还应注意适时收获，晒制干草，以应冬季之需。

（二）牧草

牧草大体上分为天然牧草和人工栽培牧草两大类。天然牧草系指草原牧草、田（林）间杂草及路边野生牧草，是农区养羊重要的饲草资源。这类牧草以禾本科、豆科、菊科、莎草科、藜科等分布最广，利用最多。

1. 天然牧草

天然牧草单位面积产草量不高，而且产草量及草的营养价值随季节的变换差异较大。其干物质中以无氮浸出物含量最高，占40%~50%，粗纤维25%~30%，粗蛋白质10%~15%；除维生素D外，其他维生素含量丰富；矿物质中钙的含量一般比磷含量高，但钙、磷比例适度。

2. 栽培牧草

指将单位面积产量高、营养价值较全、家畜喜食的牧草，经人们有意识、有计划地加以栽培和种植。栽培牧草多以禾本科和豆科牧草为主，其用途有专作饲料的，也有饲料和绿肥兼用的，栽培有单种和混播两种方式。栽培的品种主要有苏丹草、燕麦草、苜蓿、毛叶苕子、草木樨、紫云英、三叶草、沙打旺、聚合草等。栽培牧草除部分鲜饲外，多制成干草或加工成草粉，以供冬季饲草缺乏时调剂使用。

（三）青饲料的利用

无论是天然牧草还是栽培牧草，其利用都存在一定的实际问题，所以，以下几点值得注意。

1. 利用要适时

一般在植物抽穗开花之前利用比较适宜，此时牧草正处于生长旺盛期，草产量高，蛋白质、维生素及其他营养含量亦较丰富；而且牧草柔软多汁，粗纤维和木质素含量低，适口性好，容易消化。在此之前，牧草低矮，草产量低，不利于人工收获和牧草的再生。而错过花期，牧草变老，木质化很快，虽产草量较高，但无论是营养含量，还是适口性、消化率都将大大下降。因此牧草在利用上有较强的时间性。

2. 放牧要合理

对天然草场而言，过度放牧导致牧草退化已成为一个严重的问题。为了合理利用草场，开发牧草资源，应建立严格的牧场管理制度，实行划区轮牧。

3. 喂量要适宜

青饲料有许多优点，羊特别喜食，加之来源广泛，成本低廉，一些地区农户在缺乏一定的科学饲养知识情况下大量饲喂羊。这是一种错误的做法。因为青饲料水分含量高，体积大，虽然羊在采食后有饱感，但因其干物质及其他养分的摄食不足，反而不利于羊的生产性能发挥。

4. 要防止中毒及其他疾病

天然牧草品种繁杂，难免夹杂一定的毒草，在放牧时要事先检查，防止毒草中毒。栽培牧草在收获后要及时饲喂或妥善保存，防止发生霉变引起中毒。农区田（林）间杂草和野草利用时，应防止羊误食喷洒过农药的草，以免引起农药中毒。早春季节在羊放牧或饲喂大量豆科牧草时，易发生瘤胃膨胀，应予以防止。

（四）其他青绿饲料

1. 树叶嫩枝

用树叶嫩枝作饲料，在我国较普遍。有的已形成工厂化生产，加工各种叶粉。可用作饲料的树种有刺槐、榆树、桑树、桐树、构树、白杨、柠条等。树叶饲料含有丰富的蛋白质、胡萝卜素和粗脂肪。这类饲料有增强家畜食欲的作用。营养价值随树种和季节不同而变化。树叶饲料常含有单宁物质，含量在2%以下时，有健胃收敛作用；超过限量时，对消化不利。树叶饲料的采集比较费事，但这类饲料与人类不争粮食，值得大力开发。

2. 菜叶、根茎类

这类饲料多是蔬菜和经济作物的副产品。其来源广，数量大，品种多。用作饲料的菜叶主要有萝卜叶、甘蓝叶、甜菜叶等，而根茎类主要包括直根类的胡萝卜、白萝卜及甜菜等（不包括薯类）。菜叶类由于采集与利用时间上的差异，其营养价值差别很大。这类饲料的共同特点是：质地柔软细嫩，水分含量高，一般为80%~90%，干物质含量较少，干物质中蛋白质含量在20%左右，其中大部分为非蛋白氮化合物。粗纤维含量少，能量不足，但矿物质丰富。菜叶饲料应新鲜饲喂，如一时不能喂完，应妥善贮存。防止一些硝酸盐含量较高的菜叶如白菜、萝卜、甜菜等由于堆放发热而致硝酸盐还原为亚硝酸盐，从而发生亚硝酸盐中毒现象。胡萝卜常用以补充所需要的胡萝卜素。

3. 藤蔓类

这类饲料主要包括南瓜藤、丝瓜藤、甘薯藤、马铃薯藤以及各种豆秧、花生秧等，其营养特点和菜叶类基本相似。

4. 水生植物

水生植物种类很多，常用作饲料的有水浮莲、水葫芦、水花生、萍类及藻类等。

二、青贮饲料

青贮技术是保持饲草营养物质最有效、最廉价的方法之一。尤其是青饲料，虽营养较为全面，但在利用上有许多不便，长期使用必须考虑青贮保存。

（一）青贮饲料的特点

1. 可以最大限度地保持青绿饲料的营养物质

一般青绿饲料在成熟和晒干之后，营养价值降低30%~50%，但在青贮过程中，由于密封厌氧，物质的氧化分解作用微弱，养分损失仅为3%~10%，从而使绝大部分养分被保存来，特别是在保存蛋白质和维生素（胡萝卜素）方面要远远优于其他保存方法。

2. 适口性好，消化率高

青饲料鲜嫩多汁，青贮使水分得以保存。青贮料含水量可达70%。同时在青贮过程中由于微生物发酵作用，产生大量乳酸和芳香物质，更增强了其适口性和消化率。此外，青贮饲料对提高家畜日粮内其他饲料的消化性也有良好作用。

3. 可调剂青饲料供应的不平衡

由于青饲料生长期短，老化快，受季节影响较大，很难做到一年四季均衡供应。而青贮饲料一旦做成可以长期保存，保存年限可达 2~3 年或更长，因而可以弥补青饲料利用的时差之缺，做到营养物质的全年均衡供应。

4. 可净化饲料，保护环境

青贮能杀死青饲料中的病菌、虫卵，破坏杂草种子的再生能力，从而减少对畜、禽和农作物的危害。另外，秸秆青贮已使长期以来焚烧秸秆的现象大为改观，使这一资源变废为宝，减少了对环境的污染。

（二）青贮的种类及青贮饲料的利用

1. 一般青贮

也称普通青贮，即对常规青饲料按照一般的青贮原理和步骤使之在厌氧条件下，进行乳酸菌发酵而制作的青贮。

2. 半干青贮

也称作低水分青贮，具有干草和青贮料两者的优点，是近 20 年来在国外盛行的方法。它是将青贮原料风干到含水量 40%~55% 时，植物细胞的渗透压达到（5.5×~6）×10⁶Pa。这样便于使某些腐败菌的生命活动接近于生理干燥状态，因受水分限制而被抑制。这样，不但使青贮品质提高，而且还克服了高水分青贮由于排汁所造成的营养损失。

3. 特种青贮

指除上述方法以外的所有其他青贮。青贮原料因植物种类、生长阶段和化学成分不同，青贮程度亦有所不同。对特殊青贮植物如采取普通青贮法，一般不易成功，必须进行一定处理，或添加某些添加物，才能制成优良青贮饲料，故称之为特种青贮。

（三）利用青贮饲料应注意事项

（1）饲喂前要对制作的青贮饲料进行严格的品质评定。

（2）已开窖的青贮饲料要合理取用，妥善保管。

（3）喂肉羊时要喂量适当，均衡供应。

三、粗饲料

在肉羊饲养业中，一般将粗纤维含量较高的干草类、农副产品类（包括收获后的农作物秸、荚、壳、藤、蔓、秧）、干老树叶类统称为粗饲料。

（一）粗饲料的特点

1. 来源广，成本低

粗饲料是羊十分重要和最廉价的饲料。在牧区，有广阔的草原牧场做后盾；在农区，每年有数亿吨的作物秸秆可利用，野草也随处可获。除栽培牧草和草原牧场改良需要一定投资外，干草的晒制和秸秆的利用并无多少投入，故深受农牧民的欢迎。

2. 营养价值低

粗饲料的营养含量一般较低，品质亦较差。以粗蛋白质含量比较，豆科干草优于禾本科干草，干草优于农作物副产品。有的作物的秧、蔓、藤及树叶与干草相当，甚至优于干草；作物的荚、壳略高于禾本科秸秆，以禾本科秸秆最低。

3. 粗纤维含量高，适口性差，消化率低

粗饲料的质地一般较硬，粗纤维含量高，适口性差，因此家畜对此类饲料的利用有限。但由于粗饲料容积较大，质地粗硬，对家畜肠胃有一定刺激作用，有利于其正常反刍，是饲养过程中不可缺少的一类饲料。另外，粗饲料虽然营养价值低，但体积大，若食入适量，可使机体产生饱食感。

（二）粗饲料的种类

1. 青干草

以细茎的牧草、野草或其他植物为原料，在结籽前刈割其地上部分，经自然晒制或人工烘烤蒸发其大部分水分，干燥到能长期贮存的程度，即称之为干草。这类饲料品种较多，各类青绿饲料均可调制。青干草品质的优劣，通常根据植物种类、生长阶段、色泽、茎叶多少、气味、杂质含量等感官指标来评定。更进一步地比较，则要进行实验室营养分析来确定。青干草的调制方法不同，其营养的损失也不同。有的损失很大，有的则几乎没有什么损失。如用人工脱水干制方法调制青干草，损失的养分极少。

2. 秸秆饲料

指将各种作物在收获籽实后的秸秆用作饲料。包括茎秆与叶片两部分。其叶片含营养成分较高，故叶片损失越少，其相对营养价值越高。常用的秸秆饲料主要有玉米秸、麦秸、谷草、稻草、糜草、大豆秸、豌豆蔓等。

3. 秕壳饲料

是农作物在收获脱粒时的副产品。包括包被种子的颖壳、荚皮及外皮等物。如麦糠、米糠、稻壳、豆荚等。稻、麦等秕壳有芒，用它饲喂家畜时要进行预处理，一般是通过浸泡使其变软。

4. 树叶类

春、夏季的树叶、嫩枝水分含量较高，粗纤维含量较低，因而可划归为青绿饲料类；而秋季的落叶则粗纤维含量增高，水分含量下降，应当划归为粗饲料之列。

四、能量饲料

能量饲料是指粗纤维含量低于 18%，蛋白质含量低于 20% 的饲料，主要包括禾谷类作物的籽实及其加工副产品，块根、块茎及其加工副产品等。

（一）禾谷类籽实

主要包括玉米、大麦、燕麦和高粱等。它是羊精料的主要成分，可占配合精料的 40%~70%。其营养特点是淀粉含量高。

（二）禾谷类籽实加工副产品

禾谷类籽实加工过程中产生大量副产品，如麦麸、米糠等都可作为羊饲料。这些糠麸类产品主要是籽实的种皮、湖粉层、少量的胚和胚乳，其粗纤维含量比籽实高，为 9%~14%，而能量较低。

（三）块根、块茎类

这类饲料主要包括胡萝卜、甜菜、甘薯、菊芋等，是一种多汁饲料，一般含水 75%~90%。从干物质的营养价值考虑，也属于能量饲料，富含淀粉和糖，粗纤维较少。块根、块茎类饲料的胡萝卜素含量高，而其他维生素较低，钙、磷含量也低。由于块根、块茎的适口性也好，所以常用来喂羊，补充胡萝卜素。

（四）其他能量饲料

1. 油脂

油脂分为植物性油脂和动物性油脂，为高能量饲料，植物油脂在常温下为液体，又称作油，能量为一般碳水化合物的 2.25 倍。依据提取原料的不同常分为豆油、花生油、玉米油、棉籽油、亚麻油等。通常在牛、羊料中添加量较少，少量添加油脂除了补充能量外，一些脂肪酸对羔羊是必需的，在饲料配制中添加油脂有助于降低粉尘，提高羊的适口性。

2. 糖蜜

糖蜜来源于制糖的副产品，呈黑褐色，是具有较高可溶性的碳水化合物，有甜味，适口性好，易消化。糖蜜的主要成分是糖，约占干物质的 78%，蛋白质占 7%~9%。如果将糖蜜与甜菜渣混合喂羊，可代替日粮中部分饼粕和粗饲料。

五、蛋白质饲料

蛋白质饲料是指干物质中蛋白质的含量在 20% 以上，粗纤维含量低于 18% 的饲料。蛋白质饲料在精料配方中比例低于能量饲料，但是它的营养价值十分丰富，是饲料配方必不可少的。羊的蛋白质饲料按来源分为植物性蛋白质饲料、动物性蛋白质饲料和非蛋白含氮的饲料。

（一）植物性蛋白质饲料

常用的植物性蛋白质饲料主要指饼粕类，它是豆类和油类作物被提取油脂后的副产品，这就使得饼粕中蛋白质含量更高，另外饼粕中含有残留的油脂，也含有一定能量，所以饼粕的营养价值普遍较高。通常用压榨法榨油后的副产品称油饼，溶剂浸出油后的产品叫油粕。常用的饼粕如豆粕、豆饼、棉籽饼、亚麻饼、花生饼、菜籽饼、葵花饼等。一些油籽如花生、葵花籽包有外壳，加工前要脱壳，否则其饼粕的粗纤维含量会很高。

（二）动物性蛋白质饲料

主要指鱼类、肉类和乳品加工的副产品以及其他动物产品的总称。常用的有鸡蛋、鱼粉、肉骨粉、血粉、羽毛粉、蚕蛹、全乳和脱脂乳等。动物性饲料是高蛋白质饲料，一般含蛋白质在 50% 以上。反刍动物一般很少使用动物性蛋白质饲料，但在波尔羊的泌乳、种公羊配种高峰期、杂交羊的育肥阶段，可适当补充动物性饲料。动物性蛋白质饲料的蛋白质含量高，品质好，必需氨基酸含量齐全又平衡，尤其是赖氨酸和蛋氨酸含量较为丰富，是优质的蛋白质饲料。钙、磷的含量高，比例较合适，B 族维生素的含量丰富。所以，动物性蛋白质饲料的营养价值高，而来源有限，价格也相对高，通常在配方中的添加比例较低。在实际生产中，有时为了防止一些传染病流行，拒绝使用动物性来源的饲料。就目前情况来讲，为了保证农产品安全，禁止在反刍动物饲料中添加的动物性饲料产品有肉骨粉、骨粉、血粉、血浆粉、动物下脚料、动物脂肪、干血浆及其他血液制品、脱水蛋白、蹄粉、角粉、鸡杂碎粉、羽毛粉、油渣、鱼粉、骨胶等。

（三）非蛋白含氮饲料

用于羊的非蛋白含氮饲料是指简单的含氮化合物。非蛋白氮对瘤胃微生物提供合成微生物蛋白质所需的氮源，所以，它可用来作为羊的蛋白质补充饲料，代替部分蛋白质，以节约动、植物蛋白质原料。常用的非蛋白含氮饲料有纯尿素、饲料尿素、双缩脲、磷酸脲等。

六、非常规饲料

(一) 糟

酒糟是酿酒的副产品，价格较低，可以作为羊饲料。酒糟主要有白酒糟、啤酒糟和啤酒酵母等，具有一定的营养价值，其中蛋白质和无氮浸出物含量较高，粗蛋白质一般在 17% 以上，而啤酒酵母的蛋白质达 50% 左右。使用酒糟要注意的问题：①由于酒糟的营养特点，不得在日粮中配制比例过高。②饲喂的酒糟要新鲜。因为酒糟的含水量大，本身保鲜时间短，在高温季节更容易酸败而产生有毒物质。③注意营养的平衡。酒糟的蛋白质含量较高，并且大部分为过瘤胃蛋白质。但是钙、磷含量低，比例又不合适，所以饲喂酒糟要注意补钙。

酱油糟和醋糟

酱油和醋发酵过程中所留下的残粕。酱油的原料主要是大豆、豌豆、麦麸和盐等，醋的原料主要有麦麸、高粱等。酱油糟一般含水 50%，风干的酱油糟含水 10%，粗蛋白质 20%~30%，但由于含盐量高，在日粮中不超过 5%~7%。醋糟一般含水 65%~70%，风干的醋糟含水 10% 时，粗蛋白质 9.6%~20.4%，粗纤维 15%~28%，并含有丰富的微量矿物质元素，一般在日粮中不超过 20%。

(二) 渣类

1. 豆腐渣

以大豆为原料，经浸泡、磨制、凝固等方法制成的豆腐副产品。鲜渣含水 70%~90%，粗蛋白质 3.4%，风干渣含水 10%，粗蛋白质 25%~33.6%，另有较高含量的粗纤维和脂肪，对鲜渣注意发生酸败。

2. 甜菜渣

用甜菜制糖的副产品，是很好的牛、羊饲料。甜菜渣含水高达 90%，干物质中粗蛋白质 8.9%，粗脂肪 1.3%，粗纤维 19.5%，无氮浸出物 66.6%，钙 0.79%，磷 0.11%，镁 0.31%。近年来有研究认为，甜菜渣具有促进瘤胃纤维素分解菌生长的作用。

七、矿物质饲料

由于羊的粗饲料、主要精料原料中普遍缺乏一些矿物质元素，所以在配制羊的日粮时需要补充不同的矿物质元素，按照元素的需求量分为常量元素和微量元素，常量元素主要有钙、磷、钠、氯及镁；微量元素有铁、铜、锌、锰、碘、硒和钴。矿物质饲料有的是工业合成的，有的是天然的。常用的羊矿物质饲料有如下几种。

（一）钙、磷源饲料

1. 石粉

石粉又称石灰石粉，为石灰岩、大理石矿开采的产品，是目前主要的钙源饲料。主要成分为碳酸钙，含钙量34%～38%。注意石粉中的有害物质如铅、汞、氟等含量不得超标。

2. 贝壳粉

贝壳粉是贝壳经粉碎的产品。主要成分为碳酸钙，含钙量在34%～38%。

3. 磷酸氢钙

磷酸氢钙为白色或灰白色粉末，同时提供钙和磷的来源，是目前主要的钙、磷源饲料。钙、磷含量分别为22.5%和17.5%左右。

4. 其他

其他钙、磷来源的饲料还有碳酸钙、磷酸钙、过磷酸钙、蛋壳粉等。

（二）食盐

生产中提供钠元素和氯元素最主要的饲料。也通常是羊日粮配方中必不可少的，一般在精料中占0.5%～1%。

（三）镁源饲料

羊和牛容易出现镁的缺乏，缺镁引起痉挛症状。日粮中的钾、氮、有机酸、钙、磷的含量影响羊对镁的吸收，这种情况多出现在采食青嫩牧草期间。为了防止缺镁痉挛症，除补充食盐和能量饲料外，主要办法还是补充镁。常用的镁源饲料有硫酸镁、碱式碳酸镁和氧化镁。

（四）微量元素矿物质饲料

1. 硫酸亚铁

生产中常用的补铁饲料，硫酸亚铁的产品因含结晶水不同分为七水硫酸亚铁和一水硫酸亚铁，硫酸亚铁的生物学效价为100%。其他的无机铁还有氯化铁、硫酸铁、氧化铁和碳酸铁，但它们的生物学效价低于硫酸亚铁。此外，铁的有机化合物如葡萄糖酸铁、甘氨酸铁的效价也高，但价格高，生产中应用较少。

2. 硫酸铜

生产中常用五水硫酸铜，为蓝色晶体状，容易潮解结块。其他铁的无机化合物还有氯化铜、碳酸铜、氧化铜也可利用，但它们的生物学效价低于硫酸铜。此外，铁的有机化合物如葡萄糖酸铜、蛋氨酸螯合铜的效价也高，但价格高，生产中应用较少。

3. 硫酸锰

产品有含 1 个结晶水和 5 个结晶水的，生产中多用一水硫酸锰，为白色或淡粉色粉末，为中等潮解性，高温条件下容易结块。其他锰的产品还有氯化锰、碳酸锰、氧化锰和蛋氨酸螯合锰，其中以蛋氨酸螯合锰、氧化锰和硫酸锰的生物学效价最高。

4. 硫酸锌

产品有含 1 个结晶水和 7 个结晶水的，一水硫酸锌为白色结晶，易潮解，七水硫酸锌为乳黄色、白色粉末，潮解性小。生产中多用一水硫酸锌。其他补锌的产品还有氯化锌、碳酸锌、葡萄糖酸锌和蛋氨酸螯合锌，其中以葡萄糖酸锌和蛋氨酸螯合锌的生物学效价略高，而几种无机锌的效价相同。

5. 碘化钾

白色结晶粉末，容易潮解。在较高的温度和湿度时易分解形成单质碘而升华，因而考虑到存放条件不佳时，在制作预混料或配合料要增加碘的保险系数。其他补碘的产品还有碘化钙，较碘化钾稳定。由于它们在配合料中添加的比例小，使用时要单独提前预混稀释，而后与其他微量元素混合。

6. 亚硒酸钠

无色结晶粉末。其他补硒的产品还有硒酸钠、硒化钠，但以亚硒酸钠的生物学效价最高。同碘化钾一样，由于它们在配合料中添加的比例小，为了在配合料中混合均匀，使用时要单独加入载体进行预混稀释，而后与其他微量元素混合。另外，注意亚硒酸钠含有毒性，使用中要严加保管。

7. 氯化钴

红色或紫红色结晶。其他补钴的产品还有硫酸钴、醋酸钴、碳酸钴和氧化钴。同碘和硒一样，钴在配合料中添加的用量少，为了在配合料中混合均匀，使用时要单独加入载体进行预混稀释，而后与其他微量元素混合。为了保证微量元素矿物质饲料的质量，国家制定了饲料级微量元素化合物质量标准。

八、维生素饲料

维生素饲料是指工业合成或提纯的单一维生素、复合维生素，不包括含某项很高的天然维生素。羊是反刍动物，其瘤胃微生物能合成机体所需的 B 族维生素及维生素 K，所以，我们要重点考虑维生素 A、D、E 的添加。

（一）维生素 A

维生素 A 的纯化合物是视黄醇，易氧化不稳定，所以它的产品为脂化产物。维生素 A 的活性用 IU 表示，常见维生素 A 的活性成分含量为每克 50 万 IU。另外也有 20 万 IU 和 65 万 IU 的。

（二）维生素 D

维生素 D 有两种，即维生素 D_2 和维生素 D_3，市场上最常见为维生素 D_3。维生素 D_3 产品活性用 IU 表示，常见维生素 D_3 的活性成分含量为每克 50 万 IU。另外也有 20 万 IU 的。维生素 D_3 酯化后，又经明胶、糖和淀粉包被，稳定性好，产品为白色粉末。

（三）维生素 E

维生素 E 又名生育酚，对动物的生殖生理影响较大。维生素 E 产品多为生育酚醋酸脂，由于经过了酯化，经过包被处理，所以稳定性较好。生育酚醋酸脂产品的纯度多为 50%，也有 25% 的。生育酚醋酸脂为黄色粉末。

九、添加剂饲料

添加剂一般指配合日粮中的微量成分，旨在提高饲料的利用率，促进动物的发育、防治疾病，减少饲料在贮藏期间的营养损失，提高畜产品数量和改善畜产品的质量。依据功能不同，添加剂的种类繁多，广义上将添加剂分为营养性添加剂和非营养性添加剂。像维生素、微量矿物质元素饲料、氨基酸、非蛋白含氮物等可列为营养性添加剂，这些多在上述按饲料营养分类已做介绍。所以，以下主要介绍非营养性添加剂。非营养性添加剂有抗生素、激素、益生素、酶制剂、抗氧化剂、防霉剂、瘤胃缓冲剂、肉质改良剂等。

（一）抗生素

抗生素是一种抑制微生物生长或破坏微生物生命活动的物质。目前常用的抗生素有莫能霉素、盐霉素、北里霉素、杆菌肽锌、金霉素等。

（二）激素

激素是由机体某一部分分泌的一种特殊有机物。激素不是营养物质，但能促进动物的生长，几十年来，激素类促生长剂一度在畜牧业中得到广泛应用，显著地提高了畜禽生产效率，然而，由于畜禽体内残留问题可能不利于人的健康，一些激素被禁止使用，如 β-兴奋剂、性激素等。

（三）益生素

益生素是指可以直接饲喂动物并通过调节动物胃肠道微生态平衡达到预防疾病、促进动物生长和提高饲料利用率的活性微生物或其培养物，又被称为微生态制剂。

1. 益生素的特点

①无病原性、无毒性、无毒副作用、不与病原微生物产生杂交。②在体内外易于增殖，具有很强的竞争优势。③在低 pH 值和胆汁中存活，并能植入肠黏膜。④在发酵过程中能产生乳酸和过氧化氢，能合成大肠杆菌、沙门菌、葡萄球菌、梭状芽孢杆菌等肠道致病菌的抑制物，且不影响自身的活性。⑤经加工后存活率高，混入饲料后室温下稳定性好。⑥能促进动物的生长发育提高抗病能力，能刺激免疫系统，强化特异性细胞免疫反应。⑦产生有益的代谢产物。益生素在消化道中产生有机酸、如乳酸，它的酸化作用可提高日粮养分利用率，促进动物生长，防止腹泻；产生淀粉酶、蛋白酶、多聚糖酶等碳水化合物分解酶，消除抗营养因子，促进动物的消化吸收，提高饲料利用率；合成维生素、螯合矿物元素，为动物提供必需的营养补充。⑧防止有毒物质的积累，动物自身及许多致病菌都会产生有毒物质，如毒性胺、氨、细菌毒素、氨自由基等。益生素中有硝化菌，可阻止毒性胺和氨的合成，可净化动物肠道微生态环境。⑨减少动物粪便中的氨的排放量，降低氨气浓度，减少污染。

2. 益生素分类

根据产品组成成分为单一菌属组成的单一型菌制剂和多种不同菌属组成的复合型菌制剂二类，一般来说复合型比单一型更能促进畜禽生长及提高饲料利用率。根据产品用途及作用机制可分为微生态生长促进剂、微生态多功能制剂和微生物生态治疗剂。按产品来源可分为微生物培养物干燥剂型产品和微生物发酵产物，后者是一种含培养基的专用型产品。按益生素所用的菌种类型主要分乳酸菌类、酵母类和芽孢杆菌类三大类：

（1）乳酸菌类。乳酸菌类是一类可分解糖类产生乳酸的细菌的总称，其中有益菌以乳酸杆菌、双歧杆菌和粪链球菌属为代表。乳酸菌类可以在肠道内合成 B 族维生素、维生素 K、维生素 D 和氨基酸等物质，可提高矿物质元素的生物学活性、改善矿物质的吸收功能，进而为宿主提供必需的营养物质，以增强动物的营养代谢、促进机体生长。乳酸菌还能产生酸性代谢产物，使肠道环境偏酸性；同时，乳酸菌类还能产生溶菌素和过氧化氢等，可抑制几种潜在病原微生物的生长。

（2）芽孢杆菌类。芽孢杆菌是好气性菌，可形成内生孢子，在所有菌属中芽孢杆菌是最理想的微生物添加剂。它具有较高的蛋白酶、脂肪酶和淀粉酶活性，对植物性碳水化合物具有较强的降解能力，它进入肠道后能迅速复活，可消耗肠道内大量的氧，保持肠道厌氧环境，抑制致病菌的生长、维持肠道正常生态平衡。

（3）酵母菌。酵母菌仅零星存在于动物胃肠道的微生物群落中，其细胞壁的主要成分是甘露聚糖和葡萄糖，甘露聚糖可增强吞噬细胞的活性。饲用酵母的种类主要有热带假丝酵母、产朊假丝酵母、啤酒酵母、红色酵母等。

3. 益生素的使用

益生素在养羊生产中的应用要因羔羊和成年羊有所区别。新生羔羊使用益生素的目的是调节肠道的 pH 值，就常用乳酸菌。成年羊的益生素添加种类较多，包括瘤胃及非瘤胃来源的细菌培养物以及细菌、酵母、真菌的混合产品，目前普遍使用的是米曲霉和啤酒酵母。

（1）使用益生素要注意要根据产品中的活菌数正确确定添加量，以确保其在微生物群落中的适宜比例。

（2）使用益生素要注意与抗生素联合使用。在使用益生素之前，可先用抗生素清理肠道，效果会更好。

（3）使用益生素要注意根据先入为主的原则，在动物预期应激前超量使用，以利于优势菌落的形成。

（四）酶制剂

是具有特殊催化功能的蛋白质。作为饲料添加剂，它能有效地消除饲料中抗营养因子，全面促进日粮养分的消化和吸收，从而提高动物的生长速度和饲料利用率。酶制剂作为蛋白质的一种微生物发酵的天然产物，迄今不能人工合成，所以没有毒副作用。饲料用酶近 20 种，主要为消化性酶。饲料酶制剂有单一种类的酶，也有几种酶组合而成的复合酶，目前饲料酶制剂主要为复合酶。主要的酶有淀粉酶、蛋白酶、β-葡萄糖酶、维素酶、半纤维素酶、果胶酶等。酶制剂分为体内酶解法和体外酶解法。体内酶解法是将酶制剂直接添加到羊的日粮中，在体内发挥作用；体外酶解法是人为控制和调节酶所需的条件，在体外使酶与饲料充分反应，从而获得羊更好利用的饲料。

（五）抗氧化剂

是指能够阻止或延迟饲料氧化，提高饲料稳定性和延长贮藏期的物质。目前常用的饲料抗氧化剂有乙氧基喹啉、二丁羟基甲苯、维生素 E、抗坏血酸及其酯类或盐类化合物。

（六）防霉剂

饲料原料在运输、贮藏，以及饲料加工、运输、贮藏中的任何环节都可能引起霉变，霉变是由霉菌在适宜的环境条件下引起的。霉变除了降低饲料营养价值，降低适口性，更重要的是霉菌在饲料中产生有毒物质，严重影响动物的健康。防霉剂可以渗入霉菌细胞内，干扰或破坏细胞内各种酶系，减少毒素的产生和降低其繁殖力。使用防霉剂要注意不连续使用防霉剂，以免某些菌体易产生抗药性，采用轮换式或互作式；饲料中 pH 值对防霉剂有影响，pH 值低，抗霉活力高。

（七）瘤胃缓冲剂

目前的养羊业正在由传统放牧转向舍饲的养殖方式，养羊的生产效率要不断提高，尤其是要进行商品羊的快速育肥。这就必须提供高能量饲料，多会选用酸度大的青贮饲料、青草、禾本科籽实组成的日粮，容易出现粗纤维不足，这就会导致瘤胃内产生过多的酸性产物，pH 值降低，结果是瘤胃微生物被抑制，严重的会引起一些疾病，如厌食、酸中毒、酮血病等。因而，要想极大地发挥羊的生长潜力，依据日粮的组成特点，有必要添加缓冲剂。常用的缓冲剂有碳酸氢钠、碳酸钙、碳酸镁、碳酸氢钾、氧化镁、氢氧化钙等。

第三节　常用饲料的加工技术

一、粉碎

粉碎是将谷物饲料加工最常用的方法，依据粉碎的粒度，加工的产品有粗粉粒和细粉粒，对于羊适合粗粉粒，这样有利于提高羊的适口性，增加羊唾液分泌量，增强反刍。

二、压扁

压扁是将谷物用蒸汽加热到120℃左右，再用压扁机压成 1mm 厚的薄片，迅速干燥，由于压扁加工中饲料的淀粉经加热糊化，所以能提高羊的消化率。

三、制粒

即制作颗粒化配合料，是将饲料粉碎后，按照配方将各种原料混合均匀，然后用颗粒机制成颗粒形状。颗粒料的优点是饲喂方便，适口性好，能增加咀嚼时间，有利于消化，减少饲料浪费。

四、浸泡

有些饲料如豆饼、棉籽饼等相当坚硬，直接饲喂很难嚼碎，所以需要浸泡，让饲料吸水膨胀，变得柔软易嚼。浸泡方法可用池子或缸等容器把饲料用水拌匀，一般料水比例为 1:1~1.5，即以手握指缝渗出水滴即可。对于含单宁、棉酚等有害物质的饲料在浸泡后，可以减轻毒素及其不良味道，提高适口性。注意浸泡的时间应根据季节和饲料种类作调整，防止饲料的变质。

五、饲料的过瘤胃保护技术

（一）蛋白质过瘤胃的保护

瘤胃微生物可将饲料中蛋白质降解为肽、氨基酸和氨，这些降解物最终以氨的形式被微生物合成菌体蛋白，尤其对高品质的饲料蛋白质的利用率会降低。有研究表明，饲料的蛋白质平均只有30%通过瘤胃，其余70%则在瘤胃内被微生物降解为氨。蛋白质降解率过高时，造成最终流入小肠内的蛋白质不能满足高生产性能肉羊的营养需要。因此，人们设法研究减少饲料蛋白质的瘤胃降解，而增加过瘤胃蛋白质的技术。尤其是对一些降解率高的优质饼粕类等蛋白质饲料进行保护，以增加过瘤胃蛋白质。反刍动物的过瘤胃蛋白处理方法要有如下几种。

1. 加热加压处理

在150kPa左右压力下对蛋白质饲料加热（115~145℃），使蛋白质内氨基酸发生交联，从而降低瘤胃内的降解率。注意加工时不能过热，否则会出现蛋白质在瘤胃内不降解，在小肠也不能被消化的反面结果。

2. 鞣酸处理

用1%鞣酸均匀地喷洒在蛋白质饲料上，混合后烘干。

3. 甲醛处理

甲醛能与蛋白质分子的氨基、胺基、硫氨基发生烷基化反应，形成蛋白链间和分子链间的甲基交叉键，使其在瘤胃内难以溶解。由于形成的甲基交叉键在酸性环境中是可逆的，所以处理得当，能抑制蛋白质在瘤胃中的降解，而不影响过瘤胃蛋白质在小肠中的消化吸收。用占粗蛋白质 0.35%~0.5%的甲醛均匀地喷洒在蛋白质饲料上，混合后烘干。

4. 氢氧化钠处理

用氢氧化钠处理豆饼等蛋白质饲料来降低瘤胃的降解率获得较好效果。不易出现保护程度不够或过保护现象。

5. 保护性氨基酸

用胶囊包被蛋白质或氨基酸，可使其通过瘤胃，这是目前在氨基酸保护方面所研究的主要方法之一。比如在对蛋氨酸的包被材料改进的同时，将蛋氨酸与脂肪酸钙结合在一起也有较好的效果。此外，用化学方法合成氨基酸类似物、衍生物也是当前研究保护氨基酸的一条途径。

（二）脂肪过瘤胃的保护

由于直接给反刍动物添加脂肪干扰了瘤胃内微生物活动，降低纤维素的消化率，影响生产性能，所以研究将添加的脂肪用某些方法加以保护，制作成过瘤胃脂肪。

目前市场上已有过瘤胃脂肪产品，较新的产品是脂肪酸钙盐，它在瘤胃中不被溶解，进入真胃环境中后脂肪酸就游离出来，使钙和脂肪酸在十二指肠中被吸收。脂肪酸钙盐的品种有异丁酸钙、异戊酸钙、辛酸钙、棕榈酸钙和硬脂酸钙等。国外多用棕榈油脂肪酸钙，而国内尚无商品化脂肪酸钙产品。

第四节　羊饲料的配制

一、配合饲料的概念

配合饲料是应现代营养学原理，根据动物品种、生理阶段、生产目的和生产方式，结合饲料原料的营养含量、原料之间的配伍特性和价格，本着营养全面合理、价格低廉的原则，将多种原料按一定比例设计配方，再经专业生产混合均匀的混合饲料。配合饲料可制作成不同料型，如粉状、颗粒状等。对于羊饲料，由于粗饲料和精料补充料不一定全部混合在一起饲喂，在设计配方时要按照羊的全日粮配比，在配合饲料的制作时可将二者分开，配合饲料的加工主要是指精料的混合加工。羊的配合饲料涉及多个层次的制作，因而出现多个饲料概念。

（一）全价配合饲料

过去也称为日粮或全价日粮，它包含了羊所需的全部营养成分，包括了青饲料、青贮饲料、粗饲料和配合精料。

（二）配合精料

配合精料指羊的粗饲料、青饲料和青贮饲料之外，由多种补充饲料配合而成的混合料。

（三）浓缩料

由蛋白质饲料、钙、磷、食盐及其他矿物质饲料、维生素和添加剂组成。它同能量饲料一同组成配合精料。由于将蛋白质类饲料都加入浓缩料中，所以它的蛋白质含量高，一般在35%以上，当用户买回后可以直接与粉碎的玉米等能量饲料混合使用，所以对许多养羊户，尤其是规模较小的养羊户使用很方便。

（四）预混料

指配合精料中除了能量饲料、蛋白质饲料之外的，由多种小比例饲料加上载体或稀释剂配制成的混合料，在配合精料中的添加比例小10%。预混料有1%、小于1%和大于1%的不同类型。

1. 1%的预混料

通常包括维生素、微量矿物质元素和其他添加剂。

2. 小于1%的预混料

通常为复合维生素、复合微量矿物质元素等。

3. 大于1%的预混料

通常除1%预混料的成分外，还包括常量钙、磷饲料、食盐、瘤胃缓冲剂等。

二、配合饲料的优点

（一）充分利用饲料资源和发挥饲料生产效能

使用配合饲料能避免饲料单一、营养不平衡而造成的饲料浪费。例如玉米是高能量饲料，但蛋白质含量低、钙磷比例不合适，若单一饲喂玉米就会造成蛋白质不足，影响羊的生产性能发挥。

（二）保证微量成分的添加均匀

像维生素、微量矿物质元素和其他添加剂用量很小，占配合饲料的千分之几或万分之几。如果用人工混合，难以制作均匀，结果可能会使有的羊吃到某种饲料成分多，有的就少，多的有可能造成浪费、甚至出现毒副作用，而少的发挥不了应有的作用。对于工业加工则会避免这种情况，因为机械可以进行强力搅拌，保证混合的均匀度。

（三）实现均衡生产和供应

配合饲料是工业化生产，可以进行全年的均衡性，使广大用户随时买得到，明显改变传统的季节性饲料生产。

三、配合饲料的生产工艺

（一）配合饲料的构成

配合饲料是通过各种饲料预料逐级混合而成的，各级的制作关系可以概括为如图 12-1 所示。

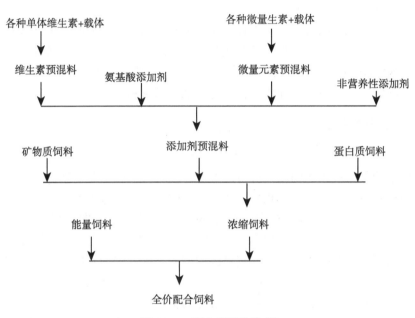

图 12-1　配合饲料的构成

（二）主要生产流程

配合饲料的生产流程主要包括原料的接收、清理、粉碎、配料、混合、打包和成品输送等。对于颗粒料还要在混合后进行制粒。

四、羊的饲料配方设计

（一）饲料配方的原则

1. 满足不同羊的营养需要

配方要根据羊的不同类型、品种、生理阶段、生产目的和生产方式的实际生产情况，参照羊的有关饲养标准，结合饲料原料的营养含量、原料之间的配伍特性，确定各种营养成分的需求量。除了先满足能量和蛋白质的营养，还要确认钙、磷等常量矿物质元素、微量矿物质元素、主要维生素的需求。

2. 配方的经济性

在满足羊的营养需要前提下，要本着配方产品价格低廉的原则，需要根据饲料市场价格变化进行配方调整，当然，对于同一个羊群的饲料配制，也要考虑配方原料过度频繁地变动而可能引起的应激问题。由于粗饲料的运输费用较大，所以配方中对于粗饲料要尽量考虑当地的资源。

3. 饲料原料的多样性

毕竟饲料原料的营养含量不够平衡、也不全面，而每种原料中又有各自的营养特点，所以配合的原料多是保证配合饲料的营养丰富的前提条件。

4. 营养含量之外的其他饲料原料要求结合一些饲料原料中的饲喂特殊要求，要限定一些原料的添加比例，以防产生负面影响。

（二）日粮的配比方法

1. 电脑配方

电脑配方是应用电脑软件进行配方设计。现有的电脑配方软件产品不止一种，各种软件使用方法不尽相同，然而普遍的应用原理如下。

（1）设定饲养标准。根据羊的不同类型、品种、生理阶段、生产目的（如产毛用或产肉用或二者兼用）和生产方式（放牧补饲或舍饲）的实际生产情况，参照羊的有关饲养标准制定自己的饲养标准。因为某些地方的养殖条件具有特殊性，未必完全符合一些饲养标准建立的条件，制定切合实际的饲养标准，需要配方师有足够的实践经验，自行调整标准。

（2）确定原料。配方师要依据饲料原料价格、来源的稳定性、营养特点、适口性和其他功能的需要等情况，选择列入参加配方的原料中。然后，按照一些原料的特定要求，限定其添加的最高或最低比例。

（3）确认参配原料的营养含量。由于同一种原料的产地、生产工艺等情况的不同，其水分、各种营养含量不尽相同，要确认现有参配原料的营养含量。

（4）对某些原料的配方比例的限定。比如，有的参配原料的营养含量较好，但由于适口性、有害物质的含量等问题，需要限定其在配合料中的最高比例。当然，对优先使用的参配原料也可限定最低用量，此外，对羊的全日粮的配方还要确定精料与粗料的比例。

（5）配方计算与配方调整。配方计算由软件完成，在这个过程中电脑会自动进行多次计算，以实现在同等的饲料营养含量情况下，选择最低廉价格的配方。如果配方的结果与某些设定的条件不一致，就要回头查找相关的设置问题，并重新调整设置，再进行计算。

现有的专业饲料配方软件不但可以对多种原料和多种营养成分进行混合运算，而且更为优越的是价格的自动优化功能，所以，电脑配方功能和效率都是过去手工配方无法比拟的。随着专业饲料配方软件版本不断升级，计算和管理功能会更为强大。另外，随着饲料企业的发展，售后服务的加强，许多饲料用户的全日粮配方可以通过饲料企业获得帮助。

2. 手工配方

手工配方即手工计算配方，常见有交叉法和试差法。交叉法又称对角线法和图解法，该法要求选用的营养成分少，参配原料少，配方也简单，但是对于羊饲料而言，粗饲料和精料都不止一种，由于这种方法不能满足多饲料原料的配方要求，所以在此不做介绍，而只介绍试差法。

试差法是将参配饲料原料，根据饲料营养标准和实际经验，试定一个大概比值，然后计算营养价值，并与营养标准对照，如果某种营养指标不足或多余时，应调整配方比例，去多补少，反复调整，直到所有配方的营养标准基本满足要求的营养标准为止。

第十三章　羊病防治

羊的疫病可导致羊死亡率升高，直接造成严重的经济损失；可造成羊肉羊乳羊绒毛品质下降，间接损失严重；可使羊产品的国际贸易遭受损失；羊的疫病可严重威胁人类的健康，许多人兽共患传染病、寄生虫病的发生、流行会直接导致人的感染、发病甚至死亡。

第一节　羊病的预防知识

一、基本概念

（一）病原体

病原体是指可造成机体感染疾病的微生物（包括细菌、病毒、立克次氏体、真菌）、寄生虫或其他媒介（微生物重组体包括杂交体或突变体）。

（二）感染

感染是病原体与机体之间相互作用的过程。病原体入侵机体，突破防御功能，生长、繁殖，引起病理生理变化。

（三）传播

病原体从已感染者排出，经过一定的传播途径，传入易感者而形成新的传染的全部过程。羊传染病的流行是由传染源、传播途径和易感羊群3个环节相互联系而造成的。如果这3个环节中缺少任何1个环节，传染病就不可能发生，即使感染了传染病，也易控制其流行。

（四）传染源

体内有病原体生长繁殖，并可将病原体排出的羊，即患传染病或携带病原体的羊。包括患传染病的病羊和带菌、带毒及带虫的羊，以及其他被感染的动物等。患有传染病的羊是重要的传染源，有的病例有明显而典型的症状，有的病例则不明显，呈非典型。有些人兽共患的传染病，病人也可为传染源。有些在潜伏期阶段就可以向外界排出病原体而具有传染性。病羊死亡后，在一定时间内尸体中仍有大量病原体生存，如处理不当，也极易散布病原。带菌（毒）羊可分为健康带菌（毒）和康复后带菌（毒）。不同的传染病康复后带菌（毒）的时间长短也不一。

（五）传播途径

指病原体自传染源排出后，在传染给其他易感者之前在外界环境中所行经的途径。传播途径可分为水平传播和垂直传播两种。即病羊或带菌（毒）羊排出的病原体污染的饲料、牧草、饮水、设备用具、食槽、空气、土壤及昆虫、蚊、螨、蜱、飞鸟等使健康羊吃入或吸入而导致感染。

（六）易感羊群

是指对某种传染病病原体缺乏免疫力而容易感染该病的各类羊。其易感性与外界环境、羊的体质、日龄和品种均有一定关系。如果有良好的饲养管理条件，并及时进行预防接种，则可增强羊的正常抵抗力和产生特异免疫力，降低羊群的易感性。反之，若饲养管理条件不好，又未能及时进行预防接种，则会降低羊的正常抵抗力，也缺乏特异免疫力，这样的羊群易感性就高。因此，预防接种和加强饲养管理是预防传染病发生与流行所必须采取的措施。

二、羊病的一般诊断方法

羊病诊断是对羊病本质的一种判断，也就是查明病因，确定病性，为制定和实施羊病防治措施提供依据。羊病诊断是防治工作的前提，只有及时准确地诊断，防治工作才能有的放矢，否则往往会盲目行事，耽误时机，给养羊业带来重大损失。由于羊病的特点各有不同，所以常需要根据具体情况进行综合诊断，有时只要采用其中的部分方法就可以及时做出诊断。

（一）问诊

通过询问畜主了解发病情况。如发病时间、头数、病前和病后异常表现、以往的病史、治疗情况、免疫接种情况、饲养管理情况以及羊的年龄等。

（二）视诊

1. 精神状态

健康羊精神饱满，姿态稳健，眼睛有神，行动活泼平衡，争相采食，奔走的速度相等，反应敏捷；当羊患病时精神委顿，呈现过度兴奋或抑制，两眼无神,行动不稳或不愿行走。当饮食废绝时说明病情已相当严重。热性病的初期,常表现出饮欲增加。有些疾病还呈现特殊姿势,如破伤风,表现为四肢僵直;患羊鼻蝇蛆病时,病羊常做转圈运动。

2. 营养状态

体况和营养是羊健康与否的重要标志,也是日常饲养管理好坏与疾病发展过程的具体表现。健康羊的被毛平整不易脱落,富有光泽。病羊的被毛粗乱无光、质脆,易脱落。如羊患螨病时,常表现为被毛脱落、结痂、皮肤增厚和蹭痒擦伤等现象。除检查皮肤的外观外,还要注意有无水肿、炎性肿胀和外伤等。

3. 可视黏膜

健康羊的可视黏膜(眼结膜、鼻腔、阴道、肛门等黏膜)呈粉红色,且湿润光滑。患病羊其黏膜变为苍白则为贫血征兆;体温升高的热性病导致黏膜潮红;当黏膜的颜色变为紫红色,又称发绀,说明血液中的还原血红蛋白或变性血红蛋白增加,是严重缺氧的征兆,常见于呼吸困难性疾病、中毒性疾病。

4. 粪尿检查

主要观察粪便的形状、硬度、颜色及附着物等的变化。正常的羊粪呈小球形灰黑色,软硬适中。粪便出现特殊臭味或过于稀薄,多为各类型的急慢性肠炎所致。粪便内混有大量黏液时表示肠黏膜有卡他性炎症。粪便混有寄生虫及其节片时,表示体内有寄生虫寄生。观察尿液,健康羊每天排尿 3~4 次,尿液清亮无色或稍黄。当羊患病时,羊排尿的次数和尿量过多或过少,尿液的颜色发生变化,以及排尿痛苦、失禁或尿闭等。

5. 呼吸检查

用听诊器在肺区听取呼吸音来计数。健康羊每分钟呼吸 10~20 次;患有热性病、呼吸系统疾病、心脏衰弱、贫血、中暑、瘤胃积食等病时,呼吸次数增加;某些中毒性疾病和代谢障碍等可使呼吸次数减少。

(三)触诊

用手感触被检查的部位,并稍加压力,以便确定被检查的各个器官或组织是否正常。羊的营养不好或患皮肤病,皮肤就没有弹性。发高热时皮温会增高。用手摸耳朵或把手插进嘴里握住舌头,可以知道病羊是否发热。用体温计进行肛门测量体温更加准确。羊的正常体温是 38~40℃,如高于正常体温,则为发热,常见于各种传染病。检查羊脉搏是用手指摸后肢股部内侧的动脉,健康羊每分钟脉搏跳动 70~80 次,病羊脉搏的跳动次数与强弱都和正常羊不同。检查下颌、肩前、膝上和乳房上淋巴结,当羊发生结核病、伪结核病、羊链球菌病时,体表淋巴结肿大,其形状、硬度、温度、敏感性及活动性等也会发生变化。用右手捏压气管炎、结核时，咳嗽低弱；发生喉炎及支气管炎时，则咳嗽强而有力。

（四）嗅诊

嗅闻病羊的分泌物、排泄物、呼出的气体及口腔的气味也很重要。如患大叶性肺炎，出现肺坏疽时，鼻液和呼出的气体常带有腐败性恶臭；患胃肠炎时，粪便腥臭或恶臭；消化不良时，可从呼气中闻到酸臭味；有机磷制剂中毒时，可从胃内容物和呼出的气体中闻到有机磷特殊的大蒜味道。

（五）叩诊

给羊叩诊的方法是：左手食指或中指平放在检查部位，右手中指第 2 指节呈直角弯曲，在左手食指或中指第 2 指节上敲打。

1. 清音

如叩诊健康羊的胸廓所发出的持续、高而清的音。

2. 浊音

浊音为健康状态下，叩打骨及肩部肌肉时发出的音；在病理状态下，当羊胸腔积聚大量渗出液时，叩打胸壁出现水平浊音界。

3. 半浊音

半浊音为介于浊音和清音之间的一种音，叩打含少量气体的组织，如肺缘可发出这种声音；羊患支气管肺炎时肺泡含气量减少，叩诊呈半浊音。

4. 鼓音

鼓音如叩打左侧瘤胃处，会发出鼓响音；若瘤胃臌气则鼓响音增强。

听诊通过直接或间接听取体内各种脏器所发出声音的性质，进而推断其病理变化情况，临床上用于心、肺及胃肠病的检查。听诊方法有两种；直接听诊法，即用一块大小适当的布盖在被检部位，检查者将耳朵直接贴在布上进行听诊，其效果往往优于间接听诊；间接听诊法，即借助听诊器进行听诊，听诊器的头端要密贴于羊的体表，防止相互间摩擦而影响听诊效果。

三、羊病的预防措施

羊发生疾病的原因是多种多样的，其根本原因是由羊的机体状况和外界各种致病因素共同影响的结果。羊病防治，必须坚持"预防为主"的方针。应加强饲养管理，搞好环境卫生，做好防疫、检疫工作，坚持定期驱虫和预防中毒等项综合性防治措施。

（一）加强饲养管理

1. 坚持自繁自养

羊场或养羊专业户应选养健康的良种公羊和母羊，自行繁殖，以提高羊的品质和生产性能，增强对疾病的抵抗力，并可减少入场检疫的劳务，防止因引入新羊带来病原体。

2. 合理分群

应按品种、性别、年龄、体质强弱等进行组群，保持适宜的饲养密度，分圈管理，分槽饲喂，保证其正常生长发育。同一群内体重差不宜过大。分群后要保持相对稳定，一般不要任意变动。冬季可适当提高饲养密度，夏季适当降低饲养密度。牧区合理组织放牧，应根据牧区草场的不同情况，以及羊的品种、年龄、性别的差异，分别编群放牧。为了合理利用草场，减少牧草浪费和减少羊群感染寄生虫的机会，应推行划区轮牧制度。

3. 供给合理全价日粮及充足、清洁的饮水

任何单一的饲料均不能满足羊生长发育要求，且不同饲草料的消化率及适口性也存在一定差异。因此，科学合理搭配日粮，对提高羊的生产性能和抗病能力具有重要意义。日粮要求营养配比均衡，合理调制，科学饲喂。饲喂应做到"三定"：即定时、定量、定质。避免饲喂腐烂、发霉变质及刚喷过农药的饲草料；避免突然变更日粮种类及供应量。保证供给充足、清洁的饮水，避免供给污水或死水。

4. 妥善安排生产环节

养羊的主要生产环节：鉴定、剪毛、梳绒、配种、产羔与育羔、羔羊断奶的分群。妥善安排每个生产环节，尽量在较短时间内完成。

（二）搞好环境卫生及消毒

养羊的环境卫生好坏，与疫病发生有密切的关系，环境污秽，有利于病原体滋生和疫病的传播。

1. 日常卫生

羊舍、羊圈、场地及用具等应保持清洁、干燥，每天清除圈舍的粪便及污物，将粪便及污物堆积发酵，30d 左右可作为肥料使用；羊的饲草，应当保持清洁、干燥，不能用发霉的饲草、变质的粮食喂羊；饮水也要清洁，不能让羊饮用污水和冰冻水；老鼠、蚊、蝇等是病原体的宿主和携带者，能传播多种传染病和寄生虫病，要认真开展杀虫灭鼠工作。

2. 羊舍消毒

首先要进行羊舍清扫，然后用消毒液消毒。消毒液的用量，以舍内面积

$1L/m^2$ 药液计算。常用的消毒液有 10%～20% 的石灰乳和 10% 的漂白粉溶液，消毒方法是将消毒液盛于喷雾器内，先喷洒地面，然后喷墙壁，再喷天花板，最后再开门窗通风，用清水刷洗饲槽、用具，将消毒药味除去。在一般情况下，每年可进行 2 次（春、秋各 1 次）。产房的消毒，在产羔前应进行 1 次，产羔高峰时进行多次，产羔结束后再进行 1 次。在病羊舍、隔离舍的出入口处应放置浸有消毒液的麻袋片或草垫；消毒液可用 2%～4% 氢氧化钠溶液或 10% 克辽林溶液。

3. 地面土壤消毒

土壤表面消毒可用含 2.5% 有效氯的漂白粉溶液、4% 福尔马林或 10% 氢氧化钠溶液。尤其对停放过芽孢杆菌所致传染病（如炭疽）病羊尸体的场所，更应严格加以消毒。首先用上述漂白粉溶液喷洒地面；然后将表层土壤翻起 30cm 左右，撒上干漂白粉，并与土混合，将此表土妥善运出掩埋。其他传染病所污染的地面土壤，则可先将地面翻一下，深度约 30cm，在翻地的同时撒上干漂白粉；然后以水洇湿，压平。如果放牧地区被某种病原体污染，一般利用自然因素来消除病原微生物；如果污染的面积不大，则应使用化学消毒药消毒。

4. 粪便消毒

羊的粪便消毒方法有多种，最实用的方法是生物热消毒法。将羊粪堆积起来，上面覆盖 10cm 厚的沙土，堆放发酵 30d 左右，即可用作肥料。

5. 污水消毒

最常用的方法是将污水引入污水处理池，加入化学药品（如漂白粉或生石灰）进行消毒。

6. 皮毛消毒

患炭疽、口蹄疫、布鲁氏菌病、羊痘、坏死杆菌病等的羊的皮毛均应消毒。应当注意，严禁从患有炭疽羊的尸体上剥皮；在储存的原料中即使只发现 1 张患炭疽病的羊皮，则整堆与它接触过的羊皮均应销毁。

（三）做好检疫，防止疫病传入

应用诊断方法，对羊及其产品进行疫病检查，并采取相应的措施，以防疫病的发生和传播。在检疫工作中，要在羊流通各环节中做到层层检疫，杜绝疫病的传播蔓延。羊从生产到出售，要经过出入场检疫、收购检疫、运输检疫和屠宰检疫，羊场或养羊专业户引进羊时，只能从非疫区购入，经当地兽医检疫部门检疫，并签发检疫合格证明书；运抵目的地后，再经本场或专业户所在地兽医充分检疫并隔离观察 1 个月以上，确认为健康者，经驱虫、消毒、注射疫苗后，方可混群饲养。羊场采用的饲料和用具，也要从安全地区购入，以防疫病传入。

(四) 定期驱虫

在羊的寄生虫病防治过程中，多采取定期预防性驱虫（每年 2~3 次）的方式，以避免羊在轻度感染后的进一步发展而造成严重危害。驱虫时机，要根据对当地羊寄生虫的季节动态调查而定，一般可在每年的 3—4 月及 12 月至第二年 1 月份各安排 1 次，这样有利于羊的抓膘及安全越冬和度过春乏期。常用驱虫药的种类很多，如有驱除多种线虫的左旋咪唑，可驱除多种绦虫和吸虫的吡喹酮，能驱除多种体内蠕虫的阿苯哒唑、芬苯哒唑、甲苯咪唑，以及既可驱除体内线虫又可杀灭多种体表寄生虫的伊维菌素等。在实践中，应根据本地区羊的寄生虫病流行情况，选择合适的药物和给药时机及途径。绵羊驱虫前要绝食，驱虫绝食时间不能过长，夜间进食，早晨空腹投药即可。

(五) 定期免疫接种

免疫接种疫苗可激发羊体对某种传染病产生特异性抵抗力，是使易感羊转变为不易感羊的一种有效手段。平时在某些传染病的常发地区，可能是某些传染病潜在危险的地区，有计划地对健康羊群进行预防接种，是预防和控制羊传染病的重要措施之一。各地区各羊场可能发生的传染病各有差异，可以预防这些传染病的疫（菌）苗又不尽相同，免疫期长短不一。要根据各种疫苗的免疫特性和本地区的发病情况，合理安排疫苗的种类、免疫次数和间隔的时间。采取正确的免疫程序，坚持"预防为主"的原则，是养羊成功的关键之一。

1. 疫苗

疫苗实际上包括疫苗和菌苗两种。疫苗是预防病毒性疾病的生物制剂；菌苗是预防细菌性疾病的生物制剂，一般统称为疫苗。疫苗可分为活苗（弱毒疫苗）和死苗（多为油佐剂疫苗）。

2. 免疫程序的制定

免疫接种是综合性防治的关键。针对一定条件的要求，科学合理地选择确定免疫的时间、疫苗的类型和接种的方法等。①掌握流行情况。了解羊场发病史，包括曾发生过什么病、发病日龄、发病频率以及周围羊病的流行情况。②查明羊的母源抗体水平，确定首免时间。过早接种，可能会因体内母源抗体的中和作用而使疫（菌）苗失效或减效；过迟接种则又会增加感染的危险，如需强化免疫时，也必须注意到体内抗体的残存量。③日龄和羊体的易感性：确定接种日龄必须考虑到羊体的易感性。④对烈性传染病或难以控制住的传染病的处理。一是灭活菌和活苗兼用，二是选用与流行病的毒株一致的疫苗毒株。⑤饲养管理水平和营养状况。一般来说，管理水平高、营养状况良好的羊群可获得很好的免疫效果，反之效果不佳或无效。⑥应激状态下的免疫。在某些疾病、运输、炎热、通风不良等应激状态下，不进行免疫，待应激消除后再进行接种。⑦确定合适的接种剂量和方法。剂量过小，不能有效地刺激机体产生免疫反应，剂量过大，则又会抑制免疫反应，引起所谓免疫麻痹。接种剂量一定要根据产品说明书的规定，不能随意增减。

（六）实施药物预防

药物预防是指把安全而低廉的药物加入饲料和饮水中进行的群体药物预防。

（七）预防中毒

有些野草含毒，为了避免中毒，要调查有毒草的分布，铲除毒草。要把饲料贮存在干燥、通风的地方，饲喂前要仔细检查，如果饲料发霉变质，应废弃不用。有些饲料本身含有有毒物质，饲喂时必须加以调制。如棉籽饼经高温处理后可减毒，减毒后再按一定比例同其他饲料混合搭配饲喂，就不会发生中毒。有些饲料如马铃薯若贮藏不当，其中的有毒物质会大量增加，对羊有害，因此应贮存在避光的地方，防止变青发芽；饲喂时也要同其他饲料按一定比例搭配。

农药和化肥要放在仓库内，由专人保管，以免发生中毒。被污染的用具或容器应处理后再用。其他有毒药品（如灭鼠药等）的运输、保管及使用也必须严格管理，以免羊接触发生中毒事故。喷洒过农药和施有化肥的农田排水，不应作饮用水；工厂附近排出的水或池塘内的死水，也不宜让羊饮用。

（八）防止传染病蔓延

羊群发生传染病时，应立即采取一系列紧急措施，就地扑灭，以防疫情扩大。要立即向上级部门报告疫情，同时要立即将病羊和健康羊隔离，不让它们有任何接触，以防健康家畜受到传染；对于发病前与病羊有过接触的羊，不能再同其他健康羊在一起饲养，必须单独圈养，经过20d以上的观察不发病，才能与健康羊合群，如有出现病状的羊，则按病羊处理。对已隔离的病羊，要及时进行药物治疗；隔离场所禁止人畜出入和接近，工作人员应遵守消毒制度；隔离区内的用具、饲料、粪便等，未经彻底消毒，不得运出；没有治疗价值的病羊，要根据规定进行严密处理；病羊尸体要严格处理，视具体情况，或焚烧，或深埋，切不得随意抛弃。对健康羊和可疑感染羊要进行疫苗紧急接种或用药物进行预防。

四、羊传染病的扑灭措施

羊场发生传染病后，必须立即采取隔离、封锁，正确处理病羊和死羊等紧急措施，以迅速控制和扑灭传染病。

（一）隔离

为了控制疫情的流行，应根据传染病的流行特点和危害程度，将有传染性的病羊和可疑感染的羊与健康羊隔开，防止病原体向外扩散，同时进行及时治疗，以消除和控制传染源。

（二）封锁

当发生流行迅猛、危害性大的传染病，在对病羊及可疑感染病羊进行隔离的基础上，经上级批准，对疫源地采取封锁措施。封锁后，停止市场交易，周围建立防疫带，严禁羊只、饲料等向外地流出以防病原体扩散。当最后一头病羊痊愈或处理后，经过该病的最长潜伏期，若无新病例发生，经彻底消毒后，再过7~10d，即可报原批准部门同意，解除封锁。

（三）治疗病羊

在考虑治疗的经济价值和防疫原则，防止疫病传播的前提下，治疗病羊可减少因传染病而引起的经济损失，也是消除传染源，防止疫病扩散的有效措施。治疗必须在严格隔离的条件下进行，同时应在加强护理、增强机体本身防御能力的基础上，采用对症治疗和病因疗法相结合。

（四）紧急预防和接种

疫区的病羊和可疑病羊，应及时进行紧急接种（主要是病毒性传染病），注射后3~4d可产生免疫力。细菌性传染病可用免疫血清或抗生素作紧急预防。接种时所用的器具应严格消毒，并且做到1只羊使用1个针头，以免造成疫病的人为传播。

（五）扑杀和尸体处理

对经济上或防疫上认为不宜治疗的病羊，为了控制疫情，应扑杀处理。尤其是对那些新传入的我国没有发生过的传染病，确诊后更应采取果断措施就地扑杀，可用深埋或焚烧的方法处理尸体。

第二节 羊的常见传染病

一、小反刍兽疫

俗称羊瘟。是由小反刍兽疫病毒引起的一种急性病毒性传染病，主要感染小反刍动物，以发热、口炎、腹泻、肺炎为特征。该病主要感染山羊、绵羊等小反刍动物。

（一）临床症状

小反刍兽疫潜伏期为 4~5d，最长 21d。山羊发病严重，绵羊也偶有严重病例发生。一些康复山羊的唇部形成口疮样病变。感染动物临诊症状与牛瘟病牛相似。急性型体温可上升至 41℃，并持续 3~5d。感染动物烦躁不安，背毛无光，口鼻干燥，食欲减退。流黏液脓性鼻漏，呼出恶臭气体。在发热的前 4d，口腔黏膜充血，颊黏膜进行性广泛性损害、导致多涎，随后出现坏死性病灶，开始口腔黏膜出现小的粗糙的红色浅表坏死病灶，以后变成粉红色，感染部位包括下唇、下齿龈等处。严重病例可见坏死病灶波及齿垫、腭、颊部及其乳头、舌头等处。后期出现带血水样腹泻，严重脱水，消瘦，随之体温下降。出现咳嗽、呼吸异常。发病率高达 100%，在严重暴发时，死亡率为 100%，在轻度发生时，死亡率不超过 50%。幼年动物发病严重发病率和死亡都很高，为我国划定的一类疾病。

（二）防控措施

对该病尚无有效的治疗方法，发病初使用抗生素和磺胺类药物可对症治疗和预防继发感染。在该病的洁净国家和地区发现病例，应严密封锁，扑杀患羊，隔离消毒。对该病的防控主要靠疫苗免疫。

二、口蹄疫

口蹄疫属一类传染病，俗名"口疮""辟癀"，是由口蹄疫病毒所引起的偶蹄动物的一种急性、热性、高度接触性传染病。主要侵害偶蹄兽，偶见于人和其他动物。其临诊特征为口腔黏膜、蹄部和乳房皮肤发生水疱。

（一）临床症状

潜伏期 1~7d，平均 2~4d，病羊精神沉郁，闭口，流涎，开口时有吸吮声，体温可升高到 40~41℃。发病后 1~2d，病牛齿龈、舌面、唇内面可见到蚕豆到核桃大的水疱，涎液增多并呈白色泡沫状挂于嘴边。采食及反刍停止。水疱约经一昼夜破裂，形成溃疡，这时体温会逐渐降至正常。在口腔发生水疱的同时或稍后，趾间及蹄冠的柔软皮肤上也发生水疱，也会很快破溃，然后逐渐愈合。有时在乳头皮肤上也可见到水疱。本病一般呈良性经过，经1周左右即可自愈；若蹄部有病变则可延至2~3周或更久；死亡率1%~2%，该病型叫良性口蹄疫。有些病羊在水疱愈合过程中，病情突然恶化，全身衰弱、肌肉发抖，心跳加快、节律不齐，食欲废绝、反刍停止，行走摇摆、站立不稳，往往因心脏停搏而突然死亡，这种病型称恶性口蹄疫，死亡率高达25%~50%。

（二）防控措施

疑似口蹄疫时，应立即报告兽医机关，病羊就地封锁，所用器具及污染地面用2%氢氧化钠消毒。确认后，立即进行严格封锁、隔离、消毒等一系列工作。发病羊群扑杀后要无害化处理，工作人员外出要全面消毒，病羊吃剩的草料或饮水，要烧毁或深埋，羊舍及附近，用2%氢氧化钠、二氯异氰尿酸钠、1%~2%福尔马林喷洒消毒，以免散毒。对疫区周围的羊，选用与当地流行的口蹄疫毒型相同的疫苗，进行紧急接种，用量、注射方法及注意事项须严格按疫苗说明书执行。

三、羊痘

羊痘是羊感染的一种急性、热性病毒性疫病。一般绵羊痘只感染绵羊，山羊痘只感染山羊。

（一）临床症状

潜伏期5~6d，初起为红色或紫红色的小丘疹，质地坚硬，以后扩大成为顶端扁平的水疱、后扩大成扁平出血性大疱或脓疱，中央可有脐凹并结痂，大小为3~5cm。在24~48h内疱破表面覆盖厚的淡褐色焦痂，痂四周有较特殊的灰白色或紫红色晕，其外再绕以红晕，以后变成乳头瘤样结节。最后变平、干燥、结痂而自愈。病程一般为3周，也可长达5~6周，获得永久性免疫。

（二）防治措施

平时做好羊群的饲养管理，羊圈要经常打扫，保持干燥清洁。冬、春季节要适当补饲，做好防寒保暖工作，增加羊只的抗病能力。另外，禁止从发生羊痘病的疫区引种。发现病羊封锁发病羊群，立即隔离防治，对污染场地可用1%次氯酸钠溶液喷洒消毒，并对羊只皮下注射免疫血清，预防量5~10ml，治疗量20~50ml，中西医结合，取长补短及时治疗，效果很好。①取金银花

15g、白芷 9g、连翘 9g、板蓝根 6g、当归 12g、防风 6g、黄连 6g、龙胆草 6g、栀子 6g、黄柏 6g、荆芥 6g、蒲公英 9g，混合粉碎喂羊或煎水灌服，每天 1 次。②黄连 100g、射干 50g、地骨皮 25g、黄柏 25g、柴胡 25g，混合后加水 10kg，煎至 3.5kg，用 3~5 层纱布过滤 2 次，装瓶灭菌备用。每次每只大羊用 10ml，小羊用 5~7ml，皮下注射，每天 2 次，连用 3d。疫区用痊愈羊的血清皮下注射，大羊 10~20ml，羔羊 5~10ml，同时配合中药治疗，效果很好。每年定期预防接种，可选用羊痘鸡胚化弱毒疫苗，大、小羊一律皮下注射 0.5ml。

四、羊的传染性脓疱病

羊的传染性脓疱病（又称口疮），该病由传染性脓疱病毒（又称羊口疮病毒）引起，羔羊多群发，特征为口唇处皮肤和黏膜形成丘疹，脓疱、溃疡和结成疣状厚痂。

（一）临床症状

症状：分三种类型，唇型、蹄型、外阴型。

唇型：口唇嘴角部、鼻子部位形成丘疹、脓疱，溃后成黄色或棕色疣状硬痂，无继发感染 1~2 周痊愈，痂块脱落，皮肤新生肉芽不留瘢痕。严重的，颊面、眼睑、耳廓、唇内面、齿龈、舌及软腭黏膜也有灰白或浅黄色的脓疱和烂斑，这时体温升高，还可能在肺脏、肝脏和乳房发生转移性病灶，继发肺炎或败血病而死亡。

蹄型：多数单蹄叉、蹄冠系部形成脓疮。

外阴型少见。

（二）防治措施

该病流行时，病羊应隔离饲养，圈舍每两天消毒 1 次，连用 6~9d，防止病原体传播。病羊可先用水杨酸软膏软化痂垢，除去痂垢后再用 0.1%~0.2% 高锰酸钾溶液冲洗创面，然后涂 2% 龙胆紫，碘甘油溶液或土霉素软膏或呋喃本标软膏每天 1~2 次。口腔脓疱用 0.1%~0.2% 高锰酸钾或生理盐水冲洗创面后，涂撒冰硼散，每天 2 次连用 7d，痊愈为止。继发咽炎或肺炎者，肌内注射青霉素或磺胺嘧啶钠。

五、羊传染性胸膜肺炎

羊传染性胸膜肺炎又称羊支原体性肺炎、烂肺病，是由丝状支原体引起、羊的一种常见病害，是一种烈性、高度接触性传染病，主要通过空气飞沫经呼吸道传播。

（一）临床症状

潜伏期短者 5~6d，长者 3~4 周，平均 18~20d。根据病程和临床症状，可分为最急性、急性和慢性三型。

最急性型，病初体温增高，可达 41~42℃，极度委顿，食欲废绝，呼吸急促而有痛苦的鸣叫。数小时后出现肺炎症状，呼吸困难，咳嗽，并流浆液带血鼻液，肺部叩诊呈浊音，听诊肺泡呼吸音减弱、消失或呈捻发音。12~36h 内，渗出液充满病肺并进入胸腔，病羊卧地不起，四肢直伸，呼吸极度困难，每次呼吸则全身颤动，黏膜高度充血，发绀，目光呆滞，呻吟哀鸣，不久窒息而亡。病程一般不超过 4~5d，有的仅 12~24h。

急性型最常见。病初体温升高，继之出现短而湿的咳嗽，伴有浆性鼻漏。经过 4~5d，咳嗽变干而痛苦，鼻液转为脓性并呈铁锈色，高热稽留不退，食欲锐减，呼吸困难和痛苦呻吟，眼睑肿胀，流泪，眼有脓性分泌物。口半开张，流泡沫状唾液。头颈伸直，腰背拱起，腹肋紧缩，最后病羊倒卧，极度衰弱委顿，有的发生膨胀和腹泻，甚至口腔中发生溃疡，唇、乳房等部皮肤发疹，临死前体温降至常温以下，病期多为 7~15d，有的可达 1 个月。

慢性型多见于夏季。全身症状轻微，体温降至 40℃ 左右。病羊间有咳嗽和腹泻，鼻涕时有时无，身体衰弱，被毛粗乱。在此期间，如饲养管理不良，机体抵抗力降低时，很容易复发或出现并发症而迅速死亡。

（二）防治措施

坚持自繁自养，不从疫区引进羊；加强饲养管理，增强羊的体质；对从外地引进的羊只，严格隔离，检疫无病后方可混群饲养。羊传染性胸膜肺炎流行区坚持免疫接种。羊群发病时，及时进行封锁、隔离消毒和治疗。污染的场地、羊舍、饲管用具以及粪便、病死羊的尸体等进行彻底消毒或无害化处理。治疗可选用盐酸多西环素，按每千克体重 0.2~0.4ml（10~20mg），肌内注射，每天 1 次；头孢氨苄（又称先锋Ⅳ），按每千克体重 10mg，肌内注射，每天 1 次；硫酸头孢喹肟，按每千克体重 0.1ml，肌内注射，每天 1 次；替米考星，按每千克体重 0.1ml（最大剂量不能超过 10ml），肌内注射，每天 1 次；氧氟沙星，按每千克体重 3~5mg，肌内注射，每天 2 次；也可使用磺胺类药物，如复方新诺明等进行治疗。

六、布鲁氏菌病

由布鲁氏菌引起的人兽共患的慢性传染病。其特点是生殖器官、胎膜及多种器官组织发炎、坏死和肉芽肿的形成，引起流产、不孕、睾丸及关节炎等症状。

（一）临床症状

孕羊流产可发生关节炎和滑液囊炎。公羊发生睾丸炎。

（二）防治措施

无该病流行地区应加强饲养、卫生管理、疫情监视、检疫等工作，防止布鲁氏菌病传入。受威胁地区定期检疫和免疫接种。疫苗可用布鲁氏菌猪型2号弱毒活菌和羊型5号弱毒活苗，前者可采用注射、口服及气雾免疫，羊免疫期为2年，后者可采用注射和气雾免疫。疫区应搞好定期检疫、隔离、消毒、处理病羊、免疫接种等工作。

七、羊梭菌性疾病

羊梭菌性疾病是由梭状芽孢杆菌属中的微生物所致的一类疾病。包括羊快疫、羊肠毒血症、羊猝狙、羊黑疫、羔羊痢疾等。

羊快疫：一种急性传染病，由腐败梭菌感染引起，绵羊患病后会发生出血性皱胃炎或者真胃黏膜呈出血性炎症损伤，山羊也可发病，但是概率比较低。

羊肠毒血症：羊肠毒血症是魏氏梭菌产生毒素所引起的绵羊急性传染病。该病以发病急，死亡快，死后肾脏多见软化为特征。又称软肾病、羊快疫。

羊猝狙：羊猝狙是由C型产气荚膜梭菌引起的，以急性死亡为特征、伴有腹膜炎和溃疡性肠炎，1~2岁绵羊多发。

羊黑疫：又称"传染性坏死性肝炎"，是由B型诺维氏梭菌引起的绵羊、山羊的一种急性高度致死性毒血症。本病以肝实质发生坏死性病灶为特征。

羔羊痢疾：羔羊梭菌性痢疾习惯上称为羔羊痢疾，俗名红肠子病，是新生羔羊的一种毒血症，其特征为持续性下痢和小肠发生溃疡，死亡率很高。

（一）临床症状

急性病例不出现症状，突然死亡，稍慢的病例可见卧地，不愿走动，运动失调，腹部膨胀，有疝痛症状，有的病例体温可升高至41.5℃左右，病羊最后极度衰竭、昏迷而数小时内死亡，罕有痊愈者。

（二）防治措施

加强平时的饲养管理。每年高发期注射"羊快疫、猝狙、肠毒血症"三联菌苗。发病时采用对症疗法用强心剂，抗生素等药物，青霉素80万~160

万 IU，1~2 次/日。磺胺甲噁唑，5~6g/次，连用 3~4 次。10%安钠咖加 5%葡萄糖 1 000ml 静脉注射。

八、羊链球菌病

严重危害山羊、绵羊的疫病，它是由溶血性链球菌引起的一种急性热性传染病，多发于冬春寒冷季节（每年 11 月至翌年 4 月）。该病主要通过消化道和呼吸道传染，其临床特征主要是下颌淋巴结与咽喉肿胀。

（一）临床症状

羊病初精神不振，食欲减少或不食，反刍停止，步态不稳；结膜充血，流泪，后流脓性分泌物；鼻腔流浆液性鼻液，后变为脓性；口流涎，体温升高至 41℃以上，咽喉、舌肿胀，粪便松软，带黏液或血液；怀孕母羊流产；有的病羊眼睑、嘴唇、颊部、乳房肿胀，临死前呻吟、磨牙、抽搐。急性病例呼吸困难，24h 内死亡。一般情况下 2~3d 死亡。

（二）防治措施

改善放牧管理条件，保暖防风，防冻，防拥挤，防病源传入。定期消灭羊体内外寄生虫。做好羊圈及场地、用具的消毒工作。入冬前，用链球菌氢氧化铝甲醛菌苗进行预防注射，羊不分大小，一律皮下注射 3ml，3 月龄内羔羊 14~21d 再免疫注射 1 次。发病后，对病羊和可疑羊要分别隔离治疗，场地、器具等用 10%石灰乳或 3%来苏尔严格消毒，羊粪及污物等堆积发酵，病死羊进行无害化处理。病羊用青霉素 30 万~60 万 U 肌内注射，每日 1 次，连用 3d。肌内注射 10ml 10%的磺胺噻唑，每天 1 次，连用 3d。也可用磺胺嘧啶或氯苯磺胺 4~8g 灌服，每天 2 次，连用 3d。高热者每只用 30%安乃近 3ml 肌内注射，病情严重食欲废绝的给予强心补液，5%葡萄糖盐水 500ml，安钠咖 5ml，维生素 C 5ml，地塞米松 10ml 静脉滴注，每天 2 次，连用 3d。

九、羊钩端螺旋体病

由钩端螺旋体引起的传染病。

（一）临床症状

以发热，黄疸，血红蛋白尿，出血性素质，流产，皮肤和黏膜坏死，水肿为特征。

（二）防治措施

治宜抗菌消炎。链霉素 500 万～800 万 U，注射用水 20ml，一次肌内注射，每天 2 次，连用 3～5d。盐酸四环素 300 万～400 万 U，5%葡萄糖生理盐水 2 000ml，一次静脉注射。配合静脉注射葡萄糖、维生素 C、维生素 K 及强心利尿剂。预防用钩端螺旋体多价苗。

十、破伤风

又名锁口风、耳直风，是一种急性中毒性传染病，多发生于新生羔羊，绵羊比山羊多见。

（一）临床症状

病初症状不明显，常表现卧下后不能起立，或者站立时不能卧下，逐渐发展为四肢强直，运步困难。由于咬肌的强直收缩，牙关紧闭，流涎吐沫，饮食困难。在病程中，常并发急性肠卡他，引起剧烈的腹泻。

（二）防治措施

破伤风类毒素是预防该病的有效生物制剂。羔羊的预防，则以母羊妊娠后期注射破伤风类毒素较为适宜。对感染创伤进行有效的防腐消毒处理，彻底排除脓汁、异物、坏死组织及痂皮等，并用消毒药物（3%过氧化氢、2%高锰酸钾或 5%～10%碘酊）消毒创面，并结合青链霉素，在创伤周围注射，以清除破伤风毒素来源。早期应用抗破伤风血清（破伤风抗毒素），可一次用足量（20 万～80 万 IU），也可将总用量分 3 次注射，皮下、肌内或静脉注射均可；也可一半静脉注射。加强护理，将病羊放于黑暗安静的地方，避免能够引起肌肉痉挛的一切刺激。给予柔软易消化且容易咽下的饲料，经常在旁边放上清水。多铺垫草，每天翻身 5～6 次，以防发生褥疮。为了消灭细菌，防止破伤风毒素继续进入体内，必须彻底清除伤口的脓液及坏死组织，并用 1%高锰酸钾、1%硝酸银、3%过氧化氢或 5%～10%碘酒进行严格消毒处理。病的早期同时应用青霉素与磺胺类药物。为了中和毒素，可先注射 40%乌洛托品 5～10ml，再肌内或静脉注射大量破伤风抗毒素，每次 5 万～10 万 IU，每天 1 次，连用 2～4 次。亦可将抗毒素混于 5%葡萄糖溶液中静脉注射。为了缓解痉挛，可皮下注射 25%或肌内注射 40%的硫酸镁溶液，每天 1 次，每次 5～10ml，分点注射。或者按每千克体重 2mg 肌内注射氯丙嗪。对于牙关紧闭的羊，可将 3%普鲁卡因 5ml 和 0.1%肾上腺素 0.2～0.5ml 混合，注入咬肌。

第三节　羊的常见寄生虫病

寄生在体内的寄生虫，和羊抢夺体内营养物质，影响羊的生长发育，破坏羊的机体功能，严重影响羊的健康，感染寄生虫后的羊会精神萎靡，食欲低下，日渐消瘦，贫血，腹泻，被毛粗乱，消化系统紊乱，反刍减弱等很多症状。严重的寄生虫病甚至造成羊的伤亡。

一、羊肝片吸虫病

多发生在夏秋两季，6—9月为高发季节。羊吃了附着有囊蚴的水草而感染，各种年龄、性别、品种的羊均能感染，羔羊和绵羊的病死率高。常呈地方性流行，在低洼和沼泽地带放牧的羊群发病较严重。

（一）临床症状

精神沉郁，食欲不佳，可视黏膜极度苍白，黄疸，贫血。病羊逐渐消瘦，被毛粗乱，毛干易断，肋骨突出，眼睑、颌下、胸腹下部水肿。放牧羊有的吃土，便秘与腹泻交替发生，拉出黑褐色稀粪，有的带血。病情严重的，一般经1~2个月后，因病恶化而死亡，病情较轻的，拖延到次年天气回暖，饲料改善后逐渐恢复。

（二）防治措施

每天清除圈舍内的粪便后进行堆肥，利用粪便发酵产热而杀死虫卵。在发病地区，尽量饮自来水、井水或流动的河水等清洁的水，不要到低湿、沼泽地带去饮水。药物驱虫不仅是治疗病羊，也是积极的预防措施。急性病例一般在9月下旬幼虫期驱虫，慢性病例一般在10月成虫期驱虫。所有羊只每年在2—3月和10—11月应有两次定期驱虫。驱虫药物可选硝氯酚，每千克体重3~5mg，空腹1次灌服，每天1次，连用3d。另外，还有联氨酚噻、肝蛭净、蛭得净、丙硫咪唑、硫双二氯酚等药物，可选择服用。

二、羊肺丝虫病

由丝状肺虫寄生于支气管内引起，该病多发生于夏秋季，绵羊和山羊都可发生。

（一）临床症状

病羊主要表现为支气管肺炎症状。病初干咳，以后逐渐变为湿咳，鼻流黏性鼻液，体温一般正常，严重时可上升到40℃以上，食欲减退，逐渐消瘦。

（二）防治措施

放牧是引起该病的主要原因，虽然国家已禁牧，但仍有很多地方没有严格舍饲，舍饲后该病发生率将明显降低；青草要先晾晒后再饲喂，不饮污水；对粪便进行发酵处理，以杀死幼虫；每月驱虫，每千克体重皮下注射阿维菌素0.2mg。

三、羊脑包虫病

多头蚴虫寄生在绵羊、山羊的脑脊髓内，引起脑炎、脑膜炎及一系列神经症状，又叫羊脑多头蚴病，是使羊致死的严重寄生虫病。因能引起患羊明显的转圈症状，又称为转圈病。

（一）临床症状

寄生虫寄生在大脑前部，病羊则向前直跑，直至头顶在墙壁上，头向后仰；如在脑室，则向后退；如寄生在大脑后部则头弯向背面；寄生在小脑，则羊四肢痉挛，身体不能保持平衡；寄生在脊髓，表现步伐不稳，甚至引起后肢麻痹，病羊食欲减退，甚至消失，由于不能正常采食和休息，体重逐渐减轻，显著消瘦、衰弱，常在数次发作后死亡。

（二）防治措施

根据虫体所在的部位实施外科手术，开口后，先用注射器吸出囊中液体，使囊体缩小，而后完整地摘除虫体。药物治疗可用吡喹酮，病羊每千克体重50mg，连用5d；或按每千克体重70mg连用3d。多头绦虫的成虫主要寄生在犬、猫等肉食兽的小肠，然后通过粪便排出体外，羊采食受污染的草料或饮用受污染的水便可以患病，羊场内应尽可能不养犬猫。必须养犬的要栓养，并定期给犬进行驱虫，用硫双氯酚每千克体重0.1g；或氢溴酸槟榔素每千克体重1.5~2mg，包在食物内喂服。驱虫期间将狗的粪便深埋或烧掉。平时要保护好饲草、饮水，免受污染。

四、羊绦虫病

羊绦虫是寄生在牛、羊、骆驼等反刍动物小肠内，以甲螨等为宿主进而引起肠堵塞和幼畜发育迟缓等症状的寄生虫。对羊危害较大的主要是莫尼茨绦虫，寄生在山羊的小肠内，不仅影响羔羊生长发育，严重时常引起死亡。

（一）临床症状

感染绦虫病的山羊，食欲减退，饮水增多，出现拉稀、贫血和水肿，很快消瘦，羊毛粗乱无光，有时可出现神经症状。

（二）防治措施

预防以药物驱虫为主，对全羊群进行一次驱虫。治疗可用 1% 的硫酸铜溶液，按每千克体重 2ml 的剂量灌服，硫酸铜溶液的配制要求用雨水或蒸馏水，药液要现配现用，还要避免用金属器具盛装药液；也可用硫双二氯酚，每千克体重 100mg，加水溶解后灌服；或用驱绦灵（氯硝柳氨）每千克体重 50 ~ 75mg 口服，效果都较好。

五、羊血吸虫病

羊血吸虫病是一种由分体吸虫寄生于肠系膜静脉内引起的寄生虫疾病。

（一）临床症状

消瘦、腹泻、血便、贫血、犊牛发育迟缓。

（二）防治措施

吡喹酮，一次口服或分两次口服，按每千克体重 30mg 用药。硝硫氰胺，一次口服，按每千克体重 40 ~ 60mg 用药。硝硫氰醚，一次瓣胃注射，按每千克体重 15mg 用药。

六、羊螨病

羊螨病又称羊疥癣，是由疥螨或羊耳痒螨寄生所致，多发于冬季，常见于卫生条件很差的羊。其病变特征为患羊发生剧烈的痒觉，病变部位结节、痂块、掉毛，引起羊只消瘦、行动不便，甚至死亡。镜检可见活的虫体。

（一）临床症状

羊螨病多发生于头、颈、尾部。幼羊症状严重，先发生于鼻梁、颊部、耳根及腋间等处，然后扩散至全身。起初皮肤发红，出现红色小结节，以后变成水泡，水泡破溃后，流出黏稠黄色油状渗出物，渗出物干燥后形成鱼鳞状痂皮，患部剧痒，病羊常以爪抓挠患部或其他物体上摩擦，因而出现严重脱毛。若继发感染后可出现小脓疱。随着病情的继续发展，病变部位不断扩大，可能蔓延到全身。由于螨分泌毒素的刺激，使患部的皮肤发生剧烈的痒觉和炎症。

由于皮肤发炎和奇痒，病羊烦躁不安，影响进食和休息，日渐消瘦，特别严重者可衰竭而死。

（二）防治措施

螨虫的治疗原则：杀虫止痒、抗菌消炎，提高皮肤抵抗力。单纯感染螨虫，用伊维菌素等杀螨虫的药物皮下注射，可止痒和提高皮肤抵抗力，缩短治疗时间。若皮肤炎症较重的配合使用抗生素。外用药物是含有驱虫成分的双甲脒，每隔3d洗浴1次，涂擦药物是美国辉雷"螨灭"。大面积使用时，要注意观察，防止中毒。采取这种综合的治疗方案，患羊一般14~30d即可康复。新购入羊必须检查或隔离一段时间，以确认有无螨虫病。圈舍保持清洁、干燥、通风、透光，特别是夏季，应注意防潮，防止湿度过大。注意日常消毒，圈舍应及时喷雾消毒，保持圈舍卫生，加强饲养管理。羊舍周围环境应清洁卫生，防止外界动物的侵入，清除病原体可能被携带、保存与传播的一切条件。

七、羊鼻蝇蛆病

由羊鼻蝇的幼虫寄生在羊的鼻腔及附近腔窦内所引起的疾病。

（一）临床症状

病羊表现不安，打喷嚏，时常摇头、摩擦鼻子，眼睑浮肿，流泪，食欲减退，日渐消瘦。症状可因幼虫的发育期不同持续数月。通常感染不久呈急性表现，以后逐渐好转，到幼虫寄生的末期，疾病表现更为剧烈。此外，当个别幼虫进入颅腔损伤了脑膜或因鼻窦发炎而波及脑膜时，可引起神经症状，表现为运动失调，旋转运动，头弯向一侧或发生麻痹。最后，病羊食欲废绝，因极度衰竭死亡。

（二）防治措施

精制敌百虫口服剂量按每千克体重0.12g，配成2%溶液，灌服。敌敌畏口服剂量按每千克体重5mg，每天1次，连用2d。烟雾法常用于大面积防治，按室内空间每立方米用80%敌敌畏0.5~1ml，喷雾时间应根据小群羊安全试验和驱虫效果而定，一般不超过1h。涂擦用1%敌敌畏软膏，在成蝇飞翔季节涂擦良种羊的鼻孔周围，每5d1次，可杀死雌蝇产下的幼虫。

八、羊球虫病

由艾美科艾美耳属的球虫寄生于羊肠道所引起的一种原虫病，发病羊只呈现下痢、消瘦、贫血、发育不良等症状，严重者导致死亡，主要危害羔羊。

（一）临床症状

潜伏期为 11~17d。本病可能依感染的种类、感染强度、羊只的年龄、抵抗力及饲养管理条件等不同而发生急性或慢性过程。病初山羊出现软便，粪不成形，但精神、食欲正常。3~5d 开始下痢，粪便由粥样到水样，黄褐色或黑色，混有坏死黏液、血液及大量的球虫卵囊，食欲减退或废绝，渴欲增加。随之精神委顿，被毛粗乱，迅速消瘦，可视黏膜苍白，体温正常或稍高，急性经过 1 周左右，慢性病程长达数周，严重感染的最后衰竭而死，耐过的则长期生长发育不良。成年山羊多为隐性感染，临床上无异常表现。

（二）防治措施

较好的饲养管理条件可大大降低球虫病的发病率，圈舍应保持清洁和干燥，饮水和饲料要卫生，注意尽量减少各种应激因素。放牧的羊群应定期更换草场，由于成年羊常常是球虫病的病源，因此最好能将羔羊和成年羊分开饲养。

氨丙啉和磺胺对本病有一定的治疗效果。用药后，可迅速降低卵囊排出量，减轻症状。氨丙啉，每千克体重 50mg，每天 1 次，连服 4d。磺胺二甲基嘧啶或磺胺六甲氧嘧啶，每千克体重每天 100mg，连用 3~4d，效果好。氯苯胍，每千克体重 20mg，每天 1 次，连服 7d。

第四节　羊的常见普通疾病

一、羔羊白肌病

本病的发生主要是日粮中硒和维生素 E 缺乏或不足，或日粮内钴、锌、银等微量元素含量过高而影响动物对硒的吸收。在缺硒地区，羔羊发病率很高。由于羊机体内硒和维生素 E 缺乏时，使正常生理性脂肪发生过度氧化，细胞组织的自由基受到损害，组织细胞发生退行性病变、坏死，并可钙化。病变可波及全身，但以骨骼肌、心肌受损最为严重，可引起运动障碍和急性心肌坏死。

（一）临床症状

以骨骼肌、心肌发生变性为主要特征。病变部位肌肉色淡，像煮过似的，甚至苍白，故得名白肌病。多呈地方性流行，3~5 周龄的羔羊最易患病，死亡率有时高达 60%. 生长发育越快的羔羊，越容易发病，且死亡越快。羔羊白肌病按其病程分急性、亚急性、慢性3种类型。急性型：病羊常突然死亡。亚急性型：病羊精神沉郁，背腰发硬，步样强拘，后躯摇晃，后期常卧地不起。臀部肿胀，触感较硬。呼吸加快，脉搏增数，羔羊每分钟可达120次。初期心搏动增强，以后心搏动减弱，并出现心律失常。慢性型：病羊运动缓慢，步样不稳，喜卧。精神沉郁，食欲减退，有异嗜现象。被毛粗乱，缺乏光泽，黏膜黄白色，腹泻，多尿。脉搏增数，呼吸加快。

（二）防治措施

在缺硒地区，对每年所生新羔羊于出生后20d，先用0.2%亚硒酸钠液，皮下或肌内注射，每次1ml，间隔20天后再注射1.5ml，注射开始日期最晚不得超过25日龄；加强母羊饲养管理，供给豆科牧草，对怀孕母羊补给0.2%亚硒酸钠液，皮下或肌内注射，剂量为4~6ml，能预防新生羔羊白肌病。为预防大群羔羊发生白肌病，在饲料中混入含硒丰富的复方微量元素添加剂。病羔除按每千克体重饲喂0.4g含硒复方微量元素添加剂外，每只皮下注射0.1%亚硒酸钠液1ml，肌内注射维生素 B_1，100mg（1日2次），肌内注射25%安乃近2ml（1天2次）以缓解症状。为防止继发感染，肌内注射青霉素或磺胺嘧啶钠注射液。

二、羊佝偻病

由于羊体内维生素 D 不足，引起钙、磷代谢紊乱，产生的一种以骨骼病变为特征的全身、慢性、营养性疾病。

（一）临床症状

以消化紊乱、异嗜癖、跛行、骨骼变形为特征。

（二）防治措施

治疗时应调整饲料钙、磷平衡，补充维生素 D。鱼粉，每天拌料喂服，羔羊用10~30g。浓缩鱼肝油，羔羊用1~3ml，分2~3点肌内注射。10%葡萄糖酸钙注射液，一次静脉注射，羔羊用30ml。维丁胶性钙注射液，一次性肌内注射，羔羊用2万IU。苍术末，羔羊用5~10g，每天2次，连用数天。

三、羊维生素 A 缺乏症

由于羊的日粮中缺乏胡萝卜素或维生素 A；饲料调制加工不当，使其中脂肪酸败变质，加速饲料中维生素 A 类物质的氧化分解，导致维生素 A 缺乏；当羊处于蛋白质缺乏的状态下，便不能合成足够的视黄醛结合蛋白质运送维生素 A。脂肪不足会影响维生素 A 类物质在肠中的溶解和吸收。因此，当蛋白质和脂肪不足时，即使在维生素 A 足够的情况下，也可发生功能性的维生素 A 缺乏症。此外，慢性肠道疾病和肝脏有病时，最易继发维生素 A 缺乏症。

（一）临床症状

缺乏维生素 A 的病羊，特别是羔羊，最早出现的症状是夜盲症，常发现在早晨、傍晚或月夜光线朦胧时，患羊盲目前进，碰撞障碍物，或行动迟缓，小心谨慎；继而骨骼异常，使脑脊髓受压和变形，上皮细胞萎缩，常继发唾液腺炎、副眼腺炎、肾炎、尿石症等；后期病羔羊的干眼症尤为突出，导致角膜增厚和形成云雾状。

（二）防治措施

预防：加强饲料的管理，防止饲料发热、发霉和氧化，以保证维生素 A 不被破坏；在冬季饲料中要有青贮饲料或胡萝卜，秋季贮收的干草要绿；长期饲喂枯黄干草应适当加入鱼肝油。

治疗：给病羔羊口服鱼肝油，每次 20~30ml；用维生素 A、维生素 D 注射液，肌内注射，每次 2~4ml，每天 1 次；在日粮中加入青绿饲料及鱼肝油，可迅速治愈。

四、羊异食癖

（一）临床症状

啃骨症：食欲极差，身体消瘦，眼球下陷，被毛粗糙，精神不振。当放牧时，常有意寻找骨块或木片等异物吞食，如果被发现而要夺取异物时，则到处逃跑，不愿舍去。时间长久时，羊只极度贫血，终致死亡。食塑料薄膜症：临床表现与食入塑料的量有密切关系。当食入量少时，无明显症状。如果食入量大，塑料薄膜容易在瘤胃中相互缠结，形成大的团块，发生阻塞，低头拱腰，反复拉稀或连续拉稀，有时回顾腹部。进一步发展时，表现食欲废绝，反刍停止，可视黏膜苍白，心跳增速，呼吸加快，羊显著消瘦衰竭。病程可达 2~3 个月。

（二）防治措施

主要是改善饲养管理，供给多样化的饲料，尤其要重视供给蛋白质和矿物质，如鱼粉、骨粉、食盐等。对于因吞食塑料薄膜引起的消化不良，可多次给予健胃药物，促使瘤胃蠕动，可能通过反刍，让塑料返到口腔嚼碎。或应用盐类泻剂，促进排出塑料及长期滞留在胃肠道内腐败的有害物质。如治疗无效，在羊机体状态允许的情况下，可以施行瘤胃切开术，去除积留的塑料团块。

五、羊有机磷中毒

是羊接触、吸入或采食了有机磷制剂所引起的一种中毒性病理过程，以体内胆碱酯酶活性受到抑制，导致神经生理机能紊乱为特征。

（一）临床症状

毒蕈碱样症状：表现为食欲不振，流涎，呕吐，腹泻，腹痛，多汗，尿失禁，瞳孔缩小，可视黏膜苍白，呼吸困难，肺水肿，以及发绀等。烟碱样症状：表现为肌纤维性震颤，血压升高，脉搏频数，麻痹。中枢神经系统症状：表现为兴奋不安，体温升高，抽搐，昏睡等，中毒羊兴奋不安，冲撞蹦跳，全身震颤，渐而步态不稳，以至倒地不起，在麻痹下窒息死亡。

（二）防治措施

严格农药管理制度和使用方法，不在喷洒农药地区放牧，拌过农药的种子不得喂羊。灌服盐类泻剂，尽快清除胃内毒物，可用硫酸镁或硫酸钠。可用解磷定、氯磷定，按每千克体重 15~30mg，溶于 5% 葡萄糖溶液 100ml 内，静脉注射，以后每 2~3h 注射一次，剂量减半，根据症状缓解情况，可在 48h 内重复注射；或用双解磷、双复磷，其剂量为解磷定的一半，用法相同；或用硫酸阿托品，按每千克体重 10~30mg，肌内注射。症状不减轻可重复应用解磷定和硫酸阿托品。

六、羊有机氯中毒

（一）临床症状

有机氯农药是神经毒，又是一种肝毒。羊发生中毒后主要表现精神萎靡，食欲减少或消失，口吐白沫，呕吐，心悸亢进，呼吸加快，行动缓慢，呆立不动。中枢神经兴奋而引起肌肉颤动，逐渐表现运动失调，痉挛，步态不稳。过 1~2h 流涎停止，四肢无力，倒地，心律不齐，呻吟，眼球震颤，体表肌肉抽动。以后四肢麻痹，多于 12~24h 死亡。

（二）防治措施

预防：严禁将喷洒过有机氯制剂的谷物、饲草喂羊；妥善保管有机氯农药；用有机氯农药防病灭虫时，打开门窗，让药气消散，以防发生中毒。治疗：尽快灌服盐类泻剂，排除胃内毒物，用硫酸镁或硫酸钠 20～50g，加水200ml，灌服，禁用油类泻剂；缓解痉挛，可用巴比妥类，按每千克体重25mg，肌内注射；内服石灰水等碱性药物可破坏其毒性，用石灰 500g 加水1 000ml，搅拌澄清，服用澄清液 300～500ml。

七、氢氰酸中毒

羊吃了富有氰苷的青饲料，在胃内由于酶的水解和胃液中盐酸的作用，产生游离的氢氰酸而致病。

（一）临床症状

突然发病，通常在采食过程中或采食后半小时左右出现症状。病羊表现腹痛不安，瘤胃臌胀，呼吸加快，可视黏膜鲜红，口流白色泡沫状唾液；先呈现兴奋状态，很快转入沉郁状态，随之出现极度衰弱，步行不稳或不能站立或倒地；严重者体温下降，后肢麻痹，肌肉痉挛，瞳孔散大，全身反射减少乃至消失，心搏动徐缓，呼吸浅微，直至昏迷而死亡。有采食富含氰苷类植物史。

（二）防治措施

禁用富含氰苷类的植物喂羊。如用亚麻籽饼做饲料时，必须彻底煮沸，且喂量不宜过多，同时搭配其他饲料。防止误食氰化物农药。口服桃仁、杏仁、李仁等含氰苷类中药时，剂量不宜过大。病羊立即用特效解毒剂亚硝酸钠、亚甲蓝或硫代硫酸钠解救。在抢救氢氰酸中毒病羊时，最好先静脉注射1%亚硝酸钠液，经 2～3min 再静脉注射 10%硫代硫酸钠液。如无亚硝酸钠，可用1%亚甲蓝液代替。为阻止胃肠内氢氰酸的吸收，可口服或向瘤胃内注入硫代硫酸钠 10g。也可用 0.1%高锰酸钾液或 3%过氧化氢液洗胃。

八、羊难产

母羊分娩时无法按时顺利将羔羊产出即可认为发生难产。

（一）临床症状

妊娠母羊主要表现出持续阵痛，起卧不安，经常拱腰、努责，频繁回头望腹，阴门发生肿胀，并有红黄色的浆液从阴门流出，有时部分胎衣会露出，有时能够看到胎儿蹄部或者头部，但经过较长时间依旧没有产出。

（二）防治措施

为了保证母子的安全，对于难产羊必须进行全面检查，及时进行人工助产术，必要时可采取剖宫产手术。当发现难产时，应及早采取助产措施，助产越早，效果越好。如果由于胎儿胎位不正以及无力努责及阵缩、产力不足导致的难产，采取矫正牵引助产术。阴道和阴门过于狭窄而导致的难产，适宜采取外阴切开术。在发生难产的情况下，如果全部助产措施都无法成功，且危及母仔生命时，要马上进行剖宫产手术。

九、羊流产

羊流产指妊娠母羊由于意外中断妊娠，或者胎儿未足月就排出子宫的非正常分娩现象。引起母羊流产的原因比较复杂，不仅感染病原微生物能够导致流产，饲养管理不当也是导致流产的一个重要因素。

（一）临床症状

妊娠早期流产：母羊妊娠早期发生流产，可见有红色物质从阴道流出，或者没有红色物质，死亡胚胎往往被子宫吸收，母羊通常没有临床症状，容易在妊娠后出现返情。妊娠中后期流产：母羊妊娠中后期发生流产，临床上通常会表现出较轻的症状，开始时只可见分泌物从阴道流出，接着产出弱胎或死胎。有时母羊在流产前出现口渴、呻吟不安、腹痛、腹胀、卧地，经常努责，并有污红色的恶臭液体从阴门流出等。极少数母羊出现体温升高，产道发炎，症状严重时预后不良。

（二）防治措施

1. 对症治疗

患病母羊产出的不足月胎儿或者已经死亡的胎儿必须采取无害化处理，同时对母羊加强护理。对于表现出流产先兆的母羊，可肌内注射黄体酮注射液，每只每次用量为 15~25mg，每天 1 次，连续使用 2d。如果出现死胎滞留，母羊要采取适宜的助产或者引产措施。胎儿已经发生死亡，但子宫颈没有张开时，母羊可先肌内注射雌激素，如 2~3mg 苯甲酸雌二醇或者己烯雌酚，促使子宫颈张开，接着将胎儿拉出。当母羊表现出全身症状时，要采取适宜的对症治疗。

2. 加强饲养管理

（1）保持环境良好。羊场最好采取自繁自养，禁止从疫区引入种羊或者购买草料以及其他物品。需要引进羊时，必须经过一段时间的隔离观察，确认健康无病后才允许入群饲养。采取公母分群饲养,且妊娠后期母羊要单独饲养,保持舍内干净卫生、温度适宜和通风良好。设计羊舍时最好确保能够进入充足阳光,不仅有效除湿,还可将部分病菌杀死。圈舍经常清扫、定期消毒,避免传入疫病。

(2)合理饲喂。尽可能供给干净卫生的饲草料,确保多样化且足够新鲜,冬春季节注意补饲,秋季注意抓膘。羊舍可放置舔砖,以提高妊娠母羊体质,增强抗病力。母羊妊娠后期要饲喂营养水平高的日粮,要求蛋白水平控制在12%~16%,并补充适量的鱼肝油。如果羊场条件允许,日常可饲喂一些胡萝卜,并增加精饲料喂量,使用含硒微量元素的添加剂。禁止饲喂有毒有害草料,如黑斑薯、发霉饲草、施过农药的秸秆以及酸性过大、过热或者过冷的饲草,不可供给冰碴水,且妊娠最后2个月禁止饲喂青贮饲料。

(3)坚持适量运动。母羊配种后要先进行3~5d的圈养,使其充分休息,并注意保暖。外出放牧注意适当控制,避免过度,且放牧过程中不允许鞭打、催促。母羊临产前1个月要避免运动量过大,产前7~10d要转入产房。

3. 做好免疫接种

在羊传染性疾病流行的地区,可给母羊接种相应活疫苗,能够有效预防由于某些疫病引发的流产。如果母羊已经受孕,要谨慎接种,尤其是妊娠后期的母羊不可接种疫苗,在其生产后才可进行补免,防止出现流产。

十、羊胎衣不下

胎衣不下是指孕羊产后4~6h,胎衣仍排不下来的疾病。多因孕羊缺乏运动,饲料中缺乏钙盐、维生素,饮饲失调,体质虚弱。此外,子宫炎、布鲁氏菌病等也可致病。

(一)临床症状

病羊常表现拱腰努责,食欲减少或废绝,精神较差,喜卧地;体温升高;呼吸及脉搏增快。胎衣滞留不下,可发生腐败,从阴户中流出污红色腐败恶臭的恶露,其中杂有灰白色未腐败的胎衣碎片或脉管。当全部胎衣不下时,部分胎衣从阴户中垂露于后肢跗关节部。

(二)防治措施

(1)病羊分娩后不超过24h的,可应用垂体后叶素注射液、催产素注射液或麦角碱注射液0.8~1ml,一次肌内注射。

(2)应用药物方法已达48~72h而不见效者,宜先保定好病羊,按常规准备及消毒后进行手术,术者一手握住阴门外的胎衣,稍向外牵拉;另一手沿胎衣表面伸入子宫轻轻剥离胎盘，最后宫内灌注抗生素或防腐消毒药液，如土霉素 2g，溶于 100ml 生理盐水中，或注入 0.2% 普鲁卡因溶液 30~50ml。

（3）中药可用当归 9g、白术 6g、益母草 9g、桃仁 6g、红花 6g、川芎 3g、陈皮 3g，共研细末，开水调后灌服。当体温高时，宜用抗生素注射。

十一、羊尿道结石

尿结石、尿石病，是指尿路中盐类结晶凝结成大小不一、数量不等的凝结物，刺激尿路黏膜而引起的出血性炎症和尿路阻塞性疾病。临床上以腹痛、排尿障碍和血尿为特征。

（一）临床症状

1. 刺激症状

病羊排尿困难，频频作排尿姿势，叉腿，拱背，缩腹，举尾，阴户抽动，努责，嘶鸣，线状或点滴状排出混有脓汁和血凝块的红色尿液。

2. 阻塞症状

当结石阻塞尿路时，病羊排出的尿流变细或无尿排出而发生尿潴留。因阻塞部位和阻塞程度不同，其临床症状也有一定差异。结石位于肾盂时，多呈肾盂炎症状，有血尿。阻塞严重时，有肾盂积水，病羊肾区疼痛，运步强拘，步态紧张。当结石移行至输尿管并发生阻塞时，病羊腹痛剧烈。直肠内触诊，可触摸到其阻塞部的近肾端的输尿管显著紧张而且膨胀。膀胱结石时，可出现疼痛性尿频，排尿时病羊呻吟，腹壁抽缩。尿道结石，当尿道不完全阻塞时，病羊排尿痛苦且排尿时间延长，尿液呈滴状或线状流出，有时有血尿。当尿道完全被阻塞时，则出现尿闭或肾性腹痛现象，病羊频频举尾，屡作排尿动作但无尿排出。尿路探诊可触及尿石所在部位，尿道外部触诊，病羊有疼痛感。直肠内触诊时，膀胱内尿液充满，体积增大。若长期尿闭，可引起尿毒症或发生膀胱破裂。在结石未引起刺激和阻塞作用时，常不显现任何临床症状。

（二）防治措施。

1. 治疗

治疗原则是消除结石，控制感染，对症治疗。

（1）中医药治疗。中医称尿路结石为"砂石淋"。根据清热利湿，通淋排石，病久者肾虚并兼顾扶正的原则，一般多用排石汤（石苇汤）加减：海金沙、鸡内金、石苇、海浮石、滑石、瞿麦、萹蓄、车前子、泽泻、生白术等。

（2）水冲洗。导尿管消毒，涂擦润滑剂，缓慢插入尿道或膀胱，注入消毒液体，反复冲洗。适用于粉末状或沙粒状尿石。

（3）尿道肌肉松弛剂。当尿结石严重时可使用2.5%氯丙嗪溶液肌内注射，羊2~4ml。

（4）手术治疗。尿石阻塞在膀胱或尿道的病例，可实施手术切开，将尿石取出。

2. 预防

（1）地区性尿结石。应查清动物的饲料、饮水和尿石成分，找出尿结石形成的原因，合理调配饲料，使饲料中的钙磷比例保持在1.2∶1或者1.5∶1的水平。并注意饲喂维生素A丰富的饲料。

（2）对羊泌尿器官炎症性疾病应及时治疗，以免出现尿潴留。

（3）平时应适当增喂多汁饲料或增加饮水，以稀释尿液，减少对泌尿器官的刺激，并保持尿中胶体与晶体的平衡。

（4）在羔羊的日粮中加入4%氯化钠对尿石的发病有一定的预防作用。同样，在饲料中补充氯化铵，对预防磷酸盐结石有令人满意的效果。

十二、前胃弛缓

因饲喂不合理引起前胃兴奋性和收缩力减弱的疾病，临床症状是食欲、反刍、嗳气障碍，前胃蠕动力量减弱或停止，甚至继发酸中毒。

（一）临床症状

发生急性前胃弛缓时，前胃因大量食物积聚而扩张，病羊食欲消失，反刍停止，瘤胃蠕动力减弱或停止，瘤胃内容物发酵，产生气体，故左腹增大，触诊不坚实。发生慢性前胃弛缓时，病羊精神沉郁，倦怠无力，喜卧地，食欲减退，反刍缓慢，瘤胃蠕动力减弱，次数减少。

（二）防治措施

在患病初期，要对病羊进行至少24h左右的禁食，最多不超过48h。同时，可以每天人工对瘤胃进行几次按摩，每次的按摩时间至少10min；其次，可为其提供少量易消化的饲料，如清汤多汁类型的饲料；再次，为了刺激瘤胃蠕动，一般情况下静脉注射10%浓度氯化钠注射液100~200ml，再结合10%浓度的安钠咖注射液，5ml左右即可。还可以通过使用瘤胃兴奋剂进行防治。注射约2ml硫酸新斯的明，每隔6h用药1次，直到瘤胃能够恢复正常蠕动为止；若瘤胃中的内容物仍然较多，可内服100~200ml液体石蜡进行治疗。为避免病羊出现酸中毒，可以内服10~20g碳酸氢钠。此外，在病羊身体机能的恢复期，可以服用30~50g人工盐，促进病羊的食欲恢复。预防措施方面，重视饲养环节的管理，且需要有专人负责管理。要避免随意更换饲料；禁止饲喂发霉的饲料，且避免饮用冰水；避免饲喂过多的精料，要将精料和粗料结合起来，控制好喂养的比例；要使羊进行适量的运动，但要避免其受到惊吓。

十三、瘤胃臌胀

羊采食了易发酵饲料，在瘤胃内发酵产生大量气体，致使瘤胃体积迅速增大，以过度臌胀为特征的一种疾病。特别是在左侧腹部胀大更明显，左侧肷部隆起，叩诊可闻鼓响声音。病羊呼吸加快，反刍停止。

（一）临床症状

病初羊只食欲减退，反刍、嗳气减少，或很快食欲废绝，反刍、嗳气停止。呻吟、努责，腹痛不安，腹围显著增大，尤以左肷部明显。触诊腹部紧张性增加，叩诊呈鼓音。经常作排粪姿势，但排出粪量少，为干硬带有黏液的粪便，或排少量褐色带恶臭的稀粪，尿少或无尿排出。鼻、嘴干燥，呼吸困难，眼结膜发绀。重者脉搏快而弱，呼吸困难，口吐白沫，但体温正常。病后期，羊虚乏无力，四肢颤抖，站立不稳，最后昏迷倒地，因呼吸窒息或心脏衰竭而死亡。

（二）防治措施

加强饲养管理，促进消化机能，保持其健康水平。由舍饲转为放牧时，最初几天在出牧前先喂一些干草后再出牧，并且还应限制放牧时间及采食量。在饲喂易发酵的青绿饲料时，应先饲喂干草，然后再饲喂青绿饲料。尽量少喂堆积发酵或被雨露浸湿的青草。舍饲育肥羊，应在全价日粮中至少含有10%～15%的铡短的粗料，粗料最好是禾谷类秸秆或青干草，避免饲喂用磨细的谷物制作的饲料。病的初期，轻度气胀，让病羊头部向上站在斜坡上，用两腿夹住羊的头颈部，有节奏地按摩腹部，连续5～10min，对治疗瘤胃臌胀有一定效果。气胀严重的，应用松节油20～30ml、鱼石脂10～15g、95%酒精30～50ml，加适量温水，一次内服；或用醋20ml、松节油3ml、酒精10ml，混合后一次灌服；或用克辽林2～4ml加水20～40ml，一次性灌服；或用大蒜酊15～25ml，加水4倍，一次灌服，具有消胀作用。病羊危急时，可用套管针在左腹肋部中央放气，此时要用拇指按住套管出气口，让气体缓慢放出，放完气后，用鱼石脂5ml加水150ml，从套管注入瘤胃。

十四、羊胃肠炎

由于羊只受到多种致病因素的刺激，导致机体胃肠道出现不同程度病理变化，可从表层黏膜扩散至深层组织，由卡他性转变成出血性或者坏死性胃肠炎。

（一）临床症状

发热、腹痛、消化机能紊乱、腹泻、脱水以及毒血症。病羊表现出精神萎靡，食欲不振或者完全废绝，明显口臭，且舌苔较重；发生腹泻，排出水样或者粥样粪便，并散发腥臭味，且往往混杂黏液、脱落的黏膜组织以及血液，有时甚至混杂脓液；明显腹痛，肌肉不停震颤，肚腹蜷缩。

（二）防治措施

饲喂品质优良且容易消化的草料，禁止饲喂混有发生霉变或者混杂腐蚀性、刺激性化学物质的饲草，合理搭配草料，保证含有全面营养，同时供给清洁卫生的饮水。栏舍保持干燥、卫生，严格进行消毒，羊场过道可定期使用3%氢氧化钠溶液或者生石灰等进行消毒。病羊可灌服由50g硫酸镁、2g鱼石脂、10ml酒精以及适量饮水组成的混合溶液1次，并配合按每千克体重肌内注射4mg庆大霉素，每天2次，连续使用3d。为避免发生脱水，病羊可静脉注射由300ml 5%葡萄糖、4ml 10%樟脑磺酸钠、20ml维生素C组成的混合溶液，每天2次，连续使用3d。为防止发生酸中毒，病羊可静脉注射500ml氯化钠或者100ml 5%碳酸氢钠，连续使用2～3d，也可内服由300ml饮水、100mg盐酸异丙嗪、50g腐植酸钠、2g链霉素组成的混合溶液。病羊恢复阶段，为促使食欲尽快恢复可使用健胃散，如内服10ml龙胆酊或者人工盐10g与适量饮水组成的混合溶液，每天2次，连续使用2d。

十五、羊支气管肺炎

产生在肺小叶或是与肺小叶相连的细支气管炎症。

（一）临床症状

发烧、咳嗽、呼吸困难为主要表现症状。

（二）防治措施

消除支气管炎的致病原因，建立良好的饲养管理制度，注意通风，搞好环境卫生，避免尘埃、毒菌的侵害，饲喂营养丰富的饲料。可用镇痛止咳药物，如伤风止咳糖浆50ml，加水适量，灌服，每天1次，连用3d；或用氯化铵1g、吐酒石0.5g、人工盐20g、甘草末10g，加水适量，灌服，连用3d。体温升高者，可用解热镇痛剂，如柴胡注射液或复方氨基比林10ml，肌内注射，每天2次，连用3d。消除炎症，可用磺胺嘧啶2～8g。加水灌服，每天1次；或用10%磺胺嘧啶钠20ml，肌内注射，每天1次，连用3d。

主要参考文献

蔡宝祥，2001. 家畜传染病学 . 北京：中国农业出版社 .

殿震，1997. 动物病毒学 . 2 版 . 北京：科学出版社 .

段得贤，2001. 家畜内科学 . 北京：中国农业出版社 .

冯春霞，2001. 家畜环境卫生 . 北京：中国农业出版社 .

孔繁瑶，2001. 家畜寄生虫学 . 北京：中国农业出版社 .

李蕴玉，2002. 养殖场环境卫生与控制 . 北京：高等教育出版社 .

李震钟，2000. 畜牧场生产工艺与畜舍设计 . 北京：中国农业出版社 .

刘建，2003. 兽药和饲料添加剂手册 . 上海：上海科学技术文献出版社 .

陆承平，2001. 兽医微生物学 . 北京：中国农业出版社 .

史志诚，2001. 动物毒物学 . 北京：中国农业出版社 .

王凯军，2004. 畜禽养殖污染防治技术与政策 . 北京：化学工业出版社 .

扬利国，2003. 动物繁殖学 . 北京：中国农业出版社 .

杨和平，2001. 牛羊生产 . 北京：中国农业出版社 .

于炎湖，1992. 饲料毒物学附毒物分析 . 北京：农业出版社 .

岳文斌，2003. 动物繁殖新技术 . 北京：中国农业出版社 .

岳文斌，2000. 现代养羊 . 北京：中国农业出版社 .

张居农，2001. 高效养羊综合配套新技术 . 北京：中国农业出版社 .

张克强，2004. 畜离养殖污染物处理与处置 . 北京：化学工业出版社 .

赵有璋，1998. 肉羊高效益生产技术 . 北京：中国农业出版社 .